Twelve Months Gardening Book

정원생활자의 열두 달

1판 1쇄 펴냄 2018년 3월 8일
1판 10쇄 펴냄 2024년 5월 30일

지은이 오경아

주간 김현숙 | **편집** 김주희, 이나연
디자인 이현정, 전미혜
영업·제작 백국현(제작), 문윤기 | **관리** 오유나

펴낸곳 궁리출판 | **펴낸이** 이갑수

등록 1999년 3월 29일 제300-2004-162호
주소 10881 경기도 파주시 회동길 325-12
전화 031-955-9818 | **팩스** 031-955-9848
홈페이지 www.kungree.com | **전자우편** kungree@kungree.com
페이스북 /kungreepress | **트위터** @kungreepress

ⓒ 오경아, 2018.

ISBN 978-89-5820-514-2 03520

정원생활자의 열두 달

Twelve Months Gardening Book

그림으로 배우는 실내외 가드닝 수업

오경아 지음

궁리
KungRee

책상 앞 유리창 너머로 작은 정원이 보인다. 이 글을 쓰고 있는 중에도 직박구리가 산딸나무에 매달아 둔 사과를 먹겠다고 수없이 찾아온다. 직박구리만이 아니다. 동박새, 딱새, 산까치까지 직박구리의 눈치를 보며 들락거린다. 엊그제는 산에 먹이가 없어서인지 족제비가 찾아와 벗어놓은 신발 속에 얼굴을 넣고 킁킁거리다 사라졌다. 식물이 자라주고 야생의 동물들이 우리 곁을 찾아오는 것이 왜 이토록 기쁨이 되고, 위안이 되는지는 모르겠지만 정원이 있기에 일상의 내 삶이 확연히 달라진 것은 틀림없다.

속초로 주거지를 바꾼 이후 우리 가족에게는 많은 변화가 찾아왔다. 직장생활을 하는 큰아이와 아직 학교를 마치지 않은 작은아이를 서울에 두고 왔다. 결국 아이들을 독립시킨 셈이 되어버렸다. 단둘이 남은 우리 부부는 결혼생활을 통틀어 가장 치열한 말싸움, 영역 다툼을 치르는 중이다. 또 자동차의 주행 거리가 거의 영업용 차량을 능가할 정도로 많아진 것도 큰 변화 중 하나다. 하지만 이런 변화 말고 내 하루 여정이 참 많이 달라졌다. 휴대전화의 6시 알람은 꺼버릴 수 있지만 창호지 문으로 들어오는 햇살은 너무 눈이 부셔 늦잠이 불가능하다. 일어나 부엌으로 가는 복도에 서서 가장 먼저 유리창 밖 우리 집 정원을 바라본다. 정자 지붕에서 자라는 강아지풀이 얼마나 흔들리는지를 보면서 '오늘 비가 오려나, 눈이 오나, 바람이 부나' 기상을 확인한다. 부엌에서 가볍게 아침을 먹거나 그냥 따끈한 차 한 잔으로 대신하고 부엌 옆 사무실의 내 책상에 앉는다. 늘 듣는 음악방송 라디오를 켜고, 글을 읽고, 쓰고, 밀린 디자인 작업에 열중한다.

목공방에서 일을 하던 남편이 점심에 돌아온다. 같이 소박한 점심을 차려 먹고 나면 졸음이 쏟아진다. 이럴 때 정원으로 나가 한 바퀴를 돌아본다. 그냥 걸어 정원 이곳저곳을 바라봐주는 일만으로도 신기하게 식물들은 에너지를 받는 듯하다. 아니 실은 식물 스스로 자신의 삶을 안간힘을 다해 살아주고 있음에 내가 더 많은 에너지를 받는다. 일주일에 한 번씩은 가위를 들고 나가 정원에 핀 식물을 잘라와 집 안 꽃병에 담아둔다. 정원 일은 일주일에 한두 번이 고작이지만 식물이 내게 주는 마음의 위안은 365일 지속된다.

마음으로 풍족한 정원생활을 누리고 싶지만 식물을 키우는 일이 어렵고 힘들다는 분들이 많다. 식물 각각의 특성을 제대로 알기도, 정원에서 꼭 해야 할 일의 시기를 맞추는 일도 어렵고 막연하고, 더불어 노동의 양도 상당하기 때문이다. 하지만 모든 것을 내 손으로 다 관리해야 한다는 생각보다는 식물의 힘을 믿는 마음도 필요하다. 그리고 원예의 원리와 기술적인 요령을 터득하게 한다면 상대적으로 적은 시간에 많은 효과를 볼 수 있다.

이 책 『정원생활자의 열두 달』은 그간 내가 이론적으로 배우고, 정원에서 직접 실습해본 정원생활의 노하우를 담고 있다. 정원이 없는 도시인들도 실내 정원을 쉽고 간단하게 꾸밀 수 있도록, 책을 크게 '바깥 정원의 달별 정원 노트'와 실내 정원을 위한 '손바닥 가드닝 노트'로 구성했다. 물론 지역에 따라 기후가 다르기 때문에 그 시기는 다소 차이가 있을 수 있지만 각각의 달마다 해야 할 일과 그 요령을 하나하나 이해하며 배워가다 보면 누구라도 자신만의 열두 달 정원생활을 계획하고 만들어가는 데 도움이 될 것이라 믿는다. 책을 쓰다 보니 글로서 이해가 잘 되지 않는 부분을 보강할 필요성을 느껴 많은 시간 공을 들여 삽화를 첨가했다. 열두 달을 빛내주는 정원식물을 통해 정원의 화사함을 느껴보고, 동서양 정원사들에게 전해 내려오는 정원 지혜에 숨겨진 오래된 지식을 함께 나눠볼 수 있기를 바란다.

모쪼록 이 책이 정원생활을 시작하려는 초보자들, 그리고 그간 정원을 가꾸는 일이 어렵고 막연하다고만 생각했던 이들이 다시 도전해볼 계기가 되었으면 좋겠다. 아는 만큼 쉬워지고, 쉬워진 만큼 덜 힘들고, 그렇게 또 새롭게 꿈꿔볼 수 있는 것이, 바로 정원생활의 참 즐거움이기 때문이다.

2018년 2월
속초 중도문에서
오경아

겨울
Mid Winter

1월

하얀 도화지 속에 봄을 준비하는 시간들

밤새 흰 눈이 내리고, 정원이 온통 하얗게 변했다면 이렇게 생각해보자. 새 하얀 도화지 위에 새로운 무엇인가를 그릴 수 있겠구나! 하얀 발자국을 찍으며, 정원을 걷다 보면 자연스럽게 상상이 시작된다. 작약과 목단이 피어나는 봄의 화단이 만들어지고, 퍼고라에는 장미덩굴이 우거지고, 작은 연못에는 한여름 피어날 수련의 큼직한 꽃망울이 올라온다. 풍성함으로 꽉 찼던 정원을 거닐 때는 잘 그려지지 않았던 밑그림이 1월의 정원에서라면 새롭게 만들어질 수 있다. 그래서 온통 얼어버린 1월은 오히려 새로운 것을 꿈꿀 수 있는 또 다른 시작의 시간이기도 하다.

· 1월 절기 ·

소한 : 본격적인 추위의 시작이다. 양력 1월 5일(6일)
대한 : 추위의 절정이지만 이때를 기점으로 겨울이 약해진다. 양력 1월 20일(21일)

1월 정원 노트
Outdoor gardening notes

나만의 열두 달 정원 달력 만들기

1년 동안 정원에서 하고 싶은 일, 해야 할 일들을 정리해서 나만의 열두 달 정원 달력을 만들기에 1월만큼 좋은 때도 없다. 정원에서 달별로 해야 할 일들을 구상하며 메모해보자. 특히 채소와 과실을 키우는 키친 가든이나 텃밭 정원을 계획하고 있다면 모종을 심어 주는 시기, 씨를 뿌리는 시기, 수확을 해야 할 시기 등의 시기별 계획표가 필요하다. 정말 고맙게도 1월에 세운 계획들은 봄, 여름, 가을, 겨울까지 정원의 꽃이 되고 열매가 되어 뿌린 만큼을 돌려준다. 그 즐거움을 만끽할 수 있기를!

나만의 정원 달력 필수 리스트

· 24절기
· 봄에 꽃이 피는 알뿌리식물 심는 날
· 꽃이 진 알뿌리식물 꽃대 자르는 날
· 여름에 꽃이 피는 알뿌리식물 주문하는 날
· 여름에 꽃이 피는 추위에 약한 식물 심는 날
· 여름 식물 주문하거나 장보는 날
· 감자 등 특정 채소 파종하거나 수확하는 날
· 잔디 및 생울타리 잘라주는 날
· 겨울을 보낸 갈대식물 잘라주는 날
· 실내식물 분갈이하는 날
· 다년생 초본식물 뿌리를 캐내 나누기하는 날
· 각각의 식물들 가지치기하는 날
· 과실수 꽃 피는 시기와 열매 수확하는 날
· 잡초를 제거하는 날
· 부족한 원예상토 보강하는 날

버드나무, 동백나무 줄기로 재배시키기

상태가 좋은 버드나무의 가지를 50센티미터 정도 길이로 잘라서, 화분에 배양토나 모래가 섞인 흙을 담은 후 심어준다. 그러면 잘려진 버드나무 가지에서 다시 뿌리가 자라나 새롭게 성장한다. 윗부분의 버드나무 가지에서 싹이 돋기 시작하면 뿌리도 어느 정도 확장이 되었다고 볼 수 있다. 이 상태가 되면 버드나무 가지를 낱개로 다시 새 화분들에 옮겨 심는다. 날씨가 춥다면 어느 정도는 실내에서 키운 후에 밖으로 나가는 것이 좋다. 만약 땅이 부드럽게 녹아있고 평균 온도가 영상 7도 이상이라면 바로 밖에 심어도 된다.

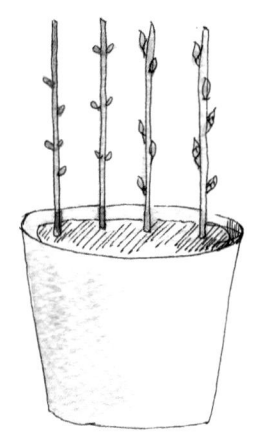

버드나무 줄기를 잘라 배양토에 심어주면 다시 뿌리가 활성화된다. 뿌리를 촉진시키기 위해 호르몬제를 묻혀 묻어주기도 한다.

7~8°C	10~12°C	18~19°C	20~23°C
비트	튤립	오이	가지
당근	근대	고추	호박
상추	옥수수	박	수박
파슬리	양배추	수세미	참외
시금치	토마토	콩	

씨앗들은 식물의 특성에 따라 싹이 나오는 발아
온도가 다르다. 이 온도를 잘 맞춰 심어줘야 씨앗
이 추위에 약해지거나 죽는 것을 막을 수 있다.

초봄에 꽃을 피우는 식물의 월동 확인

수선화, 크로커스, 헬로보루스Helloborus, 그리고 우리에게 이제 막 소개되기 시작한 스노드롭Galanthus 등 3월에서 4월 사이에 꽃을 피우는 구근식물의 월동을 잘 살펴보자. 구근식물은 알뿌리에서 꽃대를 세워 꽃을 피우는 식물군이다. 사실 이 초봄에 꽃을 피우는 구근식물들은 자칫 추위가 다 가기도 전에 성급히 꽃을 피웠다가 된서리를 맞는 안타까운 종이기도 하다. 하지만 그렇기 때문에 꽃이 없는 계절에 더 없이 귀한 식물이다. 대부분의 초봄 구근식물은 4주 이상의 겨울 추위가 필요하지만, 그렇다고 영하의 기온으로 땅 전체가 완전히 얼어버리면 알뿌리도 손상될 수밖에 없다. 특히 겨울 추위가 매섭고, 혹독한 우리나라에서는 반드시 월동 대책이 필요하다. 때문에 겨울이 닥치기 전에 미리미리 지푸라기나 나무껍질, 원예상토 등으로 흙을 두텁게 덮어주는 것이 좋다. 그러나 이런 대책에도 불구하고 겨울 기온이 예년보다 낮다면 담요를 추가로 덮어주는 등의 조치가 필요하다.

과실수 가지치기: 사과나무, 배나무 등

나무의 가지를 잘라주는 가지치기(전지)의 목적은 아름다운 모양을 잡고, 과실수의 경우는 열매를 좀 더 튼실하게 키우기 위함이다. 그런데 이보다 좀 더 근본적 이유는 나무 자체를 더 건강하게 키우기 위해서다. 한 해 동안 열심히 살아온 나무가 잎을 다 떨어뜨리면 가지의 상처들이 잘 보인다. 그중에는 병든 가지도 있고, 서로 부딪쳐 손상된 가지, 엉켜버려 서로의 성장에 방해가 되는 가지 등이 있다. 새 잎이 나오기 전 이런 가지들을 잘 정리해줘야 봄이 되었을 때 나무는 더욱 건강하게 다시 잎과 꽃을 피운다. 우리나라 기후에서는 2월과 3월을 가지치기에 좋은 시기로 보지만, 비교적 날씨가 포근한 남부 지방에서는 1월에 가지치기를 시작해도 무관하다. 특히 과실수 가운데 사과나무와 배나무가 정원에 심겨 있다면 1월에 미리 가지치기를 하는 것이 좋다.

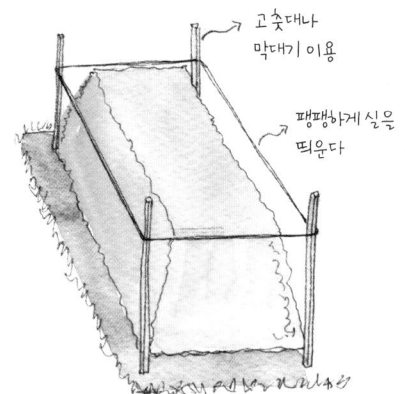

생울타리 모양 잡기

· 울타리의 역할로 식물을 관리할 때는 정기적으로 가지를 잘라주는 것이 매우 중요하다. 똑바로 자르기 위해서는 네 귀퉁이에 막대를 박고 줄을 매달아 같은 높이로 정확하게 잘라주어야 생울타리가 단정해진다.

· 키가 크고 넓은 면적으로 둘러쳐진 생울타리는 가로로 자르는 것이 매우 힘들기 때문에 전기나 기름으로 작동하는 트리머를 사용하는 것이 좋다.

개나리, 라일락 관목 가지치기

· 개나리나 라일락의 가장 좋은 가지치기 시기는 꽃이 지고 난 직후다. 전체 줄기를 1/4 혹은 1/3 지점에서 잘라준다.

· 여름이나 가을에 가지치기를 하게 되면 다음 해 꽃의 양이 줄어든다(1년 동안 자란 줄기에서만 꽃을 피우는 특성 때문이다).

· 오래된 굵은 가지는 아예 지면에서 10센티미터 정도를 남기고 잘라주면 다시 새 가지가 나온다.

· 특히 개나리의 경우, 오래되어 꽃을 피우는 양이 적어지면 아예 가지 전체를 꽃이 지고 난 직후 지면에서 10센티미터 정도 길이로 잘라준다. 개나리는 매우 빠르게 자라는 식물이라 2~3년 후에 다시 원래의 크기로 줄기가 자라고 꽃도 풍성해진다.

라벤더, 로즈마리 가지치기

· 라벤더, 로즈마리는 지중해성 지역이 자생지인 관목, 상록수다. 그러나 우리나라와 같은 겨울 추위가 있는 지역에서는 월동을 확실하게 해주지 않으면 한 해로 삶을 마감한다.

· 라벤더, 로즈마리는 잎과 줄기가 풍성하다. 대대적인 가지치기를 매년 할 필요는 없다. 꽃씨까지 다 여물고 난 후에 상부를 가볍게 10~15센티미터 잘라준다. 이때 모양을 둥글게 공 모양이 되도록 만들어주면 식물 전체가 골고루 햇볕을 받을 수 있어 다음해 성장에 도움이 된다.

· 다른 관목과 마찬가지로 시간이 흐를수록 가지가 두꺼워지고 꽃 피는 양이 줄어들 수 있는데, 이 경우에는 가지를 지면 바로 위에서 바짝 잘라 새롭게 자라나게 하는 방법이 있다.

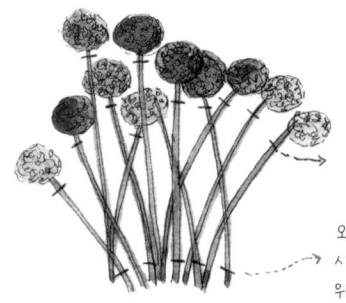

여름 가지치기
시기: 꽃이 진 후
위치: 꽃대 밑을 자르는 정도

오래 묵은 가지 자르기
시기: 가을 혹은 초봄
위치: 지면에서 10~15cm 위에서

수국 가지치기

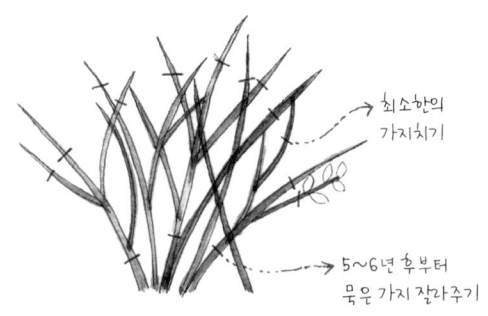

최소한의
가지치기

5~6년 후부터
묵은 가지 잘라주기

만병초 가지치기

· 수국 *Hydrangea spp.* 은 정원식물로 적합하게 좀 더 화려한 꽃을 오랫동안 피우도록 개량된 재배종이 많다. 이 재배종에 따라 가지치기의 요령이 다소 다를 수 있으니 구입할 때 관리법을 알아두는 것이 좋다. 특히 수국 중에서 유난히 큰 꽃을 피우는 종의 경우는 어린 나무를 구입했다면 적어도 2~3년의 시간이 흐른 후에 꽃을 피우기도 한다.

· 수국은 전년의 가지에 매달린 꽃눈에서 다음 해 꽃을 피우기 때문에, 가지치기는 꽃이 지고 난 후 꽃대만 잘라주는 정도가 좋다.

· 그러나 오래 자라 굵어진 가지에서는 꽃의 양이 현격하게 줄어들고 그 크기도 작아진다. 이럴 때는 굵은 가지를 골라 잘라주는 것이 좋다. 그러면 그 옆에서 새로운 가지가 돋아

나 그곳에서 다시 풍성한 꽃을 피워낸다.

· 전반적으로 나무 전체가 꽃을 피우는 세력이 좋지 않다면 그해 꽃이 지고 난 후 전체 가지를 과감하게 지면에서 10센티미터 정도 높이로만 남기고 모두 잘라주는 대대적인 가지치기가 필요하다. 그러나 이 경우에는 가지가 원래 상태로 자라날 때까지 2~3년 동안 꽃을 피우지 않을 수도 있다.

· 만병초 *Rhododendron* 는 철쭉, 영산홍, 진달래가 포함된 식물군을 말한다. 그러나 이 외에도 따뜻한 남부 지방에서는 겨울에도 잎이 지지 않는 상록의 로도덴드론 군이 많다.

· 로도덴드론은 가지치기를 좋아하지 않는다. 꽃이 지고 난 후에 꽃대와 함께 줄기를 10~15센티미터 잘라주는 정도로 그치는 것이 좋다.

· 한 해 동안 자란 가지에서 다음해 꽃을 피우기 때문에 무리한 가지치기는 식물을 힘들게 할 수 있다.

· 오래 묵은 가지에서는 꽃의 양이 줄어들기 때문에 필요하다면 식물을 심고 5년쯤 지난 후에 지면으로부터 10센티미터 높이에서 과감하게 잘라주어 새 가지를 자라게 하는 것도 좋다. 이 경우 2~3년 동안 식물은 꽃을 피우기보다 줄기를 키우는 데 집중한다.

A그룹: 초봄에 꽃이 피는 클레마티스 가지치기
시기: 꽃이 진 후
위치: 상단에서 15~20cm 정도 자르기 (약하게)

B그룹: 늦봄, 여름에 꽃이 피는 클레마티스 가지치기
시기: 꽃이 진 후 혹은 2월
위치: 지면에서 50cm~1m 위치에서
　　　(전체 줄기의 1/2 줄이기)

C그룹: 늦여름에 꽃이 피는 클레마티스 가지치기
시기: 꽃이 진 후 혹은 2월
위치: 지면에서 10~15cm 남기고

과실수 가지치기

· 1단계: 지면으로부터 1.5미터 정도만 남기고 주된 줄기를 잘라준다. 그 밑으로 자라는 옆가지도 잘라서 전체적으로 보았을 때 나무가 마치 꼬챙이를 세운 듯한 형태가 되도록 만들어준다.
· 2단계: 잘려진 주된 줄기 바로 밑에서 새로운 옆가지가 나온다. 이때 되도록이면 주된 줄기의 1미터 미만에서 자라나오는 옆가지들은 지속적으로 잘라주는 것이 좋다.

클레마티스(으아리) 가지치기

· 클레마티스Clematis spp.는 재배종에 따라 가지치기의 요령이 다르다. 때문에 어떤 종인지를 확인하고 가지치기 방법을 습득해야 한다. 일반적으로는 봄에 꽃을 피우는 클레마티스와 늦여름에 꽃을 피우는 클레마티스로 구별된다.
· 봄에 꽃을 피우는 클레마티스는 꽃이 진 직후 전체 줄기의 1/3 정도만 줄여주는 정도의 가벼운 가지치기가 좋다(1년 동안 자란 줄기에서만 다음해 꽃을 피우는 특성 때문이다).
· 봄부터 여름까지 왕성하게 가지를 키우고 늦여름에 꽃을 피우는 클레마티스 종은 꽃이 진 직후나 다음해 봄에 가지치기를 해야 한다. 지면에서 10센티미터 정도의 가지만 남기고 완전히 잘라주는 것이 좋다.

식물을 심은 직후　　　꽃이 진 후 여름 가지치기　　　겨울 혹은 초봄 가지치기 전 모습

· 3단계: 옆가지는 되도록이면 밖으로 뻗으며 자랄 수 있도록 만들어주고, 안으로 파고들거나 겹쳐지는 가지는 지속적으로 잘라준다. 전반적으로 가지는 360도를 등분하여 동서남북으로 골고루 잘 뻗을 수 있는 가지만 남기고 나머지는 잘라주는 것이 좋다.

· 4단계: 3~4년이 흐르면 전체적인 나무의 형태가 갖춰진다. 이때부터는 지나치게 복잡하게 엉킨 안쪽의 가지를 솎아주는 방식으로 잘라주고, 병든 가지는 가능한 빠르게 제거한다.

등나무 가지치기

· 등나무의 가지치기는 여름과 가을(초봄) 두 차례로 구별하는 것이 좋다.

· 여름: 꽃이 지고 난 후에 가볍게 꽃대와 함께 가지를 잘라준다. 이때 가지는 주된 줄기에서 15센티미터 정도만 남기고 잘라준다.

· 겨울: 여름보다는 좀 더 과감한 가지치기가 가능하다. 주된 줄기를 선정하고, 주된 줄기에서 뻗어나가는 옆가지는 3~5개 정도로 줄여주고, 그 길이도 15센티미터 정도로 낮춰준다.

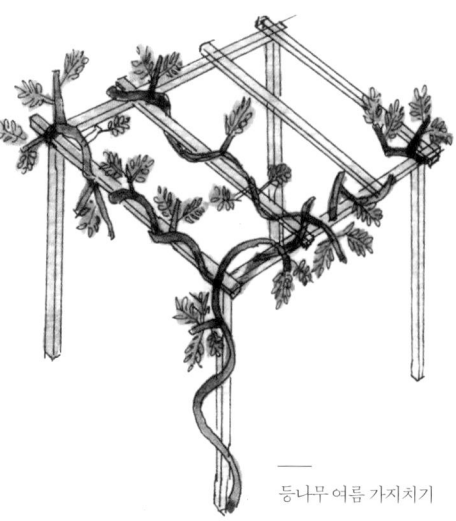

등나무 여름 가지치기

가지치기가 끝난 후 모습

3, 4년 후 나무의 모양을 잡아주는 가지치기 요령

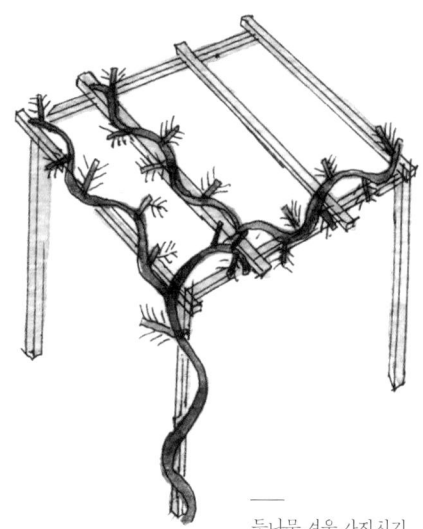

등나무 겨울 가지치기

겨울철 온실 관리

온실은 정원사가 가장 사랑하는 꿈의 공간 중에 하나다. 겨울철 온실은 봄을 준비하는 공간으로, 미리 식물의 씨앗을 틔우거나, 가지나 뿌리를 잘라 식물을 재배시키는 일 등을 할 수 있다.

온실은 크게 인공으로 열기를 넣어주는 가열온실과 단순히 유리막으로만 보온 효과를 내는 유리온실이 있다. 가열온실의 경우 비용과 관리 면에서 부담이 되기 때문에 일반 정원에서는 유리온실을 주로 사용하는데, 이 유리온실만으로도 추위에 약한 식물을 월동시키고, 계절에 맞게 식물을 재배하는 등의 일을 효과적으로 할 수 있다. 비닐하우스는 유리 대신 비닐을 덮어 온실을 만들어준 것으로 시금치, 딸기, 생강 등의 작물 재배나 식물의 씨앗 발아를 위해 효과적으로 쓰인다. 유리나 비닐로 된 온실을 사용할 때 주의할 점은 눈이 많이 내릴 경우다. 눈의 무게로 유리나 비닐이 깨지거나 무너질 수 있기 때문에, 눈이 많이 온 다음에는 온실의 지붕을 잘 털어주어야 한다. 또한 유리온실의 경우 유리창을 깨끗하게 청소해주는 것이 온실 내 온도를 높이는 데 큰 도움을 준다.

온실에서 씨앗 파종하기

완두콩과의 식물로 아름다운 꽃과 향기를 뿜어주는 스위트피도 이 시기에 씨를 뿌려 재배에 들어가는 것이 좋고, 일부 1년생 초화류의 씨도 1월 하순부터 파종이 가능하다.

화단을 조성할 곳의 흙 정리

새롭게 화단을 조성하고 싶다면 모든 것이 얼어서 아무것도 없는 1월이 그 준비에 가장 좋은 시기 중 하나다. 물론 땅이 얼어 있겠지만 따뜻한 날을 잡아 큰 덩어리로라도 땅을 뒤집어놓자. 뒤집어진 흙에 다시 눈이 내리거나 서리가 내리면 흙은 다시 얼게 되고, 이때 물기가 흙 속에서 팽창하면서 흙을 좀 더 잘게 분해시킨다. 결국 봄이 되어 얼음이 녹으면 흙 자체가 잘 갈아둔 것처럼 폭신하게 부풀어진다.

병충해 관찰하기

가지만 앙상한 나무가 겨울을 잘 나고 있는지 아닌지를 알기는 쉽지 않다. 그러나 만약 나뭇가지나 밑동에 뽕나무버섯이 자라고 있다면 이미 나무에 손상이 왔다고 봐야 한다. 뽕나무버섯은 주로 죽은 나무의 가지에 기생하여 살지만 산 나무에도 급속도로 안 좋은 영향을 끼치기 때문에 뽕나무버섯이 피었다면, 그 가지 전체를 완전히 제거하는 것이 가장 좋다. 특히 많이 피해를 받는 나무로는 자작나무*Betula*, 단풍나무*Acer*, 부들레아*Buddleja*, 수국*Hydrangea*, 호랑각시나무*Ilex*, 사과나무*Malus*, 벚나무*Prunus* 등으로 겨울철 세심한 관찰이 필요하다.

1월의 정원을 빛내는 식물들
Plants of January

호랑가시나무 *Ilex cornuta*

· 가시가 난 촘촘한 잎을 지닌 재배종이 많아 울타리용으로 많이 쓰인다.
· 여름에 꽃을 피우지만 눈에 잘 띄지 않아 모르고 지나갈 때가 많다. 그러나 가을이 지나고 겨울이 오면 빨간색, 주황색, 흰색, 노란색으로 화려한 열매를 맺어 겨울 정원의 하이라이트가 되어준다.
· 물 빠짐이 좋으면서도 메마르지 않고 촉촉한 땅을 좋아한다.
· 반그늘 상태에서도 잘 견딘다.
· 겨울 추위가 강하지 않은 남부 지방에서는 상록수 역할을 톡톡히 한다.
· 초봄에 심고, 늦은 겨울에 가지치기를 하는 것이 좋다.

버드나무 *Salix spp.*

· 습기가 많은 땅에서 잘 자란다.
· 그대로 두면 큰 나무가 될 가능성이 높아 정원에서는 매년 크기를 조절해주는 것이 필요하다.
· 특히 1월에서 2월 사이 버드나무의 미상꽃차례Catkin가 열린다. 잘라서 꽃병에 꽂으면 실내 정원 연출도 가능해진다.

헬로보루스 *Helleborus spp.*

· 최근 우리나라에도 많이 공급되고 있는 겨울 정원의 효자식물로 1월에서 2월까지 잎과 꽃을 피운다.
· 꽃은 연두색, 분홍색, 보라색, 흰색으로 다양하다.
· 그늘을 좋아한다.
· 가을이나 초봄에 심는 것이 좋다.
· 단, 영양분이 많은 약알칼리성 땅을 좋아하기 때문에 약간의 퇴비를 섞어서 땅을 비옥하게 만들어준 후에 심는 것이 중요하다.

동서양 정원사들에게
전해 내려오는
오래된 정원 지혜

흙을 뒤집자? 흙을 뒤집지 말자?

정원사들은 말한다. "정원을 만들기 전, 반드시 흙을 뒤집어주어라."
삽이나 기타 연장을 이용해 흙을 뒤집고, 그 안에 사람이나 동물의 분과 지푸라기를 섞어서 만든 거름을 넣어준다. 흙을 뒤집는 순간 딱딱하게 굳어 있던 흙이 들어 올려지며 공기를 머금게 되고, 여기에 비가 오거나 눈이 오면 물기까지 스며들어 뭉쳐진 흙을 부드럽게 풀어준다. 화단을 조성하기 전 늦가을이나 겨울에 흙을 뒤집어주고, 봄이 되었을 때 쇠갈고리를 이용해 곱게 펴주면 흙이 고와진다.

그러나 최근 정원사들은 다시 말한다. "흙은 뒤집지 않는 것이 좋다!"
지면 위로 올라오는 화단을 만들고, 흙을 뒤집지 않고 그대로 원예상토나 퇴비를 올려 식물을 키운다. 이렇게 하면 채소는 수확량이 더 늘고, 관상용 식물은 훨씬 더 아름다워진다. 흙을 뒤집는 고된 노동을 하지 않아도 되고 식물도 건강해지는 것이다.
흙을 뒤집자? 흙을 뒤집지 말자? 어떤 방법을 택할지는 각자의 선택이다.

상태가 안 좋은 땅을 향상시키는 방법

흙의 상태가 식물을 키우기에 적합하지 않다면 시간을 갖고 천천히 흙을 향상시켜줘야 한다.
· 흙 위에 신문지와 박스 종이를 깔아준다.
· 물을 흠뻑 적셔준다.
· 그 위에 퇴비를 얹고,
· 다시 원예상토이나 나무껍질 등으로 멀칭mulching한다.
· 물을 흠뻑 준 뒤에 이 상태에서 적어도 한 계절 이상의 시간이 흐르면 딱딱한 흙이 부드럽게 변화된다.

식물의 익사를 막는 방법

정원에 식물을 심기 전 반드시 해야 할 일 중 하나가 정원 전체가 물 빠짐이 원활하도록 배수로를 만들어주는 일이다. 배수로는 나뭇잎의 잎맥 모양처럼 가운데 길을 내고 양쪽에서 사선으로 길을 내주는 방식이 많이 쓰인다. 최근에는 구멍이 뚫려 있는 파이프(유공관) 등을 이용하기도 하는데, 간단하게는 땅을 파낸 후 흙 대신 자갈과 모래를 파이프에 넣어 물이 빠르게 통과할 수 있도록 해주는 것도 좋다.

농사에서 배워라

경사진 땅은 비가 올 때 흙이 쓸려나가는 현상이 심하다. 이 현상을 막을 수 있는 가장 좋은 방법은 식물을 심는 일이지만, 식물조차도 경사가 심할 경우도 자리 잡기가 힘들다. 이럴 때는 이미 수천 년 전부터 인류가 활용해온 농사기법을 이용해보자. 우리나라의 다랑이논이 대표적이다. 경사를 따라 일종의 계단을 만들어 폭이 좁게 식물 심을 수 있다. 옆에서 봤을 때 직각으로 경사가 처리되는 테라스 형태와 경사를 그대로

작은 돌을 이용해
직각으로 쌓아주는 기법

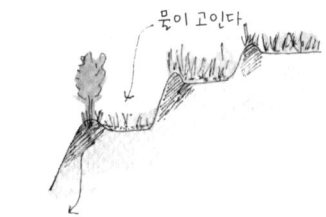

물이 고인다

경사 끝면에 둔덕을 만들어 물이 흘러가지
않게 가두는 방식

두고 계단 끝에 둔덕을 쌓는 방식이 있다. 두 방법 모두 비가 올 때 물이 경사를 타고 빠르게 흘러나가 흙이 쓸려나가는 것을 방지하여 식물이 잘 자랄 수 있게 한다. 통계에 따르면 이 계단식 농업은 홍수와 흙의 유실을 막는 가장 효과적인 방법으로 1헥타르(약 3,000평)당 연간 42톤 흙의 유실을 막아준다고 한다.

가뭄이 심한 지역에서는 지면보다 낮은 화단을 만들어라

성큰Sunken 화단은 지면보다 낮게 만드는 화단을 말한다. 이는 비가 잘 내리지 않는 기후에서 식물을 좀 더 잘 키우기 위해서 발달된 정원의 형태다. 모로코를 포함한 북아프리카, 그리스, 스페인, 미국 캘리포니아 등에 이런 성큰 가든의 형태가 많은 이유도 이 때문이다. 성큰 화단의 가장 큰 장점은 지면보다 화단이 내려와 있기 때문에 물의 증발이 심하지 않아 땅의 메마름을 줄일 수 있다. 성큰 화단의 깊이는 기후 조건에 따라 달라지지만 지면으로부터 아래로 대략 30센티미터 전후가 좋다. 겉흙을 걷어내면 안쪽 흙이 나오는데, 이 흙을 모두 파내어 식물 재

지면보다 30센티미터 정도
밑으로 내려가 만들어진 화단

배용 거름과 섞어 새롭게 흙을 만든 뒤, 지면보다 낮게 다시 넣어준다. 여기에 식물을 심으면 지면보다 낮은 화단이 만들어진다.

손톱 밑에 비누를 묻히면 세균을 막을 수 있다

정원에서는 흙을 만지는 일이 수시로 일어난다. 많은 경우는 아니지만 흙 속에 사는 미생물에 의해 감염되는 일도 있다. 이를 방지하기 위해 청결과 소독이 매우 중요하다. 정원 일을 시작하기 전 마른 비누로 손톱 밑을 문질러주는 것도 효과적이다. 정원에서 흙 작업을 마친 후 손을 씻을 때 손톱 밑의 비누가 풀리면서 깨끗하게 세척이 되기 때문이다.

지면(사람이 걷는 길)

지중해, 스페인 등 건조한 기후 지역에서
많이 만들어진 지면보다 낮게 만든 화단의 예

손바닥 가드닝 노트

Indoor gardening notes

실내식물의 여왕, 난에 대한 진실

아직 밖은 겨울이 깊다. 봄소식은 먼데 새로 건 달력이 자꾸 뭘 해보라고 마음을 통통 친다. 이럴 땐 내 방 안, 작은 책상 위에 놓을 작고 아름다운 난 화분 하나로도 충분하다.

난은 나무가 아닌 풀로 여러해를 사는 초본식물이다. 그래서 풀 초를 넣어 '난초蘭草'라고도 부른다. 난과의 식물은 아직도 그 비밀이 제대로 풀리지 않은 식물군이다. 어떤 식물이든 특정 기후를 좋아하기 마련이어서 열대식물, 온대식물 등 구별이 확실하지만, 난은 얼음으로 뒤덮인 북극과 남극을 제외하고 지구상의 모든 곳에서 자생한다. 지구 전체에 퍼져 있는 속이 880여 가지, 그리고 종으로는 2만 6,000가지가 넘는다.

난을 사랑하는 마음은 우리만이 아니다. 군자의 덕을 지닌 식물로 칭송하며 문인화의 주제로 난을 그렸던 동양뿐 아니라 서양에서도 관상용으로 많은 사랑을 받고 있다. 이유는 뛰어난 세 가지 장점 때문이다. 결코 쉽게 생명의 끈을 놓지 않는 강인함, 한 번 꽃을 피우면 석 달 이상을 피워내는 지구력, 그리고 온 집 안을 진동시키는 향기다. 그런데 이 장점들이 실은 난이 힘든 환경을 스스로 이겨내는 과정에서 만들어졌다는 것은 많은 의미를 갖게 한다.

난은 영양분이 풍부한 땅이 아니라 죽은 나무의 줄기, 혹은 바위 틈에 끼여서 살아간다. 난의 잎이 두툼한 것도, 뿌리에 혹처럼 생긴 저장소를 지닌 것도 극심한 환경에 대비해 영양분과 물을 저장하기 위해서다. 일부 난은 뿌리를 땅에 묻지도 못하고 밖으로 올려서 공기 중 수증기를 잡아내 수분을 보충한다.

게다가 난과의 식물은 태생적으로 수정이 잘되지 않는다. 곤충도 살기 힘든 매서운 곳에서도 살아야 하기 때문이다. 그래서 수분이 될 때까지 최대한 기간을 늘여 꽃을 피운다. 향이 진한 이유도 자신의 존재를 멀리 있는 곤충과 새에게 알리기 위해서다. 가까스로 씨앗을 맺어 땅에 떨어뜨려도 스스로는 싹을 틔우지도 못한다.

난의 씨앗은 싹을 틔워줄 땅속의 균, 마이코라이자가 반드시 있어야 한다. 하지만 이런 생존의 어려움은 난이 더욱 강하고 아름다운 꽃을 피우게 했고, 이로 말미암아 난은 인간에게 가장 사랑받는 식물이 될 수 있었다.

동양란 vs 서양란?

난을 자생지가 우리나라, 중국과 일본 인근인 동양란과 그 외 열대지방이 자생지인 서양란으로 구별하기도 한다. 그중 사군자에 많이 등장하는 난은 심비디움$_{Cymbidium}$ 속의 난들(한봉란$_{C.\ actum}$, 소심란$_{C.\ gyokashin\ var.\ Soshin}$, 건란$_{C.\ sensifolium}$, 보세란$_{C.\ siensis}$, 한란$_{C.\ kanran}$, 일경구화$_{C.\ forrestii}$)이다.

그리고 심비디움 외에 풍란으로 불리는 네오피네티아$_{Neofinetia\ falcate}$, 석곡으로 불리는 덴드로비움$_{Dendrobium\ moniliforme}$, 그리고 나도 풍란으로 불리는 아에리데스$_{Aerides\ japonicum}$가 있다.

서양란은 최근 실내식물로 각광을 받아 우리에게 오히려 더 익숙할 수도 있는데 여자들이 신는 슬리퍼를 닮은 파피오페딜룸$_{Paphiopedilum}$ 속과 꽃 모양이 나방을 닮은 팔레놉시스$_{Phalaenopsis}$, 그리고 꽃잎에 줄무늬를 지닌 오덴토글로숨$_{Odentoglossum}$ 등이 있다.

사군자 동양란, 심비디움

Cymbidium spp.

- 동양란 중 심비디움은 '보춘화'로도 불린다.
- 다른 난에 비해 추위에 강하다. 겨울에는 영상 10~14도, 여름에는 30도 이하의 온도에서 잘 자란다.
- 영양분을 충분히 공급해줘야 매년 풍성하고 아름다운 꽃을 피운다.
- 일주일에 한 번 물을 주는데 세 번째 물주기에 액상 영양분을 넣어주는 것이 적당하다. 액상 영양분은 주로 물에 희석하여 사용하는데 진하면 오히려 식물에게 해가 되니 비율을 반드시 지켜야 한다.
- 화분갈이는 2~3년에 한 번씩 화분을 기존 크기에서 약간 더 큰 사이즈로 바꿔 다시 심어주는 것이 좋다.

자생식물, 풍란

Neofinetia falcata

- 풍란, 네오피네티아는 잎이 평평하지 않고 기울어 있다. 이는 비가 내렸을 때 가능한 빠르게 물이 흘러갈 수 있게 만든 장치로 그만큼 풍란은 물기가 잎에 머무는 것을 싫어한다. 대신 자연 상태의 습기를 좋아해 직접 물을 뿌리는 것보다 난 주변을 분무기로 적셔주는 것이 효과적이다.
- 여름에는 영상 26~31도 정도의 기온을 좋아한다. 그러나 쌀쌀한 겨울 추위 경험이 없으면 꽃을 피우지 않기 때문에 겨울철이 되면 영상 10도 정도의 추위에서 4주 정도 노출시켜주는 것이 좋다.

석곡

Dendrobium moniliforme

- 줄기가 대나무 줄기를 연상시킨다.
- 3년 정도 자란 뒤, 세 번째 마디에서부터 꽃을 피운다. 일본에서는 꽃을 꺾어 세탁물에 타서 쓰기도 했는데 이렇게 하면 옷에 향기가 배어 향수 역할을 하게 된다.
- 겨울철에는 영상 15~16도에서 잘 자란다.
- 햇볕을 좋아하지만 직사광선이 아니라 반그늘이어야 한다. 바위틈에서 자라기 때문에 영양분이 많은 흙을 좋아하지 않는다.

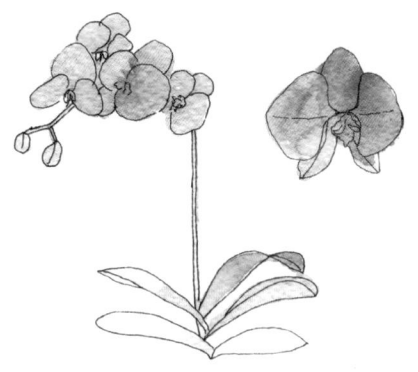

서양란, 슬리퍼 오키드
Paphiopedilum spp.

- 꽃의 모양이 여성용 슬리퍼처럼 주머니를 닮았다 해서 서양에서는 '슬리퍼 오키드'로 불린다.
- 영상 10~25도를 좋아하고, 겨울철에는 영상 10~13도 정도를 유지해주면 된다.
- 꽃은 11월에서 3월 사이에 지속적으로 피우는데 한 번 꽃을 피우면 3개월 넘게 지속된다.
- 꽃대가 길게 안테나처럼 솟기 때문에 지지대가 필요하다.
- 다른 난과 달리 습기를 그리 좋아하지 않기 때문에 분무기로 물을 쏘아줄 필요는 없다.
- 영양분 공급은 2~3주 간격이 좋다.

서양란, 모스 오키드
Phalaenopsis spp.

- 꽃의 모양이 날개를 펼친 나방과 비슷해서 흔히 '모스 오키드'로 불린다.
- 우리나라에서는 '호접란'으로도 불린다.
- 영상 16~19도(밤 온도), 19~30도(낮 온도)에서 잘 자란다.
- 꽃이 잘 피려면 겨울 추위 경험이 필요하다. 영상 5도 정도에서 약 4주 동안 방치해둔 뒤, 실내에 들어놓으면 꽃을 피운다. 핀 꽃은 3개월 이상 지속된다.
- 잎에 물이 닿는 것을 싫어한다. 대신 꽃을 지속적으로 피우기 위해 많은 영양분이 필요하므로 일주일에 한 번 물 줄 때마다 영양분을 함께 주는 것이 좋다.

줄무늬 난, 타이거 오키드
Odontoglossum spp.

- 교배로 탄생한 관상용 난으로 키우기가 아주 쉬운 편은 아니다.
- 영상 10~25도의 온도를 좋아하고 27도 이상에서는 위험하다.
- 영상 10~15도 정도에서 약 4주 동안 겨울 추위를 경험하게 해야 한다.
- 영양분 공급은 2~3주에 한 번씩, 물은 일주일에 한 번 분무기로 뿌리를 적셔주거나 한 달에 한 번 정도 물에 푹 담갔다가 빼내주면 된다. 겨울철에는 물의 양을 줄여주는 것이 좋다.

스페그넘 모스
(물이끼)

바크

팔레놉시스(모스 오키드)
Phalaenopsis

커피잔을 이용한 난 화분 만들기

→ 과일 씻는 그릇 재활용

심비디움
Cymbidium

주방 용품을 이용한 난 화분 만들기

전통적인 디자인을 선호한다면 기존의 난 화분도 괜찮지만 발랄함을 좋아한다면 과감히 그 틀을 깨보자. 채소 씻는 구멍 뚫린 쇠망에 나무껍질과 모래, 약간의 거름을 넣고 난을 심은 뒤 이끼를 살짝 얹어주면 색다른 난 화분이 탄생한다. 이가 빠진 낡은 커피잔 아래쪽에 드릴로 구멍을 뚫어서도 멋진 난 화분을 만들 수 있다.

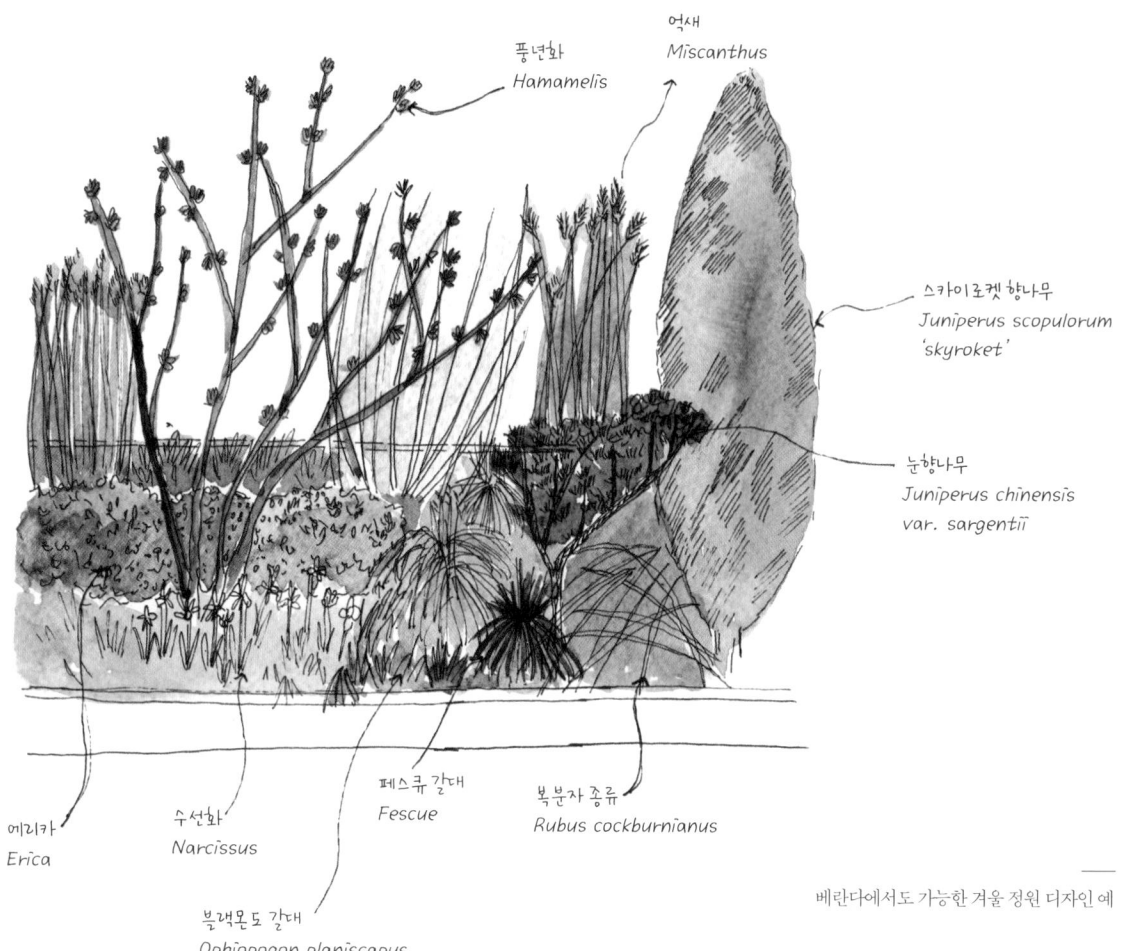

풍년화
Hamamelis

억새
Miscanthus

스카이로켓 향나무
Juniperus scopulorum
'skyroket'

눈향나무
Juniperus chinensis
var. sargentii

에리카
Erica

수선화
Narcissus

페스큐 갈대
Fescue

복분자 종류
Rubus cockburnianus

블랙몬도 갈대
Ophiopogon planiscapus
'Nigrescens'

베란다에서도 가능한 겨울 정원 디자인 예

줄기의 색상, 상록의 잎, 겨울에도 꽃을 피우는 식물을 이용한 겨울 정원은 최근 서양에서 새로운 정원의 형태로 인기를 끌고 있다. 아파트의 작은 베란다에서도 추위를 이겨내며 잘 자라준다.

늦은 겨울
Late Winter

2월

준비하는 정원사에게만 봄이 찾아온다!

아직은 춥고 땅은 꽁꽁 얼어 있어도 2월은 분명 봄의 시작이다. 1월이 계획을 세우는 시간이었다면 2월은 준비를 하는 때다. 잘 그린 밑그림 위에 첫 삽을 떠도 좋다. 아직은 춥고 분명 봄은 멀지만 해는 점점 길어지고, 만약 온실이 있다면 따뜻함의 시간도 늘어나고 있음을 눈치 챌 수 있다. 온실의 온도가 높아졌다는 것은 초봄에 심어야 하는 작물과 꽃들의 씨를 싹틔울 시기가 왔다는 뜻이기도 하다. 따뜻한 날, 언 땅이 녹으면 서둘러 땅을 일궈놓자. 2월부터 농사를 시작하듯 정원도 이제 본격적인 준비의 시간이다. 이 준비를 잘 마치면 봄의 일들이 차근차근 순조롭게 흘러간다.

· 2월 절기 ·

입춘: 봄의 시작을 알린다. 양력 2월 4일(5일)
우수: 봄비가 내리면 식물의 싹이 돋기 시작한다. 양력 2월 18일(19일)

2월 정원 노트
Outdoor gardening notes

수선화, 크로커스, 히아신스의 싹이 돋아난다

따뜻한 지역이라면 초봄에 꽃을 피우는 수선화, 크로커스, 히아신스 등 구근식물의 싹이 돋아난다. 새싹은 햇볕을 받아야 왕성하게 광합성 작용을 할 수 있다. 아직 치워지지 않은 낙엽이 싹을 덮고 있다면 주변을 깨끗히 정리해준다. 꽃을 피운 후에는 시들어가는 꽃대를 잘라주되, 잎은 지속적으로 광합성 작용을 할 수 있도록 남겨둔다.

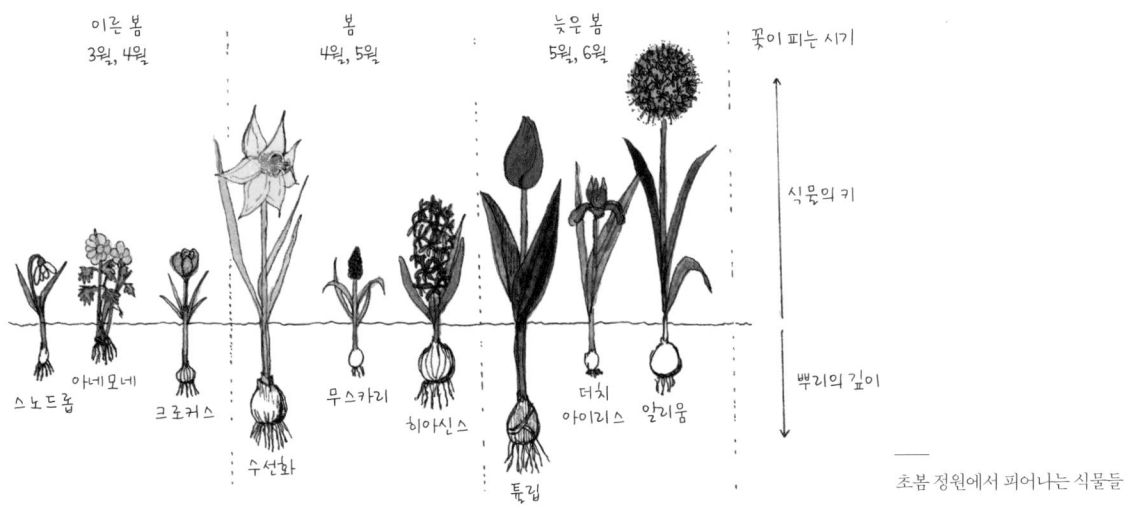

초봄 정원에서 피어나는 식물들

키 큰 초본식물 지지대 세우기: 작약, 달리아, 톱풀, 국화

식물은 사람의 힘이 없어도 스스로 꽃을 피우고 잘 자라준다. 하지만 작게라도 도움을 더한다면 더 건강하고 아름답게 자라준다. 정원에 큰 꽃을 피워내는 식물을 심어두었다면 그 자리를 잘 기억해야 한다. 꽃이 줄기에 비해 크게 피는 식물들은 지탱하는 힘이 부족해지면 줄기가 꺾이거나 잔바람에도 힘겨워한다. 작약*Paeonia*, 달리아*Dahlia*, 국화*Aster*, 톱풀*Achillea* 등을 키우고 있다면 싹이 나오기 전(혹은 자리를 잘 기억하지 못한다면 싹이 막 나왔을 때), 자리를 확인하고 지지대를 세워주자. 지지대는 헤이즐나무, 버드나무, 자작나무의 잔가지를 이용해 만들거나 좀 더 튼튼하게 할 때는 대나무를 이용한다. 서양에서는 쇠로 만들어진 지지대를 판매하기도 하는데 우리나라에서는 구하기가 어렵다. 지지대는 식물이 그 안에 담길 수 있을 크기로 원기둥, 원뿔 모양으로 틀을 잡아놓는 것이 좋다.

달리아를 무리지어 심을 경우에는 네 모퉁이에 기둥을 박고 그 위로 그물을 미리 설치해두면 좋다. 그물은 초록색 플라스틱 재질로 부드러워 꽃에 손상을 주지 않고 꽃이 큰 달리아를 잘 받쳐준다.

식물이 다 자라면 지지대는 보이지 않게 된다. 식물의 키를 넘겨 보이는 지지대는 미관을 해치기 때문에 지지대를 설치하기 전에 식물의 키를 가늠해보는 것이 중요하다. 지지대의 높이는 식물 키의 10센티미터 아래로 맞춰주는 것이 좋다. 보통의 식물은 흔들림이 심하면 꽃을 피우는 것보다 줄기를 튼튼하게 세우는 데 더 많은 힘을 쏟는다. 지지대를 세워주게 되면 비바람에 덜 흔들리기 때문에 탐스러운 꽃을 만들어내는 것에 에너지를 모은다. 이미 줄기가 다 자란 이후에 아차 하는 마음으로 지지대를 생각하면 때는 늦는다. 잎과 줄기가 다 커서 지지대를 설치하는 작업이 쉽지 않을뿐더러 지지대 작업으로 오히려 식물이 손상을 입을 수 있기 때문이다. 무엇보다 다 자란 식물에 지지대를 설치하면 지지대 자체를 자연스럽게 감출 수 없어 미관상으로 보기도 좋지 않다.

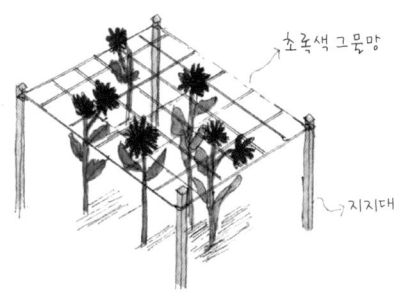

달리아, 작약 지지대

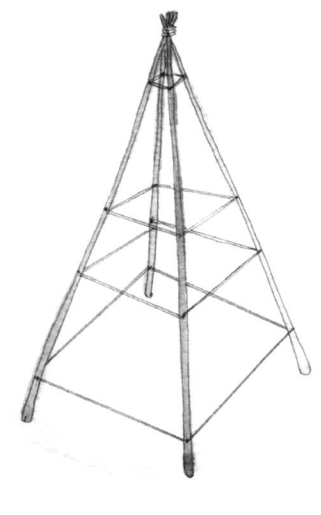

완두콩, 클레마티스(으아리) 지지대

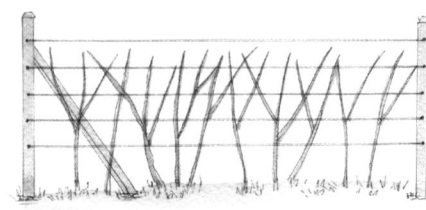

라스베리, 오미자 지지대

· 연약하고 부드러운 가지에 큰 꽃이 매달리는 달 리아, 작약은 꽃이 피어나는 높이에 맞춰 그물처 럼 촘촘하게 실을 얽어주는 지지대가 필요하다. 그래야 바람이 불어도 꽃이 흔들리지 않는다.

· 덩굴식물은 키를 키울 수 있기 때문에 다른 지지 대 디자인보다 높이 있게 세우는 것이 가능하다. 정원에 큰 나무가 없이도 덩굴식물 지지대를 활 용해 볼륨 있는 정원 연출이 가능해진다. 지지대 의 높이는 정원사가 손을 뻗어 닿을 수 있는 정 도, 즉 2미터 미만이 좋다.

· 라스베리, 오미자는 뒤엉키며 자라는 덩굴식물 로 그대로 두면 열매가 잘 열리지 않을 뿐만 아 니라 수확에도 어려움이 따른다. 수확을 염두에 둔 디자인으로 2미터 미만으로 납작하게 펼쳐지 는 형태의 지지대가 좋다.

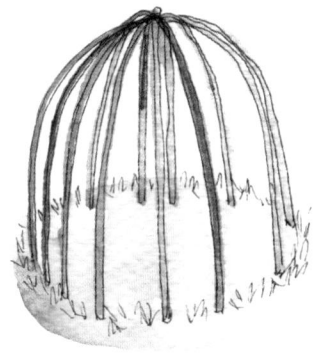

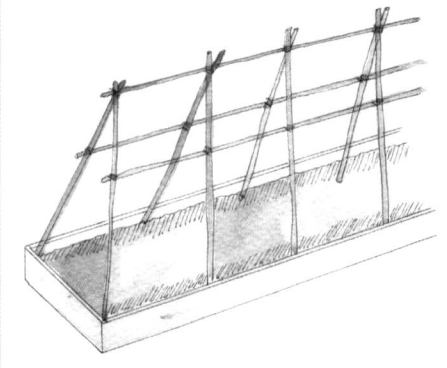

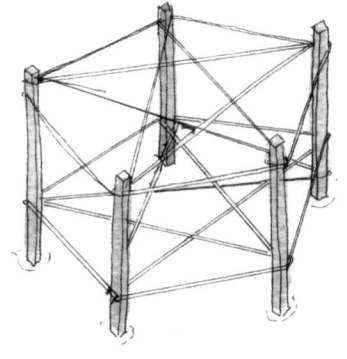

붓꽃, 애기범부채, 에키네시아 지지대

· 키가 작고 연약한 줄기와 잎을 가진 다년생 초본 식물군은 잔가지를 이용해 마치 돔처럼 둥글게 잡아주는 지지대가 유리하다.

오이, 수세미 덩굴식물 지지대

· 오이, 수세미 등의 큰 잎을 지닌 덩굴식물은 A자 형태의 지지대가 유리하다. 지지대의 높이는 2미터 미만으로 손쉽게 열매를 딸 수 있어야 한다.

알리움, 디기탈리스 지지대

· 초본식물로 유난히 키가 큰 알리움, 디기탈리스, 크로코스미아(애기범부채) 등은 윗부분을 잡아 줄 수 있는 형태의 지지대가 좋다.

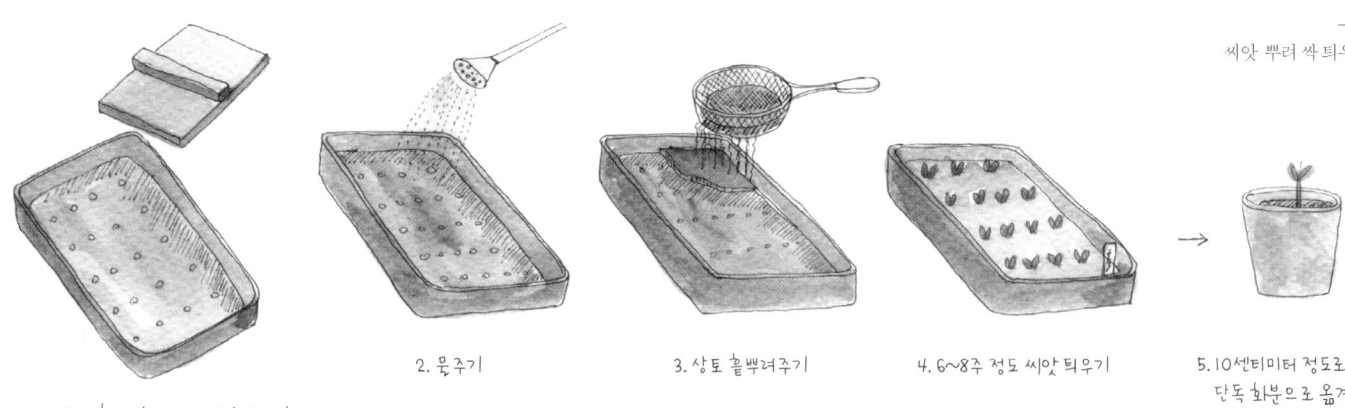

씨앗 뿌려 싹 틔우기

1. 배양토 혹은 상토 위에 씨앗 뿌리기

2. 물주기

3. 상토 흩뿌려주기

4. 6~8주 정도 씨앗 틔우기

5. 10센티미터 정도로 자라면 단독 화분으로 옮겨 모종으로 키우기

6. 날이 풀리고 맑은 날을 골라 키워야 할 장소에 심어주기

온실에서 파종하기: 1년생 채소 / 토마토, 가지, 고추

1년생 꽃 중에도 초봄에 꽃을 피우는 식물은 이제 온실에서 씨앗을 심어 싹을 틔워내야 한다. 이 일은 보통 2월 중순부터 시작하는데 곡물 중에서는 토마토, 가지, 고추의 씨앗 심기를 시작할 때다. 씨앗을 뿌리면 대부분 3주 후부터 싹이 돋기 시작한다. 이때부터 잘 키워 줄기가 10센티미터 정도 자랐을 즈음이 우리가 식물 시장에서 흔히 보거나 사게 되는 모종이다. 온실이 없다면 햇볕이 잘드는 창문가에서도 씨앗 발아가 가능하다. 다만, 밤으로 추워지는 기온을 생각해서 비닐 등으로 화분을 덮어 감싸는 것이 좋다.

감자 싹 틔우기

2월이면 감자를 싹 틔울 시기다. 감자를 따뜻한 헛간이나 온실로 옮겨 본격적으로 싹이 돋도록 도와야 3월 중순부터 감자를 직접 땅에 심을 수 있다. 그러나 이 시기에 온도가 상승해 감자의 싹이 지나치게 많이 나오면 땅에 심기 전 에너지를 너무 많이 낭비하게 된다. 때문에 싹이 너무 많이 올라오지 않도록 시원한 곳에서 싹을 조금씩 틔워주는 것이 필요하다. 감자의 싹을 틔울 때에는 서로 부딪쳐 물러지는 것을 막기 위해서 계란판을 이용해 감자를 낱개로 보관하는 방법도 이용된다. (3월, 〈감자 키우기의 모든 것〉 참고)

상록침엽수 건강 상태 확인하기

상록수의 경우 겨울에도 푸른 잎을 지니고 있다. 일조량을 확보하기 위해서지만 힘겨울 수밖에 없다. 특히 상록수는 겨울철 눈이 내리지 않아 땅이 건조해지면 잎이 마르는 증상이 생긴다. 그런 증상이 생겼다면 겨울이지만 기온이 영상으로 회복된 날 물주기를 하는 것이 좋다.

복분자, 라스베리 가지치기

복분자와 라스베리는 같은 종이다. 우리의 복분자는 'Rubus corea-nus', 서양의 경우는 재배종인 'Rubus idaeus'가 많다. 루부스과의 식물들은 거의 대부분 낭창거리는 가는 줄기에서 몰랑하고 즙이 가득한 베리가 열린다. 비교적 이른 봄에 잎이 나오기 때문에 가지치기는 3월 전에 끝내야 한다. 가지치기는 일반적으로 키를 낮추는 작업과 서로 부딪치는 가지, 병든 가지를 잘라주는 것이 요령이다. 자연 상태에서 루부스과의 식물은 마치 덩굴처럼 엉켜서 서로 지지대가 되어주며 성장하는데, 가정집이나 농장에서 길러야 한다면 가지를 지탱해주는 지지대를 세워서 이왕이면 줄과 키를 맞춰 자라게 하는 것이 좋다. 그래야 베리가 열렸을 때 수확하기가 쉽고 열매도 더 탐스럽게 열린다. 지지대는 막대를 1~1.5미터 간격으로 세우고 그사이에 줄을 쳐서 가지를 줄에 붙잡아 매는 방식이 보편적이다. (1월, 〈가지치기의 다양한 방법들〉 참고)

크로커스 *Crocus spp.*

- 다년생 초본식물
- 작은 알뿌리식물로 다년생이라 겨울에는 줄기와 잎이 사라지지만 뿌리가 남아 매년 싹이 돋는다.
- 이른 봄에서 늦은 봄까지 혹은 늦은 가을에 꽃을 피운다. 특히 꽃이 많지 않은 시기에 꽃을 피우기 때문에 초봄 정원을 구성하는 데 중요한 식물이다.
- 햇볕을 좋아한다. 이왕이면 양지바른 곳에 심어주는 것이 좋다.
- 가을에 알뿌리를 꺼내 포기를 나눠 다시 심어주면 다음해 좀 더 많은 꽃을 피울 수 있다.
- 알뿌리는 가을에 심거나 따뜻한 곳이라면 이른 봄에 심어도 된다.

2월의 정원을 빛내는 식물들
Plants of February

동백 *Camellia spp.*

- 상록 관목식물로 3~5미터 정도 키가 자란다.
- 우리나라 자생 관목으로 세계적인 사랑을 받고 있고 재배종이 활발하게 개발되고 있다.
- 산성흙을 좋아하기 때문에 심을 때 주의가 필요한데, 블루베리를 심을 때처럼 산성이 강한 별도의 퇴비를 구입해 기존 흙을 바꿔주는 작업이 필요하다. 만약 이 상황이 여의치 않다면 기존 땅 위에 화분을 놓고 화분 속의 흙을 산성이 강한 퇴

비로 넣어주는 방법도 가능하다.
- 흙의 페하농도가 산성으로 유지되지 않고 영양분이 적어지면 탐스러운 꽃을 피우지 않기 때문에 동백의 상태가 좋지 않다면 산성이 강한 퇴비를 더 보강해주거나 영양제를 넣어주는 것이 필요하다.
- 축축하고 그늘진 곳을 좋아하기 때문에 메마르고 지나치게 햇빛이 잘 드는 곳에서는 꽃을 피우기 힘들고 성장도 둔해진다.
- 여름철 흙이 마르지 않도록 물을 주는 것도 잊지 말자.

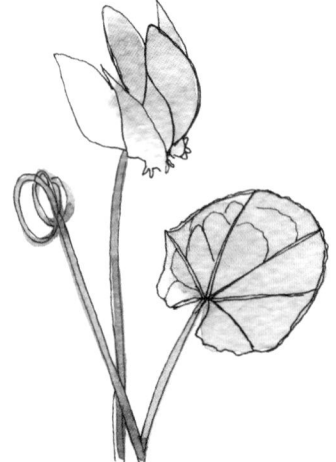

시클라멘 *Cyclamen spp.*

- 큰 나무 밑이나 반그늘을 좋아한다.
- 물 빠짐이 좋은 땅에서 잘 자란다.
- 재배종에 따라 다르긴 하지만, 대부분 추위에 약해서 따뜻한 남부 지방이 아니라면 화분에 심어 실내나 베란다에서 키우기를 권장한다.
- 영양분을 많이 필요로 하기 때문에 여름에 잎이 지고 나면 바로 원예상토를 수북이 올려주는 것이 좋다.

에란티스(바람꽃)*Eranthis spp.*

· 다년생 초본식물
· 우리나라에서는 '바람꽃'으로
  흔히 불린다.
· 얼음을 뚫고 나와 꽃을 피울
  만큼 추위에 강하다.
· 낙엽이 지는 큰 나무 밑에 심
  어두면 겨울 추위를 이겨내
  고, 아주 이른 봄에 싹을 틔우
  고 꽃을 피운다.
· 잘 번식하기 때문에 한 번 심
  어두면 다음해 무리지어 올라
  온다.

스노드롭*Galanthus spp.*

· 다년생 초본식물
· 초봄에 하얀색 꽃을 피우는
  스노드롭은 21세기 들어 정
  원식물로 개발되어 유럽에
  서는 이미 선풍적 인기를 끌
  고 있고, 우리나라에도 보급
  이 되고 있다.
· 초봄 추운 날씨 속에서 꽃을
  피우기 때문에 알뿌리를 심

을 때 원래 알뿌리의 3배보
다는 더 깊게 4배 정도 깊이
로 묻어준다. 땅이 메마르는
것을 싫어하기 때문에 진흙
성분이 강하다면 기존 흙을
퍼내고 원예상토를 보강해
주는 것이 좋다.
· 꽃이 진 이후에는 초록의 잎
  이 있을 때 캐내 알뿌리를
  나누어 다시 묻어주는 것이
  좋다.

납매*Chimonanthus praecox*

· 상록 관목 혹은 낙엽 관목식물
· 겨울 기온이 영하로 내려가지
  않는 지역이라면 상록으로 잎
  을 달고 있지만, 영하의 기온
  으로 추운 지역에서는 낙엽이
  진다.
· 2~3월 눈 속에서 꽃을 피우
  는 겨울 식물이다. 꽃은 매우
  향기가 진해서 정원을 향기롭
  게 한다.
· 노란색, 연한 빨간색, 자주색
  등의 꽃이 종 모양으로 아래
  를 향해 피어난다.
· 다 자라도 키가 2.5미터 정도
  여서 정원용 관상수로 아주
  좋다.

풍년화*Hamamlis japonica*

· 낙엽 관목식물
· 자생지는 일본이지만 우리
  나라 남부 지방에서도 이른
  봄에 꽃을 피운다.
· 서양에서는 '재패니즈 윈터 헤
  이즐' 나무로 불리기도 한다.
· 10~15미터까지 자랄 수 있
  는 큰 키의 관목식물로 아름
  다운 수형을 자랑한다.

· 잎은 주름이 많이 져 있고 가
  장자리는 톱니 모양을 띠고
  있어 잎 자체도 강한 인상을
  준다.
· 얼핏 먼 곳에서 보았을 때에
  는 산수유나 생강나무로 보
  이기도 한다.

동서양 정원사들에게
전해 내려오는
오래된 정원 지혜

로마인들의 원예법: 돌로 흙을 덮다!

로마시대 사람들은 포도와 과실수를 키우는 데 흙 위를 잔돌로 덮어주는 멀칭 기법을 이용했다. 돌은 바람에 실려 흙이 날아가는 것을 막아주고, 비가 오면 흙이 패는 현상도 막아준다. 여름이면 돌 자체는 태양에 뜨거워지지만 그 밑은 선선한 그늘이 드리워져 습도가 유지되도록 돕는다. 더불어 겨울에는 돌이 찬바람을 막아 그 밑을 따뜻하게 해준다.

잡초의 숨겨진 진실

잡초가 없어야 채소와 작물이 잘 큰다? 1970년대부터 작물 옆에서 자라는 잡초가 큰일을 하고 있다는 것이 알려지기 시작했다. 잡초는 우리가 심은 채소와 영양분을 다투기는 하지만 흙의 표면을 덮어주어 살아있는 멀칭 재료가 된다. 또 흙 속 수분의 증발이 심하지 않도록 막아주고, 특히 클로버와 같은 일부 잡초는 공기 중의 질소를 빨아들여 땅속에 저장해둠으로써 작물에게 영양분을 공급한다. 때문에 오히려 작물과 함께 잡초를 키우는 유기농법이 활발히 연구

중이다.

땅을 향상시키는 보리?

1870년 새로운 농사법이 전해지기 시작했다. 비가 적게 내리고 물을 끌어오기가 힘든 지역의 경우는 겨울에 자라는 보리의 씨를 땅에 뿌려준다. 강인한 보리는 메마른 거친 땅에서도 뿌리를 내린다. 이때 보리는 땅에 일정량의 수분을 자체 공급하고 영양분까지도 만들어낸다. 봄이 되었을 때 잘 자란 보리를 수확하지 않은 채 땅을 뒤집어 그대로 묻어주면, 땅은 다양한 다른 식물을 충분히 키울 수 있을 정도로 변화된다. 이 기법은 특히 강수량이 적은 아메리카와 중동, 스페인 등의 지역에서 지금까지도 잘 활용되고 있다.

물을 위한 발명품들

사막기후의 이집트는 나일강이 유일한 물의 원천이다. 고대 이집트인들은 척박한 기후 속에서 식물을 키우기 위해 나일강의 물을 끌어올 방법이 필요했다. 물을 긷는 도구인 시소를 닮은 샤도프_{Shaduf}는 이집트 문명

고대 이집트인들이 활용했던
물푸기 장치 샤도프.

의 가장 찬란한 발명품 중 하나다. 일종의 지렛대 원리로 한쪽에 무거운 추를 매달아 시소처럼 움직일 수 있도록 한 뒤, 양동이가 달린 다른 한쪽에 물을 긷고 나면 저절로 뒤로 당겨지도록 한 발명품이다. 이집트인들은 나일강에서 도시까지 수 킬로미터에 달하는 물길을 만든 뒤, 이 샤도프를 연달아 연결해 물을 이동시켰다. 그런가 하면, 우리에게는 "유레카"라는 말로 유명한 그리스의 수학자 아르키메데스가 발명한 스크류 실린더 역시 아래쪽의 물을 위쪽으로 끌어올리는 발명품이다. 스크류 실린더는 훗날 뱃머리에 부착되어 배가 항해를 잘할 수 있도록 고안되었고, 오늘날에는 물을 퍼올리는 양수기의 원리로 이용되고 있다.

집에서 직접 만드는 병충해 방지제?

병충해 방지제 레시피는 다음과 같다.
· 반 병 정도의 맥주,
· 1티스푼 정도의 주방세제,
  (살균 작용을 위해)
· 반 컵 정도의 차를 우려낸 물,
· 2티스푼 정도의 과산화수소,
· 여기에 7.5리터의 물을 희석해서,
· 한 달에 한 번 정도 화단에 뿌려준다.

손바닥 가드닝 노트

Indoor gardening notes

천연 방향제, 히아신스 화분 키우기

해를 거듭해 피어나는 다년생식물들은 생명주기에 잠드는 시간이 필요한데 보통은 그 계절이 겨울이지만 일부는 여름으로, 가을에 잎과 꽃눈을 틔우고 겨울에 꽃을 피운 뒤 여름이 되면 씨앗을 맺고 활동을 멈춘다. 이 덕분에 우리는 눈 오는 겨울 창가에서 꽃을 즐기는 기적 같은 축복도 누린다. 그 화사함의 시기가 바로 지금, 2월이다.

작년 10월 히아신스의 알뿌리를 심었다면 이제 아름다운 향기의 선물을 받을 자격이 있다. 하지만 이 시기를 놓쳤다면 할 수 없이 꽃시장에서 막 나온 히아신스라도 잡아야 할 때다. 히아신스는 백합과의 식물이다. 꽃 모양을 자세히 들여다보면 히아신스와 백합의 닮은꼴을 어렵지 않게 발견할 수 있다. 방향제가 필요 없을 만큼 강한 향기를 뿜어내는 히아신스는 겨울 꽃의 하이라이트다. 산악 지형이 자생지인 까닭에 추운 날씨, 더운 날씨를 구별하지 않고 강인하게 자라주어 우리의 실내 환경 속에서도 꿋꿋이 꽃을 피운다. 히아신스의 알뿌리를 심는 시기는 초가을 10월이 적기다. 이로부터 6주 후부터 싹이 돋아나고 1월에서 3월 사이 꽃을 피운다. 그리고 다시 10주 후면 다시 꽃이 지고 휴식기가 찾아온다. 히아신스는 완전히 잎이 시들 때까지 기다린 뒤, 알뿌리를 꺼내서 빛이 들어오지 않는 건조한 장소에 보관해두었다가 가을에 다시 화분이나 흙에 심는다. 해를 거듭해도 건강하게 다시 꽃을 피워주니 관리만 잘한다면 해를 거듭해 우리의 겨울을 즐겁게 만들어줄 것이다.

겨울에 꽃을 피우는 시클라멘

시클라멘Cyclamen이라는 식물이 잘 기억나지 않는다면 '둥글다, circle'을 생각해보자. 이 식물의 이름은 라틴어의 '둥글다'에서 유래되었다. 알뿌리도 둥글고 잎의 모양도 하트처럼 둥글어서 붙여진 이름이다. 2월과 3월에 본격적으로 꽃을 피운 뒤 4월에 잎이 누렇게 변색되면서 잠드는 시기로 접어든다. 시클라멘의 자생지는 지중해 지역이다. 즉 여름은 건조하면서도 뜨겁고 겨울은 축축한 추위 속에서 잘 성장한다.

2월, 집 안에서 시클라멘을 키워야 한다면 그 자생지의 조건에 맞게 밝은 빛이 들어오면서도 가장 추운 곳인 창가가 적당하다. 꽃이 지고 나면 식물은 곧바로 씨를 맺는 데 에너지를 다 쏟기 때문에 다음 꽃을 피우거나 내년을 위해 뿌리에 영양을 모아두는 일이 소홀해진다. 이런 점을 보완하고 아름다운 꽃을 지속적으로 보기 위해 꽃대를 잘라주는 것이 좋다. 대신 잎은 광합성 작용을 통해

영양분을 뿌리로 내려보낼 수 있도록 완전히 시들 때까지 양지바른 곳에 그대로 두는 것이 좋다.

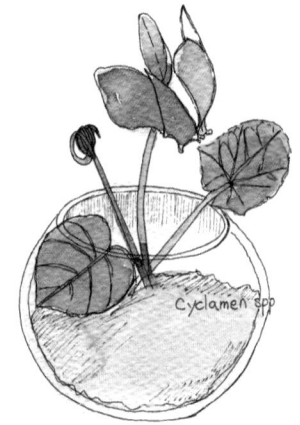

유리병을 이용한 시클라멘 키우기

시클라멘은 화분에 심어
실내에서도 잘 키울 수 있는
겨울 구근식물이다.

꽃이 지고 난 이후 포인세티아 키우기

작년 12월 크리스마스 선물로 받은 포인세티아가 이제는 꽃이 지고 시들어 그 붉은 기운을 잃어갈 때다. 식물과 사람 사이도 정이 들어 시들었다고 그냥 버리기는 어렵다. 이럴 때 용기를 한번 내보자. 어쩌면 내년 크리스마스에 다시 선명해진 포인세티아를 볼 수 있지 않을까? 하지만 그리 쉬운 일은 아니다.

포인세티아의 특징인 불타오르는 듯한 빨간 잎은 꽃이 아니라 잎이 변화된 것으로 꽃은 붉은 잎 속에 좁쌀만 하게 피어난다. 그런데 꽃보다 더 화사한 포인세티아의 잎을 빨갛게 변색시키는 일은 제법 까다롭다. 붉은 기운을 잃기 시작할 때인 2월에서 3월 사이 줄기를 15센터미터 정도만 남기고 바짝 잘라준다. 그리고 잎이 자라기를 기다리다 9월쯤부터는 적어도 8주 정도는 하루 8시간의 햇볕과 16시간의 어둠을 지속시켜주는 일을 반복해야 한다. 중요한 것은 빛보다는 어둠이어서 오후 5시부터 아침 8시가 될 때까지 빛에 노출되지 않도록 철저히 어둠을 지켜줘야 잎이 불타는 붉은빛으로 변화된다.

식물과 함께하다 보면 저절로 깨달아지는 세상의 이치들이 있다. 기울었던 달이 차오르고, 차올랐던 달은 다시 기운다. 식물의 세계에도 살아 있는 이 지구의 모든 생명체에게도 이와 같은 순환은 계속된다. 그런데 이를 알면서도 가끔 차오름을 잊고 기울고 있음에만 슬퍼하는 우리를 발견한다. 비워내고 기울어져야 다시 차오르고 바로 설 수 있음을 기억하자.

히아신스

시클라멘

포인세티아

테라코타화분

실내 환경 중 겨울 정원을 만들기에 가장 적합한 장소는 창문이다. 고정된 창이 있다면 이곳에 화분을 얹을 수 있는 선반을 만들어보자. 그리고 선반 위에 겨울 꽃을 화사하게 피워내는 시클라멘, 히아신스, 수선화, 포인세티아 등을 채워보면 세상에서 가장 아름 다운 한 폭의 창문 정원을 연출할 수 있다.

이른 봄
Early Spring

3월

될까, 안 될까? 설렘의 시간들!

이 시기 하루에도 몇 번씩 온도계를 쳐다본다. 될까, 안 될까? 식물을 심어
도 좋을지, 온실의 문을 열어도 좋을지를 예측해야 하기 때문이다. 이 짐작
이 자칫 잘못되면 일주일 차이로도 식물에게 동상을 입혀 죽일 수 있고, 때
가 너무 늦어버려 열매를 잘 얻지 못할 수도 있다. 날씨는 매일 체크해주는
것이 중요하다. 하지만 기상관측소의 예보보다 더 좋은 것은 우리의 원초
적 감각을 깨우는 일이다. 밤하늘은 다음날 날씨를 예측하는 중요한 열쇠
다. 달무리가 떴는지, 별이 얼마나 빛나는지, 머리 위의 별자리가 무엇인지
를 통해 날씨를 예측할 수 있다. 경험만큼 더 좋은 스승은 없다!

· 3월 절기 ·

경칩: 개구리만 깨어나는 게 아니라 식물들이 본격적으로 싹을 틔운다. 양력 3월 5일(6일)
춘분: 낮이 점점 길어진다. 식물들의 광합성 작용이 본격화된다. 양력 3월 20일(21일)

3월 정원 노트
Outdoor gardening notes

장미 가지치기

겨울 날씨가 매섭지 않은 따뜻한 지방이라면 장미의 가지치기는 오히려 가을이 좋다. 하지만 겨울이 길고 춥다면 가지치기의 시기를 봄으로 변경해야 한다. 잘린 가지에 물이 들어가 얼면 가지 전체에 손상을 주기 때문이다. 가지치기의 가장 중요한 역할은 식물을 좀 더 건강하게 회춘시키고 아름답게 모양을 잡는 데 있다. 우선 따뜻한 봄날 가위를 들고 장미 앞에 서자. 가지를 잘라주는 데 일반적인 원칙은 크게 세 가지다.

1. 병들었거나 죽은 가지는 잘라준다. 병든 가지는 병균이 번식하는 터전이 될 수 있다.

2. 서로 교차되어 지속적으로 부딪힐 가능성이 있는 가지는 둘 중 하나는 제거하는 것이 좋다. 가지가 서로 부딪치다 보면 껍질이 벗겨지게 되고 그 틈으로 병균이 침입해 해를 입힌다.

3. 안쪽 가지를 솎아준다. 식물의 가지가 안쪽으로 엉키게 되면 자체 그늘을 만들어 잎에 닿는 햇빛 양이 적어진다. 때문에 안쪽으로 향해 있는 가지를 간간히 쳐내고, 바깥쪽으로 향해 있는 눈을 골라 바로 아래서 잘라주면 다음해 바깥 방향으로 가지가 다시 자라난다. (1월, 〈가지치기의 다양한 방법들〉 참고)

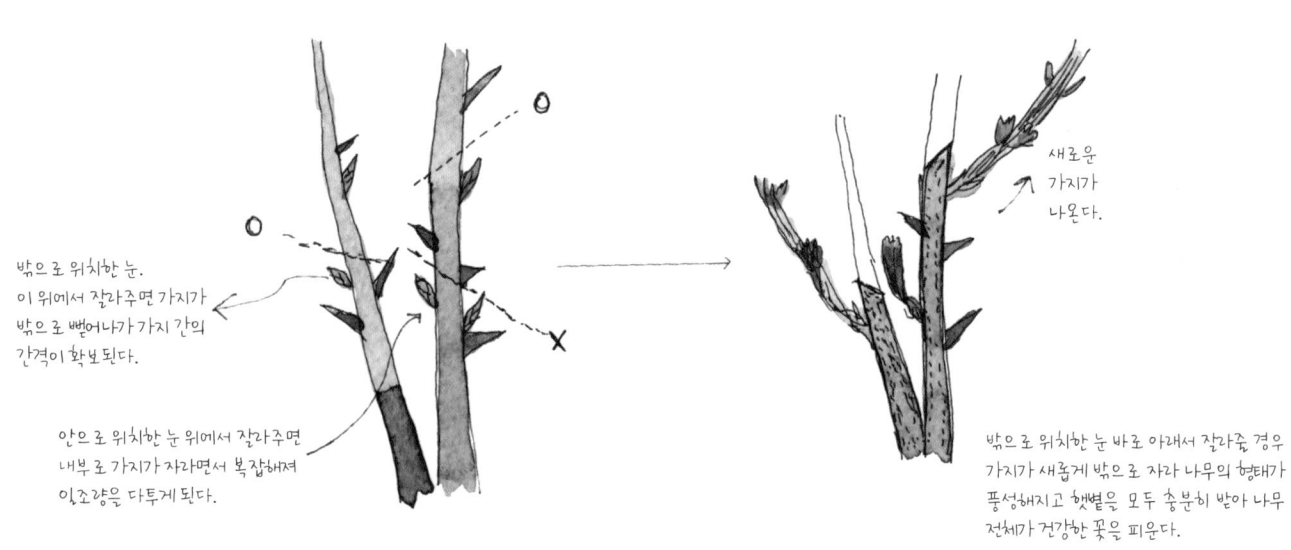

밖으로 위치한 눈.
이 위에서 잘라주면 가지가
밖으로 뻗어나가 가지 간의
간격이 확보된다.

새로운
가지가
나온다.

안으로 위치한 눈 위에서 잘라주면
내부로 가지가 자라면서 복잡해져
일조량을 다투게 된다.

밖으로 위치한 눈 바로 아래서 잘라줄 경우
가지가 새롭게 밖으로 자라 나무의 형태가
풍성해지고 햇볕을 모두 충분히 받아 나무
전체가 건강한 꽃을 피운다.

가지치기 때 가지를 정확하게 자르는 요령

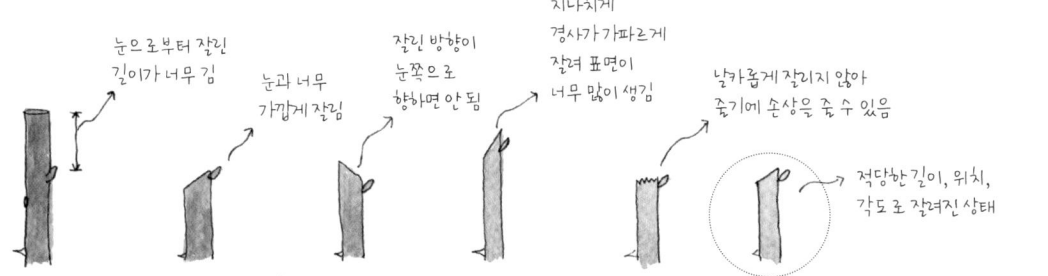

눈으로부터 잘린
길이가 너무 김

눈과 너무
가깝게 잘림

잘린 방향이
눈쪽으로
향하면 안 됨

지나치게
경사가 가파르게
잘려 표면이
너무 많이 생김

날카롭게 잘리지 않아
줄기에 손상을 줄 수 있음

적당한 길이, 위치,
각도로 잘려진 상태

가지치기의 정확한 위치와 방향

겨울을 보낸 관목식물의 줄기 자르기: 수국, 갈대, 말채나무

장미와 마찬가지로 겨울을 난 다른 식물들도 새싹이 돋기 전에 가지나 줄기를 잘라줄 때가 되었다.

· 늦여름에 피는 수국*Hydrangea* 꽃대를 자르지 않고 그대로 두면 가을과 겨울에 마른 꽃이 정원에 풍성함을 더해준다. 게다가 눈이 내리면 마른 꽃이 다시 탐스러운 눈꽃으로 피어난다. 하지만 긴 겨울이 지나 봄의 기운이 감돌기 시작하면 마른 꽃대를 과감히 잘라주는 것이 좋다. 그러면 잘려진 꽃대에서 다시 초록의 싱그러운 줄기와 꽃대가 돋아난다.

· 갈대를 정원에 두고 있다면 이제 갈대 줄기도 과감하게 잘라줄 시기다. 갈대도 수국과 마찬가지로 늦가을이나 겨울에 잘라줄 수도 있지만 이왕이면 아름다운 이삭을 겨울까지 감상한 뒤, 봄에 밑동을 바짝(지면에서 10센티미터 위) 잘라주면 된다. 아직은 새싹이 나올 기미가 보이지 않지만 밑동을 자르고 몇 주가 흐르

면 파릇한 갈대의 새싹들이 돋아난다.

· 말채나무*Cornus*는 매년 잘라주면 줄기의 색상이 진하고 선명해진다. 식물의 줄기를 이용한 디자인이 요즘 세계적으로 유행이다. 특히 코르누스과의 식물과 버드나무*Salix spp.* 등은 줄기가 붉은색, 연두색, 노란색 등으로 다양해서 단골 소재가 된다. 그런데 대부분의 식물 줄기는 나이를 먹게 되면 자연스레 색감이 흐려지기 때문에, 선명한 색감을 얻기 위해서는 매년 봄마다 줄기의 밑동 부분을 과감하게 잘라주는 일이 필요하다. 물론 코르누스 식물들은 성장속도가 매우 빨라 여름이 되었을 때 잘라낸 길이만큼 다시 자라난다.

씨뿌리기: 채소, 국화, 헬레니움, 해바라기, 루드베키아

텃밭 정원을 구상하고 있다면 3월에 분주히 씨를 뿌려야 한다. 물론 땅에 직접 뿌리는 것도 가능하지만 아직은 추위가 남아 있기 때문에 일부 남부 지방을 제외하고는 위험하다. 씨뿌리는 장소에 열판이 깔린 전문재배시설이 있다면 더욱 좋겠지만, 온실 안에서 파종하는 것만으로도 충분하다. 온실이 없는 일반 가정집이라면 창가가 씨를 뿌리기에 더없이 좋은 장소다. 재배판에 씨를 뿌리고 물을 준 뒤, 투명 비닐봉지로 싸주면 햇볕을 받아 미니 온실 효과가 일어난다. 우선은 너무 많지 않게 가지, 고추, 오이, 호박, 당근, 토마토 등의 씨로 시작하고 여기에 1년생 꽃의 씨앗도 함께 파종을 해보자. 약 4주에서 6주 사이면 밖에 심어도 좋을 정도인 5센티미터 이상의 키가 확보된다.

봄에 피는 꽃을 지금 준비하는 것은 늦었지만, 이제 여름 꽃(가을 꽃을 포함)을 위한 파종을 서두를 때다. 구절초를 포함한 국화과 식물의 씨앗도 3월 파종이 적합하고, 헬레니움Helenium, 해바라기, 루드베키아Rudbeckia의 파종도 3월부터 시작된다.

뿌리 나누기: 붓꽃, 아스틸베(노루오줌), 원추리

이미 심어둔 붓꽃Iris, 아스틸베Astilbe(노루오줌), 원추리Hemerocallis 등이 있다면 이제 뿌리를 캐내어 갈라주는 일이 필요하다. 뿌리를 캐보면 오래 묵은 뿌리 옆에 새로운 뿌리가 덧붙어 자라고 있는 것을 볼 수 있다. 뿌리가 너무 엉켰다면 차라리 날카로운 삽의 날로 뿌리를 갈라내고 다시 심어주는 게 좋다. 그러면 여름에 좀 더 많은 양의 식물이 더욱 튼튼하게 꽃대를 올려준다.

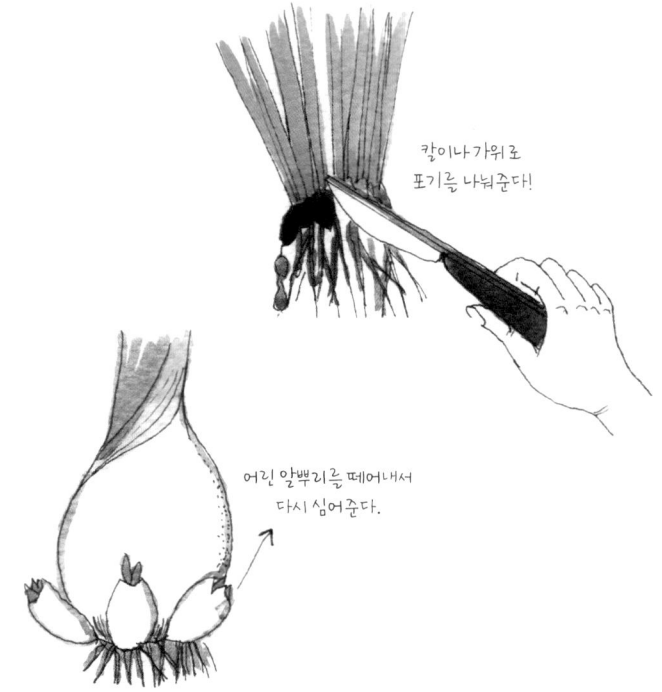

칼이나 가위로 포기를 나눠준다!

어린 알뿌리를 떼어내서 다시 심어준다.

잡초의 초기 진압

우리가 원하는 식물만 싹이 돋는 것은 아니다. 이 시기 본격적으로 잡초가 싹을 틔워 눈 깜짝 할 사이에 정원을 가득 메운다. 잡초는 우리가 심는 관상용 식물보다 좀 더 빠르게 꽃을 피우고 열매를 맺는다. 초봄이라고 방심하면 다가오는 여름에 잡초 조절에 실패하게 된다. 문제는 싹의 상태일 때는 잡초를 제대로 알아보기가 힘들다는 것이다. 때문에 잡초 역시도 관상용 식물만큼이나 공부가 필요하다. 공부한 만큼 보이기 때문에 초기 진압을 위해 어떤 모양으로 싹을 틔우는지, 어떤 꽃을 피우고, 어떻게 씨앗을 퍼트리는지를 알아야 효과적인 조절이 가능해진다. 잡초를 완전히 제거하는 것은 불가능하지만 어느 정도 조절은 가능하다.

· 잡초를 발견하면 뿌리까지 완전히 제거하려고 애쓰기보다는 초록의 잎을 제거하는 것이 좋다. 뿌리가 남아 있어 다시 올라오기는 하지만 지속적으로 한 해 정도 잎을 제거해주면 광합성 작용을 하지 못해 세력이 급격히 약해진다.

· 기다리지 않고 눈에 보이면 바로 제거하는 습관이 필요하다. 나중에 하겠다는 생각으로 방치하는 순간 세력이 강한 잡초는 전체 정원을 순식간에 뒤덮는다.

· 잡초도 식물이어서 1년생(환삼덩굴, 피, 꽃다지 등)과 다년생(질경이, 민들레, 토끼풀 등)으로 구별된다. 1년생은 씨앗으로 잘 번지기 때문에 씨앗을 맺기 전 제거하는 것이 가장 좋다. 다년생의 경우는 뿌리가 계속 남아 있어 완전 제거가 거의 불가능하지만 잎을 지속적으로 제거해주면 세력이 약해진다.

· 잡초는 메마른 땅에서 잘 자랄 수 있도록 발달된 식물이기에 잘 관리된 흙에서는 오히려 제대로 자라지 못한다. 화단의 흙이 마르지 않게 수분을 유지하고 지속적으로 영양 공급을 잘 해주자.

씨앗으로 쉽게 발아가 잘되는 다년생 초본식물들

모든 씨앗이 쉽게 발아가 되는 것은 아니다. 특히 다년생의 경우는 씨앗 발아가 생각보다 쉽지 않아 전문적인 환경이 갖춰진 곳에서만 가능할 때가 많다. 때문에 좀 더 쉽게 씨앗으로 발아시키려면 야생화로 초원에서 스스로 잘 자라는 종을 선택하는 것이 요령이다.

- 알리움 *Allium spp.*
- 펜스테몬 *Penstemon spp.*
- 앵초 *Polyanthus spp.*
- 장구채 *Silene spp.*
- 패랭이 *Dianthus spp.*
- 꽃다지 *Draba spp.*
- 루핀 *Lupinus spp.*
- 매발톱 *Aquilegia spp.*

완두콩 심기

지역에 따라 다르지만 3월은 완두콩을 심을 수 있는 때다. 완두콩은 특별한 관리 없이도 잘 자라주는 작물로 텃밭 정원의 효자 노릇을 한다. 단 완두콩은 덩굴식물이기 때문에 지지대가 꼭 필요하다. 지지대 작업을 미리 한 뒤에 완투콩을 심어주면 지지대를 따라 완주콩의 줄기가 자란다. (2월, 〈식물 지지대 디자인 따라하기〉, 완두콩 지지대 참고)

완두콩은 작물 외에도향기로운 꽃을 피워주는 식물로 텃밭 정원의 중요한 작물이 되어준다.

크로커스
Crocus spp.

· 다년생 초본 알뿌리식물
· 온대성기후 지역에서 골고루 자란다.
· 숲속에서 자라는 식물로 산악 기후에 강하다.
· 초봄, 늦가을, 초겨울에 꽃을 피우는 재배종이 많이 개발되어 겨울 정원을 화려하게 장식할 수 있다.

히아신스
Hyacinth spp.

· 다년생 초본 알뿌리식물
· 지중해연안과 중앙아시아에서 자란다.
· 영양분을 공급해주면 더욱 풍성한 꽃을 피운다.
· 햇볕을 좋아한다.
· 알뿌리가 단단하고 건강하다면 뿌리를 물속에 담가 키워도 꽃을 피운다.

수선화
Narcissus spp.

· 다년생 초본 알뿌리식물
· 서양에서는 'daffodil(다포딜)'로도 불린다.
· 숲속에서 자라는 식물로 산악 기후에 강해 그늘과 추위를 잘 견딘다.
· 정원용 재배종이 다양하게 개발되어 있어 크기, 색, 형태에 따라 선택이 가능하다.

에란티스
Eranthis spp.

· 다년생 초본식물
· 우리나라 자생식물인 너도바람꽃*Eranthis stellata*이 에란티스 종에 속한다.
· 10센티미터까지 키가 자란다.
· 컵 모양의 노란색 꽃을 초봄에 피운다.
· 잎의 색상이 유난히 밝고 진한 초록색이어서 꽃이 피었을 때 색의 대비가 아름답다.

실라
Scilla spp.

· 다년생 초본 알뿌리식물
· 50~80종의 식물이 온대성기
　후 지역에서 자생하고 있다.
· 숲속에서 자라는 식물로 그늘
　과 바람, 추위에 강한 편이다.
· 실라 비올라세아 *Scilla violacea* 는 실
　내식물로도 많이 키운다.

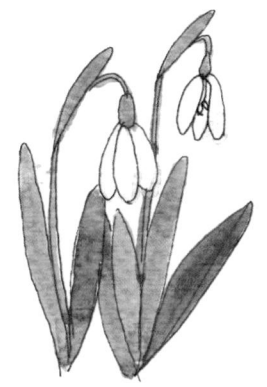

스노드롭
Galanthus spp.

· 다년생 초본식물
· 식물학명 '갈란투스'로도 불린다.
· 작은 군락으로 전 세계 20여 종
　이 자생하고 있다.
· 숲속에서 자라는 식물로 추위에
　강해 초봄에 꽃을 피운다.

튤립
Tulipa spp.

· 다년생 초본 알뿌리식물
· 전 세계 75종이 자생하고 있다.
· 중앙아시아의 건조한 지역에
　서 자라는 식물로 숲속에서 자
　라는 식물에 비해 좀 더 따뜻한
　온도를 좋아한다.

얼레지
Erythronium japonicum

· 다년생 초본식물
· 일부 지역에서는 '가재무릇'으
　로 불린다.
· 한국, 일본, 중국이 자생지로
　주로 숲속에서 군락을 이뤄 자
　란다.
· 최근 정원용 초본식물로 각광
　을 받고 있어 재배종 개발이
　활발하다.

감자 종류 고르기

하지(6월 22일경) 즈음에 재배하는 이른 감자(100~110일의 성장기간 필요), 7월 즈음에 재배하는 중간 재배 감자(110~120일의 성장기간 필요), 그리고 8월 즈음에 재배하는 늦은 감자(125~140일의 성장기간 필요)로 수확 시기에 따른 감자를 선택한다. 물론 한 종류로 통일하지 않고, 시기별로 감자를 심어보는 것도 요령이다.

감자 싹 틔우기

씨감자를 준비한다. 그리고 빛이 들어오고 공기가 잘 통하는 장소, 그러나 감자가 얼지 않고 영상 5도의 온도를 유지할 수 있는 곳에 씨감자를 놔둔다. 감자들이 서로 겹쳐져 무르거나 병들 수 있기 때문에 계란판을 재활용하여 감자를 낱개로 담아 싹이 올라올 때까지 보관하는 것도 좋다.

감자 심는 시기

싹이 난 감자를 땅에 심는 시기는 이른 곳은 2월부터 3월 초순에 걸친다. 물론 심는 시기는 지방마다 기후 조건에 따라 다르기 때문에 반드시 큰 추위가 지나갔는지 현지 기후를 체크해야 한다. 감자 심는 날은 바람이 불지 않는 맑은 날이 좋다.

달걀 박스를 이용한 감자 싹 틔우기

감자가 서로 닿게 되면 맞닿은 자리가 물러지기 때문에 개별적으로 보관하는 것이 필요하다. 온도가 상승하면 감자의 싹이 돋기 시작한다. 손가락 한 마디 정도로 싹이 돋았을 때 흙에 심어줄 수 있도록 시간을 조율하는 것이 필요하다.

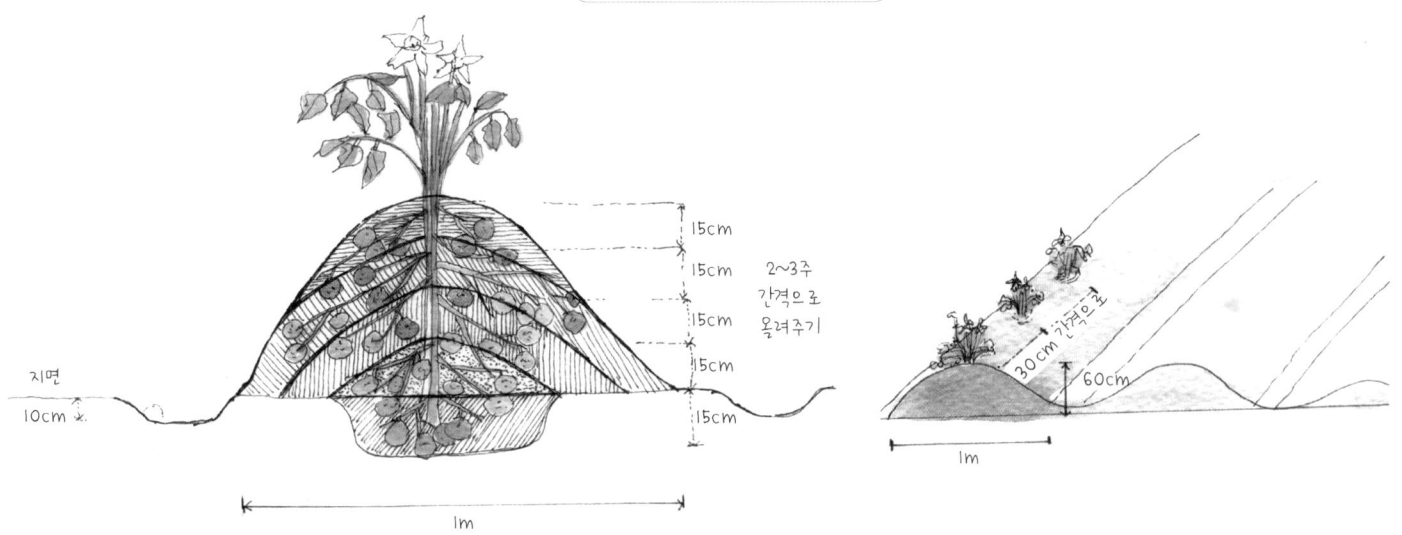

감자의 둔덕은 전체 폭을 1미터 정도로 만들고, 감자 심는 간격은 30센티미터 이상이 좋다. 최근에는 검은 비닐로 감자 둔덕 전체를 멀칭하기도 하는데, 이는 흙을 장기적으로 퇴화시키는 단점을 가져온다. 때문에 유기농 전문가들은 잡초가 파고들더라도 감자와 함께 키우는 방법을 권하기도 한다. 단 유기농 방식을 택할 때에는 잡초의 번식이 왕성할 때 서너 차례 그 잎과 줄기를 잘라주어 성장을 둔화시켜주는 일이 필요하다. 잡초의 성장이 둔화된 사이에 감자의 성장이 좋아지고, 더불어 잡초의 뿌리가 흙을 부드럽게 만들어 감자의 성장에 도움을 준다.

감자 둔덕 만들기

감자는 뿌리가 아니라 줄기가 변형되어 영양분을 저장한다. 감자를 심을 때 감자 줄기가 땅 밖으로 노출되면 영양분을 보관하는 부분이 생성되지 않기 때문에, 감자의 줄기를 반드시 흙으로 덮어줘야 한다. 이런 이유로 감자를 심는 둔덕은 유난히 높다.

· 지면으로부터 10센티미터를 파서 씨감자를 넣는다.

· 지면 위를 흙으로 덮어준다.

· 2~3주에 한 번씩 줄기가 자라는 속도에 맞추어 15센티미터씩 흙을 덮어 둔덕을 높인다.

· 전체 높이가 60센티미터에 달할 때까지 지속적으로 둔덕을 높여주고 수확을 기다린다.

· 전체 둔덕의 폭은 약 1미터 정도가 적당하다.

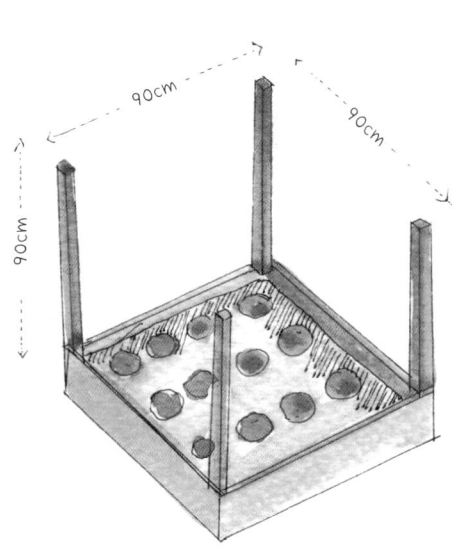

감자 키우는 상자 만들기

2×6구조목을 이용하여 감자 키우는 상자를 만들 수 있다.

· 38(두께)×140(폭)밀리미터인 2×6구조목을 이용하여 사각형의
  틀을 만든다.

· 감자의 줄기가 커 올라오는 속도에 따라 2×6구조목 판을 하나
  씩 높여주며 흙을 채우는 방식으로 감자를 키운다.

· 상자의 전체 높이가 90센티미터까지 올라왔을 즈음이 감자의
  수확 시기다.

· 감자의 성장이 다 끝나면 상자의 하단부터 2×6판을 한 장씩 떼
  어내 감자를 꺼낸다.

줄기, 잎으로 식물 재배하기

식물을 재배하는 방법은 크게 두 가지로 나뉜다. 씨를 뿌리는 방법과 줄기, 뿌리, 잎 등 식물의 일부분을 잘라 다시 배양시키는 방법이다. 줄기, 뿌리, 잎 등 식물의 일부를 잘라 재배시키는 방법은 씨와 달리 자손이 아니라 원래 식물과 똑같은 복제식물을 만드는 일이다. 때문에 재배 방법이 비교적 수월하지만, 씨앗을 통한 식물의 진화는 이뤄지지 않는 단점이 있다.

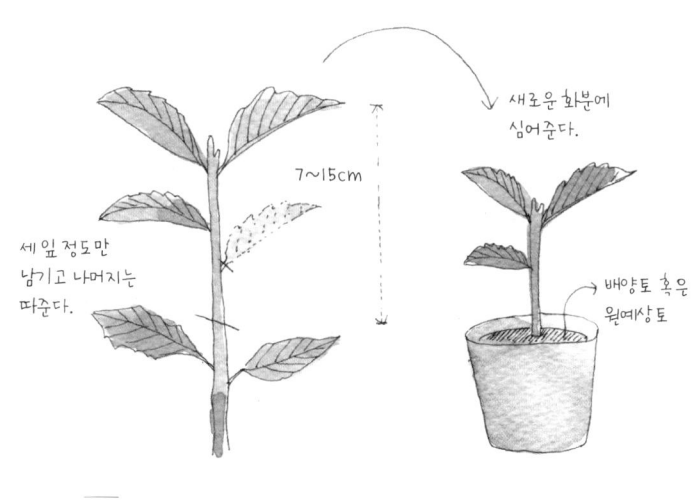

새로운 화분에
심어준다.

7~15cm

세 잎 정도만
남기고 나머지는
따준다.

배양토 혹은
원예상토

줄기를 이용한 꺾꽂이 재배 방법

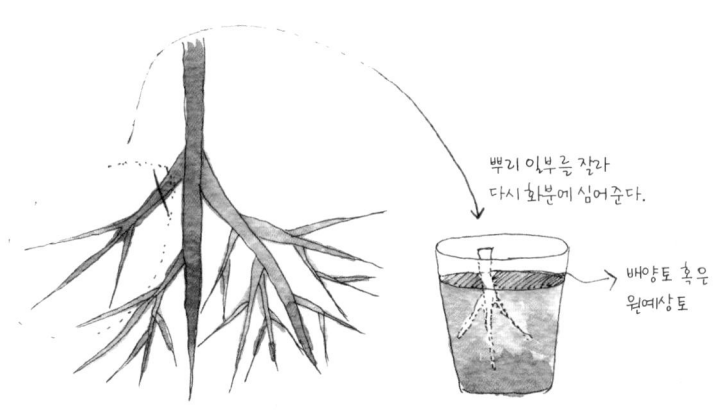

뿌리 일부를 잘라
다시 화분에 심어준다.

배양토 혹은
원예상토

뿌리 자르기 재배 방법

페하$_{pH}$농도 이해하기

페하농도는 식물의 성장에 큰 영향을 준다. 우리 집 흙의 상태를 파악해 산성을 좋아하는 식물과 알칼리성을 좋아하는 식물을 잘 배치하는 것만으로도 식물에게는 큰 도움이 된다. 산성을 좋아하는 식물에게는 솔잎, 솔가지 등을 이용한 퇴비를 넣어주면 산성이 좀 더 강화된다. 알칼리성을 높이기 위해서는 버섯이나 달걀이 들어간 퇴비를 사용하면 도움이 된다.

채소밭의 pH농도 분포

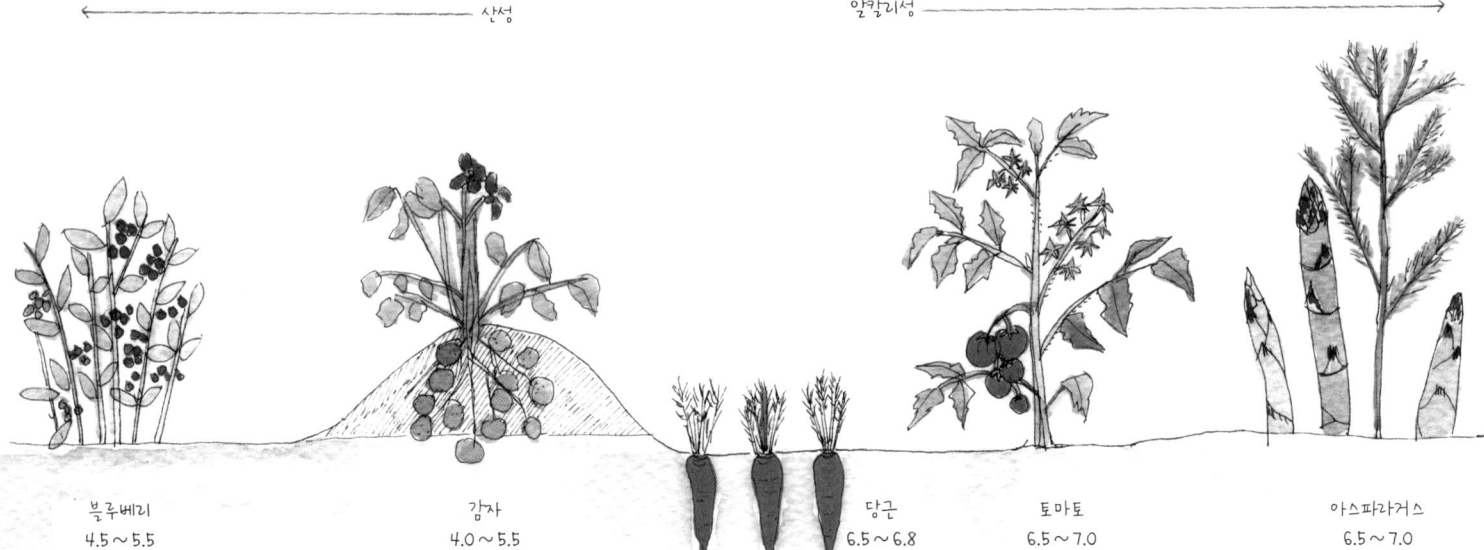

황이 포함된 퇴비를 보충한다.
솔잎, 솔방울 등도 산성을 띠고 있다.

깻묵, 버섯퇴비, 달걀 으깬퇴비 등을 보충한다.

← 산성   알칼리성 →

블루베리
4.5 ~ 5.5

감자
4.0 ~ 5.5

당근
6.5 ~ 6.8

토마토
6.5 ~ 7.0

아스파라거스
6.5 ~ 7.0

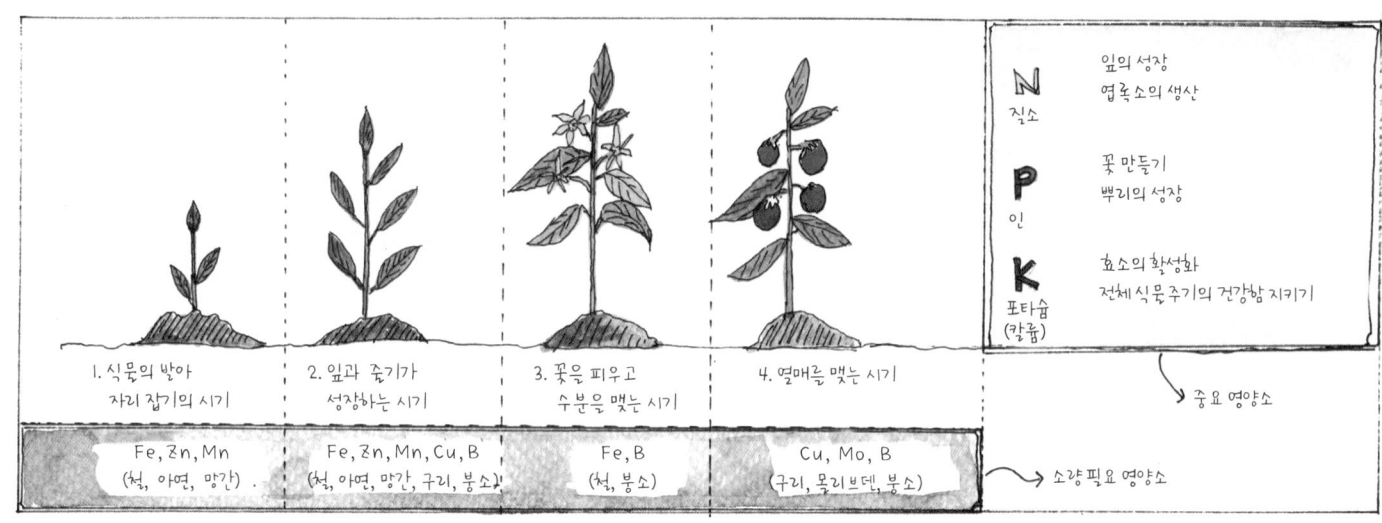

	N 질소	잎의 성장 엽록소의 생산		
	P 인	꽃 만들기 뿌리의 성장		
	K 포타슘 (칼슘)	효소의 활성화 전체 식물주기의 건강함 지키기		

1. 식물의 발아
자리 잡기의 시기 2. 잎과 줄기가
성장하는 시기 3. 꽃을 피우고
수분을 맺는 시기 4. 열매를 맺는 시기

→ 중요 영양소

Fe, Zn, Mn (철, 아연, 망간)	Fe, Zn, Mn, Cu, B (철, 아연, 망간, 구리, 붕소)	Fe, B (철, 붕소)	Cu, Mo, B (구리, 몰리브덴, 붕소)

→ 소량 필요 영양소

식물의 성장주기와 필요 영양분

식물에게 필요한 영양소 이해하기

사람과 마찬가지로 식물도 골고루 균형 잡힌 영양분의 공급이 이루어져야 건강하게 잘 자란다. 모든 식물은 질소N, 인P, 포타슘K과 함께 소량의 철, 구리, 붕소, 아연, 망간 등의 영양소가 필요하다. 이 영양소들이 결핍되면 식물이 잘 자라지 않을뿐더러 질병에 시달리는 결과를 맞을 수 있다. 특히 질소, 인, 포타슘은 식물의 성장에 가장 중요한 영양소이기 때문에 결핍되면 성장이 어려워진다. 예를 들어 잎이 잘 자라지 않고 있다면 질소가 부족한 상황이고, 꽃(열매)과 뿌리의 발달이 힘들다면 인이 부족한 것이다. 더불어 질병에 시달리고 있다면 포타슘이 부족하기 때문이라고 볼 수 있다. 그 외 소량의 영양소도 결핍되면 식물 성장에 영향을 미친다. 그래서 각각의 단계별로 어떤 영양소가 필요한지 머릿속에 한 번은 잘 정리해두는 일이 중요하다.

3월의 정원을 빛내는 식물들
Plants of March

복수초 *Adonis amurensis*

· 다년생 초본식물
· 키가 20센티미터 정도로 낮게 자란다.
· 짙은 초록의 잎 사이에 꽃대가 올라와 2~3월에 노란색 꽃을 피운다.
· 햇볕을 좋아하고, 배수가 잘되는 땅을 좋아한다.
· 우리나라 자생의 식물로 아직은 눈이 다 녹지 않은 봄의 정원을 노란 화사함으로 장식한다.

영춘화 *Jasminum nudiflorum*

· 다년생 초본식물
· 차로 마시는 재스민과 같은 종에 있는 식물이다.
· 일반 재스민이 아열대기후에서 자라고, 꽃의 색깔이 흰색, 분홍색인데 비해 자스미눔 누디플로룸(영춘화)은 이른 봄에 노란색 꽃을 피운다.
· 얼핏 보기에는 꽃이 개나리꽃과 비슷하다. 그러나 줄기가 각져 있고, 잎 모양이 개나리보다는 좀 더 깔끔하다.
· 겨울 기온이 따뜻한 곳에서는 잎이 지지 않는다.

명자나무 *Chaenomeles lagenaria*

· 낙엽 관목식물
· 잎보다 먼저 꽃을 피운다.
· 정기적인 가지치기로 크기를 줄일 수 있다.
· 가지가 지나치게 두꺼워지면 꽃을 피우는 능력이 상실되기 때문에, 이럴 때는 지면에서 10센티미터 정도로 가지를 바짝 잘라주는 것이 좋다.

그러면 새로운 가지가 힘을 받아 나오고, 이 새 가지에서 해마다 풍성한 꽃을 피운다.
· 햇빛을 좋아해 담장에 붙여 키우는 것도 가능하다.

다프네 *Daphne odora*

· 상록 관목식물
· 메마른 땅에서 잘 자란다.
· 양지바른 곳이나 반그늘 모두에서
  잘 자란다.
· 2~4월에 꽃을 피우고, 꽃이 피면 진
  한 향기가 정원에 가득해진다.
· 꽃이 진 후에는 잎이 남아서 정원을
  초록빛으로 채운다.
· 관목으로 키를 50센티미터에서 1미
  터까지 키울 수 있다.
· 줄기를 잘라서 배양토에 심어주면
  손쉽게 재배가 가능하다.

앵초 *Polyanthus(Primula)*

· 다년생 초본식물
· 매우 이른 봄부터 꽃을 피운다.
· 최근 다양한 재배종이 개발되어 다
  양한 색상과 모양이 나온다.
· 엄밀하게 앵초는 다년생이지만 한해
  살이로 생을 마감할 때가 적잖다. 서
  늘한 곳이라면 다음해에도 싹이 다
  시 올라오지만, 메마르고 여름철 땡

볕이 쏟아지는 곳이라면 다음해를
기약하기 어렵다.
· 기본적으로는 그늘과 습도를 좋아
  한다. 그러나 땅의 상태는 물 빠짐이
  좋아야 한다.
· 정원에서 햇빛이 많이 들어오지 않
  는 장소에도 심을 수 있는 귀중한 식
  물이다.

스텔라 목련 *Magnolia stella*

· 낙엽 교목식물
· 우리나라 대부분 지역에서는 낙엽수
  이지만 따뜻한 남부 지역에서는 상
  록활엽수로 겨울에도 잎이 지지 않
  는다.
· 작은 정원에 심기에는 크게 자랄 가

능성이 높아 다 자랐을 때 키가 어느
정도에 이를지 가늠해서 골라야 한
다. 최근에는 작은 크기의 목련 재배
종 *Magnolia stella* 도 많이 공급되고 있
어 신중한 선택이 필요하다.
· 반그늘 상태를 좋아하고 매년 멀칭
  과 영양분 공급을 해주어야 한다.

동서양 정원사들에게 전해 내려오는 오래된 정원 지혜

흙이 얼마나 따뜻한지 알아내는 법

씨를 뿌려도 좋을 만큼 땅이 따뜻해졌는지를 알아내는 일은 쉽지 않다. 미국 원주민들이 고안한 땅의 온도를 알아내는 방법을 배워보자.

· 식물을 심고자 하는 화단 위에 서서 바지를 걷고 몇 분 동안 서 있는다. 견딜 만큼 훈훈하다면 흙이 따뜻해졌다는 의미지만, 곧 걷은 다리가 서늘하게 추워진다면 아직은 언 땅이 풀리지 않았다는 증거다.
· 이보다 더 확실한 방법으로는 팔을 걷어 팔꿈치를 땅에 대보는 것이다. 팔꿈치를 땅에 대고 몇 분 동안 있다 보면 땅의 온도를 좀 더 정확하게 느낄 수 있다.

날씨 예측하기

영국 정원사들에게 내려오는 격언들
· 만약 벌들이 집을 나서지 않는다면 곧 비가 올 것이고, 벌들이 집을 나선다면 날이 곧 개고 맑아질 것이다.
· 만약 참나무 잎이 물푸레나무보다 빨리 싹을 틔운다면 올해 강수량은 적고, 반대로 물푸레나무가 참나무보다 빨리 싹을 틔운다면 올해 강수량은 매우 많을 것이다.
· 만약 호랑가시나무의 열매가 유난히 빨갛다면 그해 겨울은 길고 추울 것이다.

보름 간격으로 씨를 뿌려라

씨앗을 한꺼번에 다 뿌리게 되면 꽃이 한꺼번에 피고, 한꺼번에 지는 일이 생긴다. 좀 더 지속적으로 신선한 채소나 꽃을 감상하고 싶다면 씨앗을 나눠 보름 간격으로 뿌려라. 한 번 뿌리고 남은 씨앗은 서늘하고 그늘진 곳에 보관한 뒤 보름 후 사용하면 된다.

피튜니아를 좀 더 오래 꽃 피우게 하는 법

· 우선 피튜니아를 약간 쌀쌀하다고 생각되는 시점에 심는 것이 좋다. 추위에 약한 식물이기에 얼어버리면 안 되지만 약간 쌀쌀할 때 심어줘야 좀 더 강인하게 자라고 꽃을 오래도록 간직해준다.
· 처음에 꽃을 피우기 위해 올라온 피튜니아가 아직 꽃을 피우지 않았을 때 지면에서 10센티미터 정도만 남기고 잘라준다. 첫 꽃을 보지 못하는 것이 아쉬울 수 있지만 이렇게 잘라주고 난 후 다시 올라온 잎과 가지에는 더 많은 꽃이 달린다.
· 7월쯤 되었을 때 다시 한 번 피튜니아를 비슷한 높이로 잘라준다. 그러면 다시 가지와 잎이 나오면서 또 한 번 꽃을 피운다.
· 마지막은 9월이다. 이때 한 번 더 잘라주게 되면 영하로 떨어지는 추위가 있을 때까지 정원에 꽃이 가득해진다.

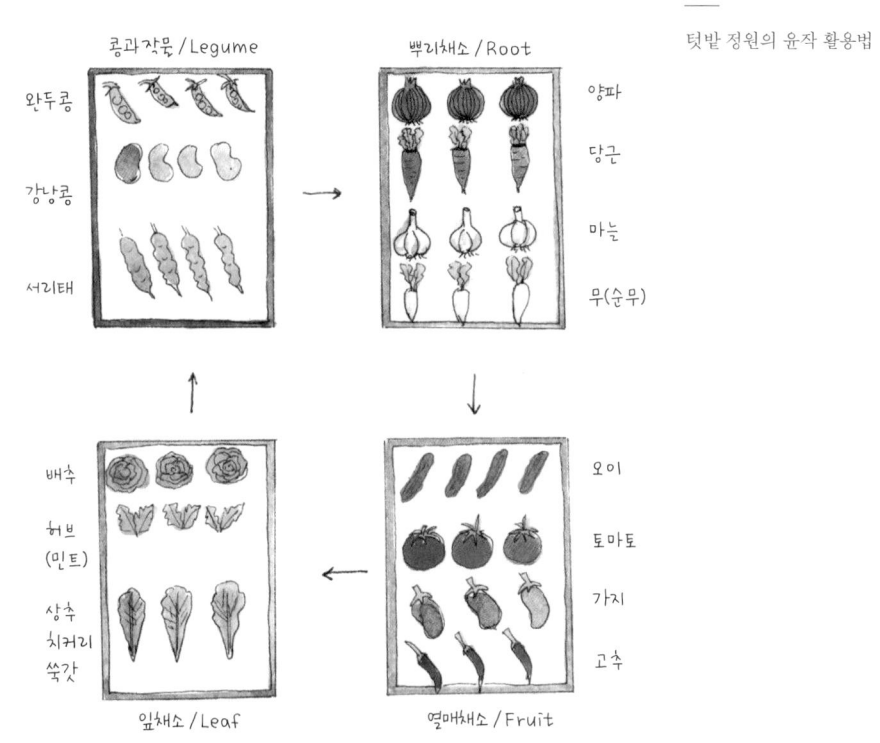

콩과작물 / Legume

완두콩
강낭콩
서리태

뿌리채소 / Root

양파
당근
마늘
무(순무)

배추
허브
(민트)
상추
치커리
쑥갓

잎채소 / Leaf

오이
토마토
가지
고수

열매채소 / Fruit

스스로 잘 자라며 아름다운 꽃까지 피워주는 식물 리스트

아무리 아름다운 꽃을 피워도 그 관리법이 수월하지 않은 식물은 키우기가 버겁다. 식물이 스스로 잘 성장하면서도 아름다운 꽃을 피워준다면 정원 관리 시간도 줄일 수 있다. 다음은 정원사들의 비법 식물 목록이다.

· 아르테미시아*Artemisia*: 은쑥이 포함되어 있다. 은빛을 떠는 초록색 잎을 지니고 있으며 부드럽고 고운 질감으로 다른 식물들의 배경이 되어주는 식물이다.
· 패랭이꽃*Dianthus spp.*: 30센티미터 미만으로 자라며 촘촘한 잎을 지니고 있어 화단의 빈곳을 채워주는 역할을 한다.
· 치자꽃*Gardenia spp.*: 장미꽃을 닮은 화려한 꽃과 진한 향기로 정원을 화려하게 지켜준다. 그러나 겨울 추위에 약해 영하로 내려가는 곳에서는 월동이 불가능하다.
· 라벤더*Lavandula spp.*: 가뭄에 강하고 특별히 손을 타지는 않지만 겨울 추위에 약하다. 영하의 추위가 맹렬한 곳에서는 온실에서 키워야 한다.
· 작약*Peony spp.*: 크고 화려한 색의 꽃을 피운

텃밭 정원, 윤작 활용하기

작은 텃밭이지만 같은 작물을 같은 곳에 해마다 심는 일은 병충해의 공격에 치명적이다. 때문에 전통 농사법에서처럼 돌아가면서 농작물을 바꿔주는 것이 좋다. 특히 감자와 배추처럼 땅속에 병충해가 잠복할 가능성이 많은 작물은 반드시 윤작을 통해 전년과 다른 곳에 같은 식물을 심어주는 것이 좋다. 윤작을 위해서는 4분할, 혹은 부채꼴, 피자조각판과 같은 형태로 텃밭 정원을 디자인하는 것이 효과적이다.

다. 우리나라 자생으로 특별한 조건 없이 잘 자란다.

· 제비꽃 *Viola spp.* : 들과 산에서 잘 퍼져 살아가고 있다. 그러나 씨앗으로 급속히 번질 수 있어서 주의가 필요하다.

· 국화 *Chrysanthemum spp.* : 초가을부터 늦가을까지 꽃을 피운다. 그러나 잎은 이미 봄부터 올라오기 때문에 긴 시간 정원을 지켜준다. 그러나 줄기가 늘어져 자라는 특징이 있기 때문에 이 현상을 막으려면 7월 말쯤 전체 줄기를 지면으로부터 10센티미터 정도만 남기고 바짝 잘라주는 것이 좋다. 그래야 새 줄기가 나와 직립 형태로 풍성해지고 꽃도 많아진다.

· 수레국화 *Centaurea spp.* : 자연 상태에서는 가장 희귀한 푸른색의 꽃을 피운다. 꽃이 한 달 넘게 지속되는 장점이 있다.

· 달리아 *Dahlias spp.* : 멕시코가 자생지로 겨울 추위에 약하다. 식물의 뿌리를 캐내어 보관해야 한다.

· 매리골드 *Tagetes spp.* : 씨앗으로 발아가 잘되는 종으로 1년생, 다년생 모두 있다. 다양한 색상과 모양의 재배종이 있어 선택이 가능하다.

· 팬지 *Viola spp.* : 야생 제비꽃이 모태로 다른 종과 접목시켜 재배한 정원용 바이올라를 팬지로 명명했다. 1년생으로 추위에 강해 겨울을 나고 봄에 꽃을 다시 피워주기도 한다.

· 피튜니아 *Petunia spp.* : 1년생 남아메리카 자생의 식물로 추위에 약하지만 척박한 환경 속에서도 잘 자란다.

· 꽃양귀비 *Papaver* : 지구의 온대성기후 지역에 다양하게 분포하고 있는 종으로, 특별한 관리 없이도 씨앗으로 번져 잘 자란다. 1년생, 다년생이 모두 있다.

· 샐비어 *Salvia spp.* : 중앙아시아, 아메리카, 지중해 연안 등 건조하고 따뜻한 온대성기후 지역에서 자생하는 식물이다. 때문에 한 번 심어주면 스스로 잘 자라지만 우리나라 겨울 추위에서는 월동이 힘들다.

· 톱풀 *Achillea* : 온대성기후 지역에서 다양하게 자생하는 식물군으로 자생력이 강하다.

꽃병에 꽂은 꽃을 좀 더 오래가도록 하는 방법

· 한 방울 정도의 식용유와 알코올을 꽃병 물에 섞어준다.
· 꽃병 바닥에 동으로 만들어진 10원짜리 동전을 넣어준다.
· 각설탕 하나를 500리터 정도의 물에 희석하고 그 물에 식물을 꽂는다.
· 입 안을 헹구는 가글액 2티스푼을 물에 넣어준다.
· 아스피린이나 표백제를 아주 소량 물에 넣어준다.

집에서 만드는 장미 향수

· 3.6리터(1.8리터 페트병 2개 정도)의 물에 6컵 정도의 장미 꽃잎을 넣고 2~3시간 정도 끓인다.
· 마로 만든 보자기에 장미 꽃잎을 담아서 서너 번 짜준다.
· 남겨진 찌꺼기는 버리고 남은 물을 유리병에 담으면 장미 향수가 된다.
· 알코올을 살짝 첨가하면 좀 더 오랫동안 보관할 수 있다.

손바닥 가드닝 노트

Indoor gardening notes

3~4년에 한 번씩 해주는 화분갈이 요령

수년째 식물이 자라는 화분이 있다면 흙을 갈아줄 필요가 있다. 정원용 분갈이 흙을 원예용품 판매점에서 구입해두자. 화분에서 조심스럽게 식물을 빼내 오래된 흙을 털어내고 새 흙으로 보강해보자. 잔뿌리가 가급적이면 손상되지 않도록 조심스러운 손길이 필요하다. 단, 지나치게 오래 묵은 뿌리가 보일 때에는 오히려 뿌리를 칼로 잘라내 그 자리에서 새 뿌리가 나올 수 있도록 도와주는 것도 필요하다. 이렇게 새로 바꿔준 흙 속의 영양분으로 식물은 다시 힘을 얻고 튼튼하게 자라난다.

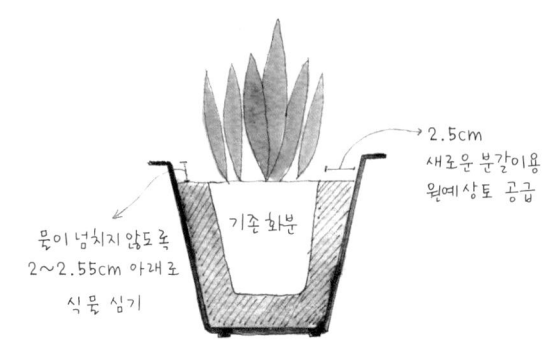

물이 넘치지 않도록 2~2.55cm 아래로 식물 심기

기존 화분

2.5cm 새로운 분갈이용 원예상토 공급

한 치수 더 큰 화분에 기존 식물 옮겨주기

낫, 칼, 호미 등을
이용한다.

전체의 1/4 정도를
쳐낸다.

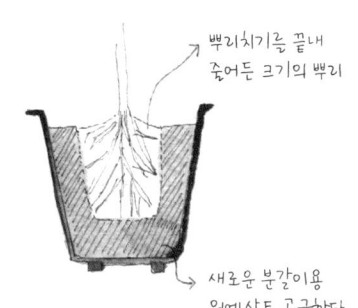

뿌리치기를 끝내
줄어든 크기의 뿌리

새로운 분갈이용
원예상토 공급한다.

뿌리 줄이기와 화분갈이 요령

매번 화분을 더 크게 바꿔줄 수 없는 상황이라면 뿌리의 크기를 줄여주는 방법이 가능하다. 그러나 이 경우 식물이 위축되기 때문에 줄기와 잎 부분도 함께 가지치기를 통해 줄여줘야 한다.

뿌리 줄여주기

식물이 성장함에 따라 화분을 매번 큰 사이즈로 바꿔줄 수 없는 협소한 공간에서 식물을 키워야 할 때는 뿌리 줄여주기의 요령이 필요하다. 뿌리가 작아지면 원래 크기의 화분에서도 계속해서 식물을 잘 키울 수 있기 때문이다. 그러나 이때 뿌리를 쳐주었다면 반드시 위의 줄기도 비슷한 비율로 줄여줘야 한다는 것을 잊지 말아야 한다.

· 화분을 벗겨낸다.
· 뿌리가 돌돌 말리는 증상을 보이고 있을 텐데 뿌리의 밑과 옆부분을 1/4 정도로 잘라낸다. 흙과 뿌리가 뒤엉켜 있어 잘 잘라지지 않기 때문에 칼과 호미, 가위 등을 이용해야 한다.
· 뿌리 줄여주기가 끝난 식물은 원래의 화분에 원예상토를 새로 보강하고 담아준다.
· 식물의 뿌리가 안정을 찾을 때까지 물주기를 잘 해준다.

베란다 화분 정원 만들기

화분을 이용한 베란다 정원은 도시생활의 큰 활력이 되어준다. 단순히 화분을 나열하는 방식에서 벗어나 정원의 모습을 갖춘 디자인도 최근 많이 시도되고 있다.

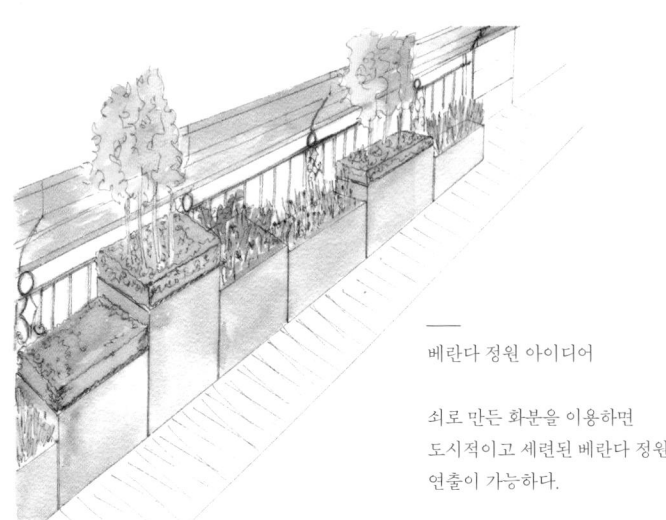

베란다 정원 아이디어

쇠로 만든 화분을 이용하면 도시적이고 세련된 베란다 정원 연출이 가능하다.

창가에서 채소 씨 파종하기

온실이 없어도 집 안에서 씨를 뿌려 새싹을 돋아내는 일은 충분히 가능하다. 원예용품 판매점에서 파는 전문 재배용 판(플라스틱)을 이용할 수도 있지만, 쇼핑 후 남게 되는 식품포장 용기의 재활용도 신선하다. 플라스틱이나 스티로폼 용기에 굵은 바늘이나 송곳으로 구멍을 내서 배수를 확보해주고 재배용 흙(식물 재배 전용)을 담아 씨를 뿌려주면 된다. 씨를 뿌리는 간격과 깊이는 식물마다 조금씩 다르지만 일반적으로 배추, 상추, 고추, 오이, 가지 등은 두세 개의 씨를 한꺼번에 살짝 거름이 덮일 정도로만 심는다. 상추와 같이 싹을 빠르게 틔우는 식물은 일주일 후부터 싹이 올라오는데, 한자리에 심은 씨앗들이 모두 싹을 틔워 올라왔다면 아깝지만 하나만 남기고 나머지는 솎아내는 것이 좋다.

식물의 싹을 틔우는 데 중요한 것은 빛, 물, 온도다. 특히 온도가 가장 어려운데 전문 재배 농가에서는 온실 안에 전기장판과 같은 열판 위에 씨앗 재배판을 올려놓고 온도를 유지해준다. 집 안에서라면 최대한의 온도 상승을 위해 비닐봉지를 재배판 위에 덮어 묶어주는 방법을 쓸 수 있다. 비닐봉지 속 공기가 낮 동안 데워져 밤이 되어도 온도가 급속히 떨어지지 않도록 해주기 때문이다.

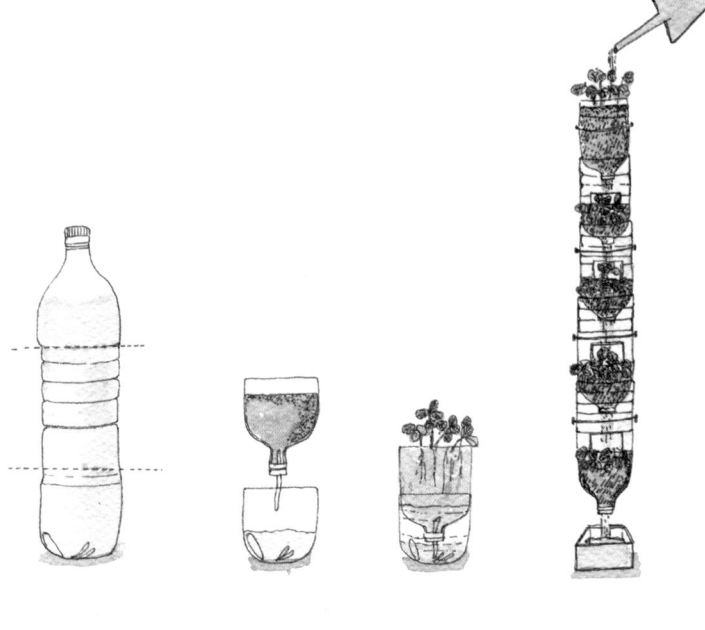

페트병으로 만드는 화분 아이디어

페트병을 잘라서 화분과 물받이 통으로 사용하면 물 빠짐을 해결하면서 멋진 창가 정원을 만들 수 있다.
· 페트병을 점선 위치에서 잘라 두 부분으로 나눈다.
· 꼭지 부분이 위로 올라가는데, 병뚜껑에 송곳으로 구멍을 내고 실이나 천을 끼워준다.
· 식물에게 물을 주면 물이 밑에 고이는데 늘어뜨려진 천(실)이 다시 삼투압으로 물을 재흡수하기 때문에 물을 자주 주지 않아도 자체 공급이 가능해진다.
· 여러 개의 페트병을 길게 연결해 창가에 걸어주면 훌륭한 윈도 가든이 완성된다.

욕심 부리지 말자!

마음이 자꾸 부풀어지는 4월이다. 이제는 땅에 직접 씨를 뿌려도 싹이 올라오는 계절이라 자신감도 충만해진다. 하지만 이때 식물시장 나들이를 계획하고 있다면 마음을 단단히 잡아야 한다. 상추, 배추, 오이, 호박, 고추, 파, 딸기 등 즐비하게 늘어선 채소 모종들을 지나치기 쉽지 않고 패랭이, 앵초, 금낭화 등 관상용 식물의 유혹도 만만치 않다. 문제는 욕심껏 심었다가는 감당 못할 관리에 두 손을 들게 된다는 점이다. 슈퍼마켓에 쇼핑 목록을 들고 가듯 우리 집 베란다의 크기와 식물을 기를 수 있는 집 안 환경을 충분히 고려한 뒤 구입 목록을 작성해야 한다. 조금 적다 싶을 정도의 양으로 구입하는 것이 오히려 좋다.

· 4월 절기 ·

청명: 식물의 왕성한 성장이 시작된다. 양력 4월 4일(5일)
곡우: 식물에게 필요한 비가 내리면 금상첨화다. 양력 4월 20일(21일)

4월 정원 노트
Outdoor gardening notes

어떤 자리에 어떤 식물을?

정원에서 나무 심을 자리와 어떤 나무를 심을 것인지를 결정하는 것은 가장 어려운 일 중 하나다. 우선 식물이 왜 필요한지를 신중히 생각해야 한다.

· 정원을 장식하기 위해 필요한가?

· 그늘을 조성하기 위해 필요한가?

· 거친 바람을 막기 위해 필요한가?

· 생울타리를 만들기 위해 필요한가?

· 초본식물 화단 위쪽 공간을 디자인하기 위해 필요한가?

· 텃밭 정원에 쓰일 과실수로 필요한가?

이렇게 다양한 목적에 따라서 식물의 크기, 형태, 상록이나 낙엽 등의 특징을 결정할 수 있다. 명심할 것은, 정원은 식물의 진열 장소가 아니라는 점이다. 각양각색의 식물을 얼마나 다양하게 심느냐가 아니라 정원 전체의 구성에서 어떤 형태, 어떤 색감, 어떤 질감이 필요한지를 판단하고 결정하는 것이 중요하다.

소나무 *Pinus sp.*

잣나무 *Pinus sp.*

낙엽송나무 *Larix sp.*

전나무 *Abies sp.*

주목나무 *Taxus sp.*

향나무 *Juniperus sp.*

상록수를 심을 때 생각할 점

겨울에도 잎을 떨구지 않는 상록수를 정원에 심고자 할 때는 낙엽수보다 더욱 신중해야 한다. 이런 수종은 정원에 영구적인 그늘을 만들 가능성이 매우 높기 때문이다. 그래서 특별한 목적이 아니라면 상록수의 경우는 생울타리 등으로 바람을 막고, 경계를 만들고, 정원의 배경을 만들어주는 역할로 한정하여 쓰는 것이 좋다.

다양한 상록침엽수의 형태

상록침엽수는 정원에 짙은 그림자와 형태를 드리우기 때문에
배치에 신중함이 필요하다.

여름 구근 화단에 심기: 달리아, 아가판투스, 칸나

작년 가을 화분 깊숙이 튤립 알뿌리를 넣어두었다면 이제 초록의 시원한 잎이 하루가 다르게 쑥쑥 커온다. 꽃도 아름답지만 식물과 함께하다 보면 잎, 뿌리, 열매, 어느 것 하나 소중하지 않고 예쁘지 않은 것이 없다. 하지만 지금의 튤립을 볼 수 있는 건 지난 가을의 준비가 있었기 때문이다. 이제는 여름 구근식물을 가을과 똑같은 방식으로 심어줄 때다. 튜브형의 알뿌리를 달고 있는 달리아*Dahlia*, 아가판투스*Agapanthus*, 칸나*Canna*는 지면에서 알뿌리 크기의 3개 밑으로 심어주는 것이 좋다. 지금부터는 스스로 싹을 틔워 올릴 때까지는 물을 주지 않아도 되고, 싹이 보이는 시점부터 물주기를 잊지 않으면 된다.

정원 전체가 햇빛이 잘 들어올 수는 없다. 작은 정원일수록 앞 건물이나 다른 장애물에 의해 그늘이 지는 경우가 많다. 이럴 때 그늘진 장소를 좋아하는 식물군을 활용하면 자칫 버려둘 수 있는 공간이 초록빛으로 훨씬 더 풍요로워진다. 게다가 그늘을 좋아하는 식물 대부분은 잎이 넓고 커서 양지식물과는 전혀 다른 시원하고 청량한 느낌의 정원 연출이 가능해진다.

알케밀라 몰리스

Alchemilla mollis

· 다년생 초본식물
· 서양에서는 '레이디스 맨틀(망토)'로 불리기도 한다.
· 둥근 잎에 부드러운 잔털이 가득 나 있어 잎을 보는 관상식물이기도 하다.
· 습기를 좋아한다.

둥글레

Polygonatum spp.

· 다년생 초본식물
· 북반구 온대 지역 자생식물로 아시아에 63종이 살고 있다.
· 식물학명 '폴리고나툼'으로 불린다. '폴리고나툼'은 그리스어로 '무릎이 많다'는 뜻이다. 뿌리의 독특한 모양에서 비롯되었다.

빈카

Vinca spp.

· 다년생 초본식물
· 유럽, 북서쪽 아프리카, 남서쪽 아시아 지역 자생식물이다.
· 줄기가 퍼지며 자라는 식물로 1~2미터까지 이어진다.
· 연보라색, 흰색의 꽃을 피운다.
· 지면을 잘 덮어주어 화단의 흙을 노출시키지 않을 용도로 많이 심는다.

휴케라

Heuchera spp.

· 다년생 초본식물
· 잎의 색과 무늬가 특색 있어 관상식물로 인기
  가 높다.
· 특히 잎의 색깔이 짙은 자주색을 띠는 종은
  다른 식물의 색감을 돋보이게 해주어 정원에
  서 활용 가치가 높다.
· 영양분이 많은 땅에서 잘 자란다.

아스틸베(노루오줌)

Astilbe spp.

· 다년생 초본식물
· 전 세계 18여 종이 자생하고 있다.
· 아시아, 북아메리카의 산과 숲속에서 자생하
  기 때문에 추위와 바람, 그늘에 강하다.
· 연분홍색, 흰색의 꽃을 피운다.
· 서로 뭉쳐서 잘 자라기 때문에 3~4년에 한
  번씩 뿌리 나누기를 해주는 것이 좋다.

호스타(옥잠화)

Hosta spp.

· 다년생 초본식물
· 크고 넓은 잎을 틔워 화단에 초록 배경이 되
  어준다.
· 주로 잎을 보는 관상식물이지만 흰색, 보라색
  의 꽃도 아름답다.
· 물을 좋아해서 메마르지 않게 해주는 것이 중
  요하다.
· 다양한 잎의 색상과 무늬를 볼 수 있는 재배
  종이 개발되어 선택의 폭이 넓다.
· 화분에서도 잘 자란다.

수국

Hydrangea spp.

· 낙엽 관목식물
· 전 세계 70~75종이 아시아와 아메리카에서 자생한다.
· 촉촉한 땅을 좋아하기 때문에 물주기에 신경 써야 한다.
· 영양분이 풍부한 흙을 좋아한다.
· 진 꽃을 따주면 그 밑에서 올라오는 새 꽃을 볼 수 있다.

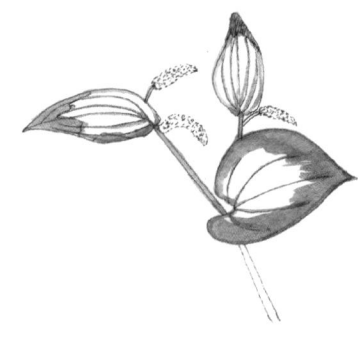

삼백초

Saururus chinensis

· 다년생 초본식물
· 한국, 필리핀, 베트남에서 자생한다.
· 1미터 이상 키가 자라는 큰 키의 풀이다.
· 물가에서 자랄 정도로 수분을 좋아한다.
· 우리나라와 같이 겨울 추위가 강한 곳에서는 월동 대책이 필요하다.

만년초(만년청)

Rohdea japonica

· 다년생 초본식물
· 한국, 중국, 일본에서 자생한다.
· 열대식물 느낌의 잎을 지니고 있지만 겨울 추위에도 비교적 강하다.
· 꽃이 피고 난 후 열리는 빨간 열매와 진한 초록색 잎의 대비가 아름답다.

정기적으로 잔디 깎기

이제 겨울 추위를 지낸 잔디가 파릇파릇 성장을 시작한다. 이 시기에는 되도록 잔디를 너무 짧지 않게 잘라주는 것이 좋다. 아직은 성장속도가 빠르지 않고 남은 추위에 동상을 입을 가능성이 있기 때문이다. 물론 시간이 흘러 날이 점점 따뜻해지면 이후에는 조금씩 더 짧게 자주 잘라주면 된다.

잡초 제거하기

잔디 사이에 잘 자리 잡는 잡초는 민들레, 데이지, 질경이, 클로버 등이다. 제거하려면 날이 뾰족한 도구로 도려내듯이 해주는 것이 좋다. 현실적으로 뿌리를 완전히 제거하기는 어렵다. 대신 잡초의 잎을 지속적으로 잘라 광합성 작용을 막아줌으로써 뿌리를 점차 약화시키는 방법이 가능하다.

물론 선택적 제초제(잔디 외에 쌍떡잎식물을 제거하는)를 사용할 수도 있다. 그러나 다양한 식물이 자라는 정원 공간에서 제초제의 사용은 위험할 수밖에 없다. 가능하면 사용하지 않는 것이 좋고, 부득이 써야 한다면 최소의 양을 국소적으로 사용하자. 제초제 사용은 일반적으로 잔디를 깎고 2~3주가 지난 후가 좋다. 잔디를 깎고 나면 잔디와 잡초 모두 급격하게 다시 성장을 하는데 이때 국소적으로 제초제를 사용하면 잡초의 성장이 막히기 때문에 효과가 커진다.

영양제 공급하기

잔디를 늦가을까지 푸르게 키우기 위해서는 영양제 투입이 어느 정도는 필요하다. 액상으로 되어 있는 잔디 전용 영양제를 물에 희석하여 사용한다. 4월에서 8월까지 3주에 한 번꼴로 뿌려주면 잔디의 성장 상태가 좋아진다.

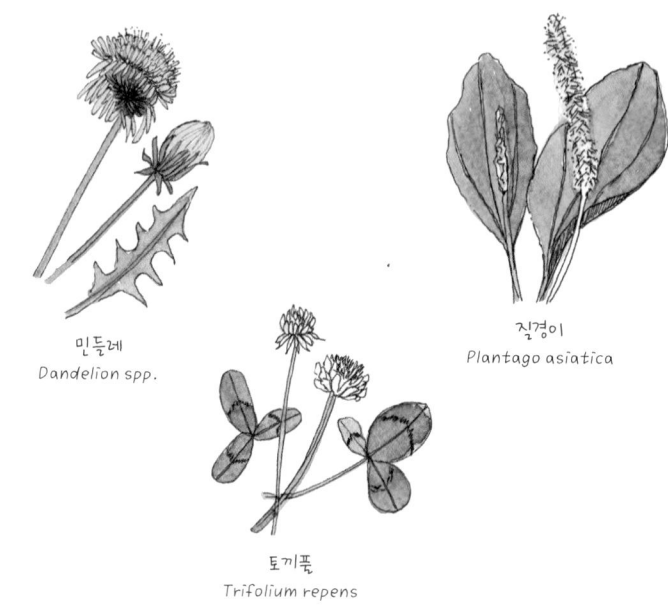

민들레
Dandelion spp.

질경이
Plantago asiatica

토끼풀
Trifolium repens

잔디에서 자라는 대표적인 다년생 잡초들

다년생 초본 잡초는 뿌리가 깊게 내려 제거를 했다고 해도 잘린 뿌리에서 다시 성장하기 때문에 영구적인 제거가 매우 힘들다. 때문에 시간의 여유가 있다면 잡초의 뿌리를 건드리지 않은 채 두꺼운 담요 등을 덮어서 햇빛을 받지 않도록 만들어 광합성 작용을 막는 작업이 필요하다. 장기적으로 1년 이상 담요를 덮어두는 게 좋다.

연못 터 잡기 방법

연못은 자연스럽게 배수가 되도록 만드는 일이 중요하다. 물이 들어오는 곳은 조금 높게, 물이 나가는 곳은 조금 낮게 기울기를 맞춰주어야 물 빠짐이 원활해진다.

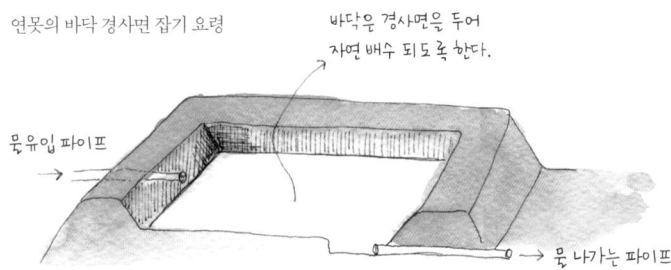

연못의 바닥 경사면 잡기 요령

바닥은 경사면을 두어 자연 배수 되도록 한다.

물유입 파이프

물 나가는 파이프

연못에서 식물 키우기

연못에서 식물을 키우면 물이 정화되는 효과가 있어 연못 관리가 좀 더 수월해진다. 연못 바닥의 흙에 직접 식물을 심을 수도 있지만, 식물이 지나치게 번식하는 현상을 막기 위해서는 화분 통째로 연못에 넣어 키우는 방법이 좋다.

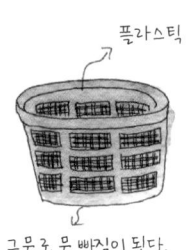

플라스틱

그물로 물 빠짐이 된다.

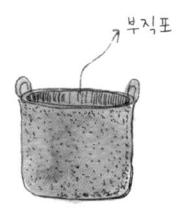

부직포

물속에서 자라는 식물용 화분은 그물이나 부직포로 만들어 물이 자유롭게 화분 안팎을 드나들 수 있도록 해야 한다.

연못 관리하기

봄이 되어 꽁꽁 얼었던 얼음이 녹으면서 연못도 기지개를 편다. 이 시기의 상황이 앞으로 1년 동안 연못의 위생과 건강을 좌우한다는 것을 기억하자. 만약 몇 년 동안 묵힌 퇴적물이 많거나 지나치게 많은 식물들이 자리 잡고 있다면 봄맞이 대청소를 해주는 것이 좋다.

· 연못의 물을 뺀다.

· 우거진 식물은 낫을 이용해 베어내거나 뿌리째 뽑아준다.

· 잘 번식하는 수련, 연 등은 수생식물 전용 화분을 이용해 다시 심어주는 것이 좋다. 지나치게 번식하는 것을 방지할 수 있기 때문이다.

· 침전된 퇴적물을 긁어내어 연못의 깊이를 확보해준다. 이때 연못 바닥에서 나온 퇴적물은 거름을 만들 때 사용할 수도 있다.

· 연못의 바닥과 옆면을 잘 살펴 방수가 깨진 부분이 있다면 보수도 필요하다.

· 화분을 재배치하고 물을 다시 넣어준다.

· 만약 채우는 물이 자연수가 아니라 수돗물이라면 하루 정도 후에 물고기 등을 넣어주는 것이 좋다.

연못 대청소는 정원에서 가장 큰일 중에 하나다. 보통 4~5년에 한 번은 대청소가 필요하기 때문에 미리부터 계획을 세우는 것이 효과적이다.

지구 온난화로 식물을 심는 시기도 점점 빨라지고 있다.
전문가들은 4월 5일 식목일보다는 조금 더 일찍 식물을 심는 것이 좋다고 조언한다.
정원에 식물을 심을 때는 충분히 생각하고 실행에 옮겨야 한다.

· 정원의 어떤 자리에 어떤 식물을 심으면 좋을지를 결정한다.
· 충분한 고려 끝에 정원에 심을 식물을 결정했다면, 우선 정원 안
  에 식물 심을 자리의 흙을 미리 파본다.
· 파낸 구덩이에 물을 가득 채워보고 물 빠짐을 관찰한다.
· 물이 흙속으로 천천히 하루 동안 빠져나가면 식물이 자라기에
  좋은 환경이다. 반면 물이 너무 빠르게 빠져나가면 진흙을 추가
  시키는 것이 좋다. 물 빠짐이 원활하지 않다면 구덩이를 좀 더
  넓게 파고 모래나 마사토 등을 섞어주는 조치가 필요하다.
· 흙의 상태를 향상시켰다면, 이제 원하는 식물을 사기 위해 식물
  시장으로 간다. (처음부터 무작정 식물시장으로 달려가 충동적으로
  식물을 구매하는 것은 결코 바람직하지 않다. 사전에 충분히 식물과
  정원에 대한 공부를 하고 정원의 밑그림도 그려보며 구매 후보 순위
  를 결정한 뒤 식물시장을 방문하길 바란다.)
· 식물을 사 온 뒤에는 가능하면 빠른 시간 안에 심어준다.
· 구덩이에 식물의 뿌리를 넣고, 남는 공간은 기존 흙에 원예상토
  나 퇴비를 혼합시켜 채워 넣어준다.

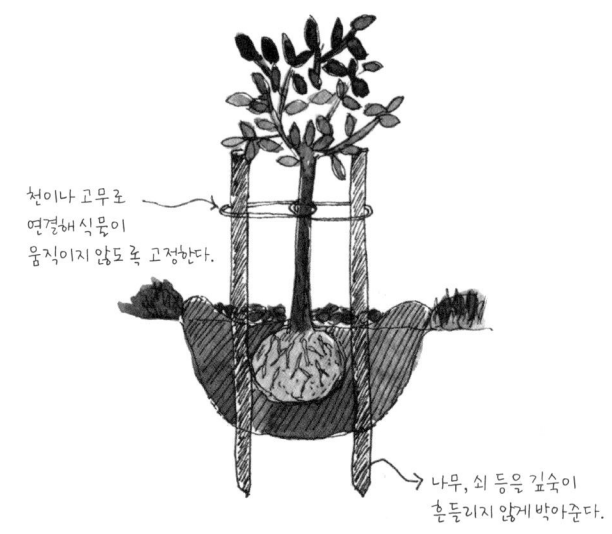

천이나 고무로
연결해 식물이
움직이지 않도록 고정한다.

나무, 쇠 등은 깊숙이
흔들리지 않게 박아준다.

나무 심기 요령

· 나무를 심기 전 구덩이를 식물 뿌리의 2배 정도 크기로 파둔다.
· 줄기가 올라오는 부분을 지면과 잘 맞춰 자리를 잡는다.
· 원예상토와 기존 흙을 혼합하여 구덩이를 잘 메운다.
· 지지대를 설치해준다(지지대의 형태와 방법은 나무의 크기와 종류에 따라
  다양하게 선택할 수 있다).
· 나무껍질, 자갈 등으로 흙 위를 멀칭해준다.
· 충분한 물주기.

새로 심은 나무에는 필수적으로 충분히 물을 주어야 한다.
가능한 한 물 낭비 없이 충분한 물주기가 가능한 방법들을 살펴보자.

· 페트병 묻어주기: 나무를 심을 때 구덩이 속에 뚜껑과 밑면을 제거한 페트병을 거꾸로 세워 함께 묻는다. 페트병 안쪽은 자갈로 채워주고, 호스를 이용해 페트병 안으로 물을 준다. 물이 나무의 뿌리 쪽으로 바로 흘러내려가 물의 낭비를 막을 수 있다.

· 둔덕 만들기: 지면 위 공간은 오목한 접시 모양이 되도록 동그랗게 둔덕을 만든다. 물주기를 했을 때 물이 흘러넘치지 않게 해서 물 낭비를 막을 수 있다.

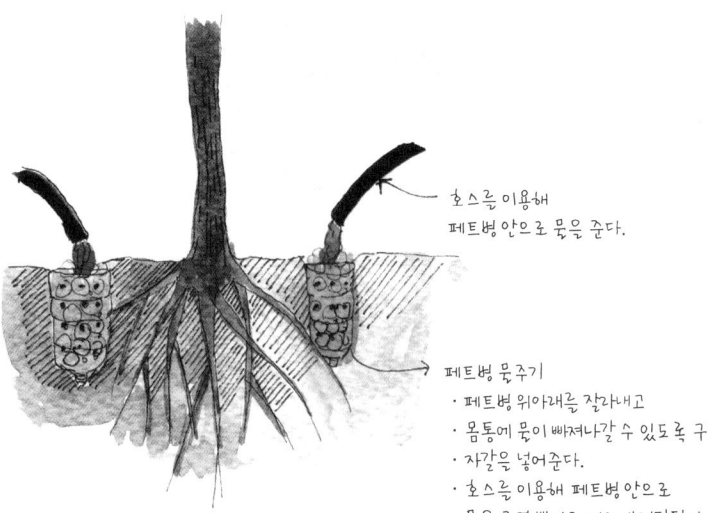

호스를 이용해
페트병 안으로 물을 준다.

페트병 물주기
· 페트병 위아래를 잘라내고
· 몸통에 물이 빠져나갈 수 있도록 구멍을 내주고
· 자갈을 넣어준다.
· 호스를 이용해 페트병 안으로
  물을 주면 뿌리로 빠르게 전달된다.

호스를 이용해
충분한 물주기

새로 심은 나무 주변으로 둔덕을 만들어준다.

클레마티스 *Clematis spp.*

· 덩굴 관목식물
· 우리나라 전역에서 자라고, 야생종과 재배종이 다양하다.
· 땡볕보다는 그늘과 촉촉한 땅을 좋아한다.
· 해마다 풍성한 꽃을 보려면 꽃이 진 후와 가을, 초봄에 가지치기 작업이 필요하다.
· 덩굴식물이기 때문에 지지대가 필요하다. 심고자 하는 곳에 지지대를 먼저 세우고 식물을 심는 것이 좋다.

큰꽃으아리

Clematis patens

우리나라 자생종. 반그늘에서 덩굴로 자란다. 화려하고 예
쁜 꽃을 피워 정원 관상식물로 적합하다.

참으아리

Clematis terniflora

우리나라 자생종. 덩굴로 5미터까지 줄기가 자라고 5~6
월에 흰 꽃을 피워 관상용으로 정원에 많이 활용된다.

노란꽃으아리

Clematis tangutica

노란색 종 모양의 꽃을 피운다. 꽃이 적어지는 늦여름(8월
말)에 꽃을 피워 그 시기 관상 효과가 높다.

———
클레마티스의 다양한 종류들

튤립_Tulipa spp._

· 다년생 초본 알뿌리식물
· 튤립은 화려한 색상과 형태를 지닌
  꽃으로 봄의 정원에서 많은 사랑을
  받는다.
· 햇볕을 좋아하고 기온이 따뜻한 곳
  에서 잘 자란다.
· 매우 다양한 재배종이 있기 때문에
  색과 형태를 고려해 선정할 수 있다.
· 잎이 지고 난 후에 알뿌리를 캐내어
  보관한 뒤 이른 봄에 다시 심는다.
  땅에 그대로 두고 3~4년에 한 번씩
  알뿌리를 캐내어 나눠주기로 다시
  심기도 한다.

라눙쿨루스(라넌큘러스)
Ranunculus

· 1년생 혹은 다년생 초본식물
· 따뜻한 곳을 좋아하기 때문에 우리나
  라 기후에서는 월동이 힘들다.
· 장미와 작약을 닮은 화려한 꽃을 피워
  정원을 화사하게 장식해준다.
· 튤립, 아네모네와 함께 심으면 봄의 정
  원을 더욱 화려하게 가꿀 수 있다.

라일락_Syringa spp._

· 낙엽 관목식물
· 키가 3~5미터까지 자란다.
· 촘촘한 줄기와 잎으로 생울타리를
  만든다.
· 분홍색, 보라색, 흰색의 꽃을 피운다.
· 꽃향기가 강해 정원을 좀 더 생동감
  있게 연출해준다.

동서양 정원사들에게
전해 내려오는
오래된 정원 지혜

잔디에 모래 뿌리기?

만약 잔디가 심긴 땅에 진흙 성분이 많다면 시간이 흐를수록 잔디의 성장이 둔해지고, 더불어 물 빠짐이 원활하지 않아 잔디가 죽는 현상도 생길 것이다. 봄이 되었을 때 모래를 5~10센티미터 두께로 뿌려주면 배수에 도움을 주고 잔디를 더 잘 자라게 할 수 있다.

민트를 화분에 심어야 하는 이유

민트는 잡초만큼이나 번식력이 강한 식물이다. 그래서 화단에 심게 되면 다음해 모든 식물이 민트에 점령당해 있음을 알 수 있다. 하지만 달콤한 향기와 선명하고 예쁜 잎은 화단을 장식하기에 충분히 아름답기 때문에 포기하기에는 아까운 식물이다. 방법이 아예 없진 않다. 민트를 개별 화분에 심은 뒤 땅속에 묻는 방식을 택하면 된다. 뿌리나 줄기로 번식하는 것을 막기 위함이고, 다른 식물들을 보호하면서 더불어 키울 수 있다.

민트식물은 화단 안에 화분째로 심는 것이 좋다.

정원용 거름의 재료들

· 식물의 잎(낙엽 포함)
· 깎은 잔디
· 어린 잡초(씨앗을 맺지 않은)
· 가지치기된 식물의 줄기(굵은 것은 잘게 부수어 사용)
· 채소 다듬은 부산물
· 달걀 껍데기
· 커피 내린 가루
· 찻잎
· 동물의 분(닭, 소, 돼지 등, 애완동물 제외)
· 펄라이트(돌을 팽창시켜 잘게 부순 가루)
· 동물 뼛가루
· 미역 혹은 다시마
· 물고기 뼈
· 지푸라기

정원용 거름에 넣으면 안 되는 재료들

· 기름
· 지방
· 애완용 동물의 분(뜨거운 온도에도 분해되지 않는 병균을 지니고 있음)
· 잡초(씨앗을 맺은)

- 독성을 지닌 식물(다른 식물의 성장에 방해)
- 간이 되어 있는 음식 찌꺼기(소금, 설탕, 식초 등은 부식을 느리게 하는 원인)

정원용 상토와 거름의 차이

- 정원용 상토: 식물의 잎, 가지, 돌을 팽창시켜 만든 가루, 모래 등이 섞인 것으로 영양분이 적다. 정원용 상토는 식물에게 영양분을 공급하기 위해서가 아니라 흙을 향상시키기 위해 사용된다. 흙을 덮어주거나 섞어서 사용할 경우 딱딱한 흙에 공기와 수분의 층을 만들어 식물의 뿌리가 잘 번지도록 해준다.
- 거름(퇴비): 동물의 분이나 뼛가루 등이 포함되어 식물에게 필요한 영양소가 다량 들어 있다. 그러나 거름은 용량을 초과해서 사용할 경우 식물을 웃자라게 하고 오히려 식물이 꽃을 피우고 열매를 맺는 일을 방해하기도 한다.
- 때문에 정원용 상토에 비해 거름의 사용은 횟수가 제한적이어야 하고, 꼭 필요한 경우에만 사용하는 것이 좋다.

씨앗, 심기 하루 전 물속에 담그기

대부분의 씨앗은 겉면이 자체적으로 방수 코팅이 되어 있다. 눈과 빗속에서도 잘 견뎌야 하기 때문이다. 특히 씨앗의 크기가 클수록 속을 보호하기 위해 더욱 단단한 껍질을 갖추고 있다. 씨앗 겉면의 코팅이 잘 벗겨져야 발아가 잘되기 때문에, 씨앗을 심기 하루 전 미지근한 물에 씨앗을 담가준다. 물속에서 코팅이 벗겨지거나 녹아서 다음날 씨앗을 뿌리게 되면 발아가 쉬워진다.

집에서 간단히 흙의 페하농도 측정하기

흙의 성분이 알칼리성이 강하면 채소나 토마토, 가지, 호박, 오이 등의 열매채소가 잘 자랄 환경이다. 그러나 모든 식물이 알칼리성을 좋아하는 것은 아니다. 블루베리나 상록침엽수는 산성을 좋아한다. 우리 집 정원의 흙이 어떤 성분이 강한지를 아는 것은 중요하다. 이를 알아보려면 요오드 용액 등 실험 재료와 도구가 필요하다. 하지만 간단히 알아보는 방법도 있다. 정원에서 마른 흙을 가져와 유리병에 담는다. 여기에 식초를 넣은 뒤 뚜껑을 닫고 흔들어준다. 이제 유리병 뚜껑을 열고 유리병을 귀로 가까이 가져가 소리를 듣는다. 뭔가 탄산수가 터지듯 보글거리는 소리가 많이 들린다면 알칼리성이 강하다는 뜻이고, 소리가 미약하게 들리다 사라진다면 산성이 강하다는 뜻이다.

열매채소는 밤에 성장한다?

과학적 연구 결과에 따르면 채소의 열매가 살을 찌우고 성장하는 시간은 낮이 아니라 밤이다. 낮이 광합성 작용을 통해 양분을 비축하는 시간이라면 이 축적된 에너지를 열매로 보내는 시간이 바로 밤이기 때문이다. 더불어 식물마다 좋아하는 기후가 다르다. 텃밭에서 이웃해 자라는 토마토와 감자는 비슷한 환경을 좋아할 듯하지만, 그렇지 않다. 토마토는 더운 여름을 좋아하고 이 시기에 잘 성장하지만 감자는 서늘한 여름을 좋아한다.

울타리가 되어주는 우리 나무

생울타리로 쓰이기 위해서 가장 중요한 요소는 촘촘한 줄기와 잎을 지니고 있어야 한다는 것이다. 더불어 울타리의 형태를 유지하기 위해 가지와 잎을 잘랐을 때에도 다시 건강하게 새 잎을 틔워주는 습성이 필요하다. 생울타리로 쓰이는 나무는 상록과 낙엽 모두 가능하다. 낙엽수는 꽃이 화려하게 피어나고 계절의 변화가 뚜렷해 볼거리가 많은 장점이 있지만, 겨울에 앙상해지는 단점이 있다. 상록수의 경우는 겨울까지도 늘 푸름을 유지하는 장점이 있지만, 낙엽수보다 계절의 변화에 따른 다양함을 연출하기 어렵고 늘 짙은 그늘을 만들어내는 단점이 있다.

· 화살나무 *Euonymus alatus* (낙엽관목)
· 측백나무 *Thuja orientalis* (상록침엽)
· 찔레꽃나무 *Rosa multiflora* (낙엽관목)
· 으아리 *Clematis* (덩굴, 지지대 설치 필요)
· 더덕 *Codonopsis lanceolata* (덩굴, 지지대 설치 필요, 그늘 좋아함)
· 오미자 *Schisandra chinensis* (덩굴, 지지대 설치 필요)
· 싸리나무 *Lespedeza bicolor var. japonica* (낙엽관목)
· 쥐똥나무 *Ligustrum obtusifolium* (낙엽관목)
· 주목나무 *Taxus cuspidate* (상록침엽)
· 눈주목 *Taxus cuspidata var. nana* (키 작은 상록침엽)

우리나라 자생식물로 만드는 텃밭 정원

· 감국 *Dendranthema indicum* (꽃잎: 꽃차 만들기/ 어린 잎: 나물)
· 갯기름나물 *Peucedanum japonicaum* (방풍나물로 불림/ 어린 잎, 줄기: 나물)
· 고려엉겅퀴 *Cirsium setidens* (곤드레나물로 불림/ 어린 순과 잎: 나물, 탕과 찌개 재료)
· 곰취 *Ligularia fischeri* (어린 잎: 쌈, 장아찌)
· 냉초 *Veronicastrum sibiricum* (어린 순: 나물, 쌈, 된장국)
· 눈개승마 *Aruncus dioicus var. kamtschaticu* (삼나물로도 불림/ 어린순: 나물, 국, 비빔밥 재료)
· 머위 *Petasites jaonicus* (머구나물로도 불림/ 어린 잎, 꽃줄기: 나물, 장아찌)
· 미역취 *Solidago virgaurea subsp.* (돼지나물로도 불림/ 어린 잎: 묵나물)
· 배초향 *Agastache regosa* (방아잎, 깨나물이라고도 불림/ 어린 순, 잎: 나물, 전, 추어탕 양념)
· 벌깨덩굴 *Neehania urticifolia* (꽃: 차, 나물)
· 뻐꾹채 *Rhaponiticum uniflorum* (엉겅퀴와 비슷하게 생김/ 어린 순: 나물, 말려서 약용으로 사용)
· 산초나무 *Zanthoxylum schinifolium* (열매: 매운맛, 양념, 장아찌/ 어린순: 튀김, 전)
· 우산나물 *Syneilesis palmate* (어린 잎: 나물)
· 잔대 *Adenophora triphylla var. japonica* (딱주나물로도 불림/ 잎: 무침/ 뿌리: 구이)
· 참나물 *Pimpinella brachycarpa* (샐러리, 미나리의 향을 합친 맛/ 어린 잎: 겉절이, 무침)
· 참취 *Aster scaber* (취나물로도 불림/ 어린잎과 꽃: 나물)
· 파드득나물 *Cryptotaenia japonica* (반디나물로도 불림/ 줄기, 어린잎, 순: 겉절이, 쌈)

손바닥 가드닝 노트

Indoor gardening notes

수생식물이 가득한 작은 연못 만들기

작은 베란다에도 연못 정원을 만들 수 있다. 수생식물은 크게 세 가지 종류가 있다. 물에 떠서 자라는 식물, 물에 뿌리만 담근 채 자라는 식물, 물속 흙에 뿌리를 두고 잎을 물표면 위로 올려서 자라는 식물이다. 성격에 맞게 선택하면 다양한 연못 정원 연출이 가능하다.

- 창포*Acorus calamus* (뿌리만 물에 잠겨 자란다)
- 부레옥잠*Eichhornia crassipes* (물에 떠서 자란다)
- 수련*Nymphaea tetragona* (물속 흙에 뿌리를 두고 자란다)
- 물상추*Pistia spp.* (물에 떠서 자란다)
- 동의나물*Caltha palustris var. membranacea* (뿌리만 물에 잠겨 자란다)
- 파피루스*Cyperus papyrus* (뿌리만 물에 잠겨 자란다)
- 물칸나*Canna spp.* (뿌리만 물에 잠겨 자란다)

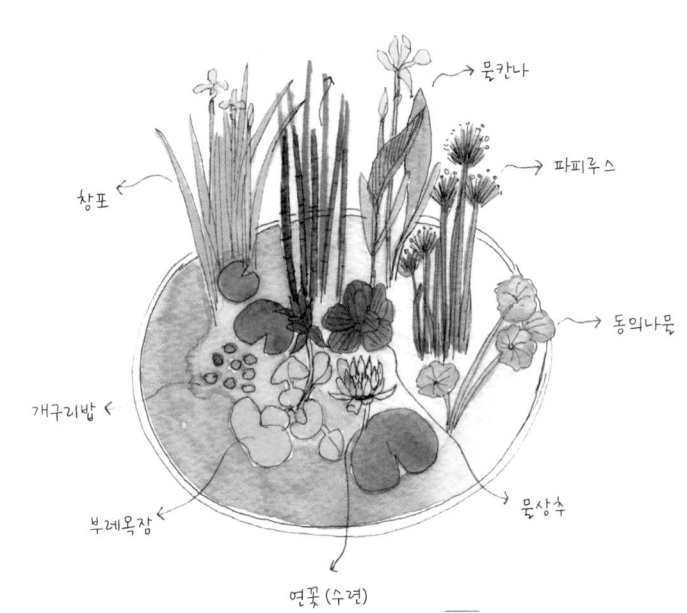

물칸나

파피루스

창포

동의나물

개구리밥

부레옥잠

물상추

연꽃 (수련)

물통으로 만드는 연못 디자인과
다양한 수생식물들

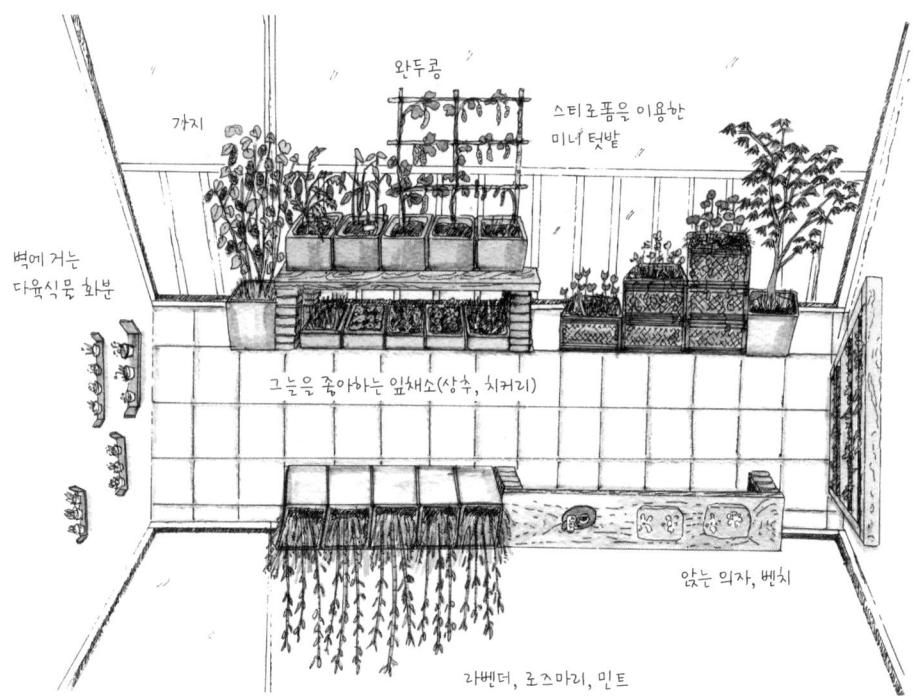

완두콩

가지

스티로폼을 이용한
미니 텃밭

벽에 거는
다육식물 화분

그늘을 좋아하는 잎채소(상추, 치커리)

앉는 의자, 벤치

라벤더, 로즈마리, 민트

스티로폼 상자로 만드는 베란다 정원

규격이 같은 스티로폼 상자를 모아 식물을 심어준다. 다만,
미관상 아름답지 않을 수 있으니 스티로폼에 같은 색상을 입
히거나 그림을 그리는 것도 좋은 방법이다.

30센티미터 간격의 나무틀 텃밭 정원 만들기

· 나무틀을 짠다.

· 하단에 플라스틱 배수판(원예 자재상에서 구입 가능)을 설치한다.

· 거름이 물에 쓸려 내려가지 않도록 두텁게 부직포를 깔아준다.

· 퇴비나 원예용 거름을 채워준다.

· 나무틀 가장자리에 30센티미터 간격으로 못을 박고 실을 연결
  해 경계를 확연하게 한다.

· 원하는 식물을 칸마다 심어준다.

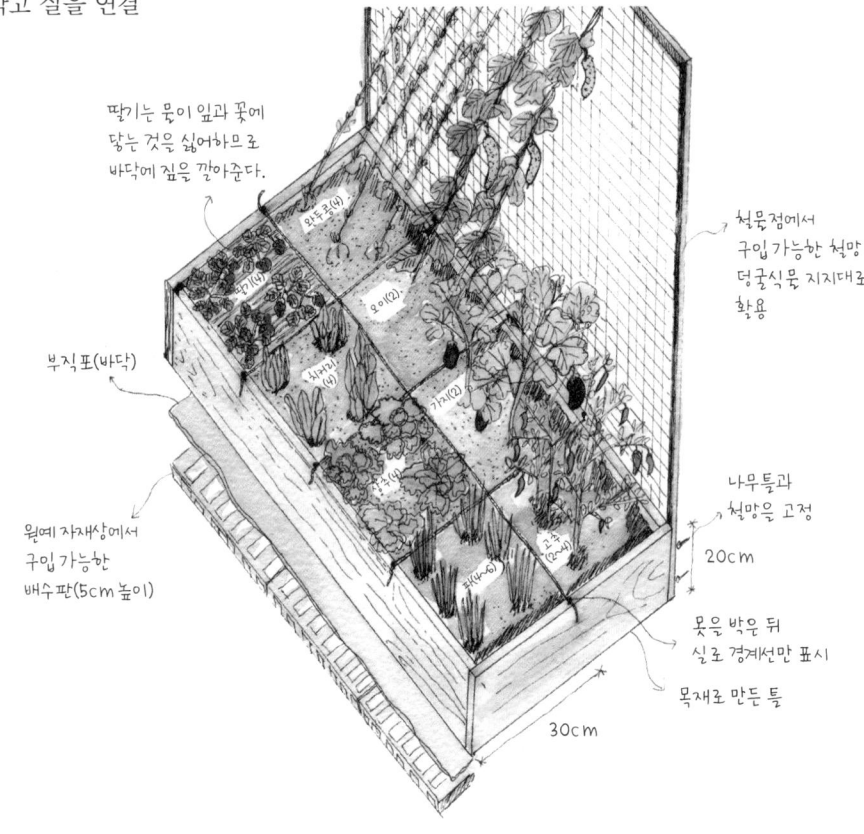

딸기는 물이 잎과 꽃에
닿는 것을 싫어하므로
바닥에 짚을 깔아준다.

철물점에서
구입 가능한 철망
덩굴식물 지지대로
활용

부직포(바닥)

원예 자재상에서
구입 가능한
배수판(5cm 높이)

나무틀과
철망을 고정

20cm

못을 박은 뒤
실로 경계선만 표시

목재로 만든 틀

30cm

산에 올랐을 때 돌틈 사이에서 식물이 자라는 것을 본 적이 있을 것이다. 돌에서 어떻게 식물이 자랄까 신기할 수밖에 없는데, 실은 이 돌 때문에 식물의 생존이 가능하다. 돌과 돌이 겹치고 포개지다 보면 틈이 생긴다. 이 틈은 산꼭대기의 거친 바람과 추위, 비와 눈을 막아주고, 여름에는 강렬한 햇볕을 피할 수 있는 그늘이 된다. 식물들은 이 아늑한 곳에 뿌리를 넣고 밖으로는 잎과 줄기만 내놓을 뿐이다. 이런 특징을 이용한 돌틈 정원이 최근 유행이다. 돌틈 정원은 식물의 선정이 무엇보다 중요하다. 산악 지대에서 자라는 식물군을 잘 선정해야 한다.

돌틈 정원에 활용 가능한 식물들

· 돌단풍 *Aceriphyllum rossii*

· 돌나물 *Sedum sarmentosum*

· 솜다리꽃(에델바이스) *Leontopodium coreanum*

· 두메양귀비꽃 *Papaver coreanum*

· 두메부추꽃 *Allium senescens*

· 두메꿀풀 *Prunella vulgaris var. aleutica*

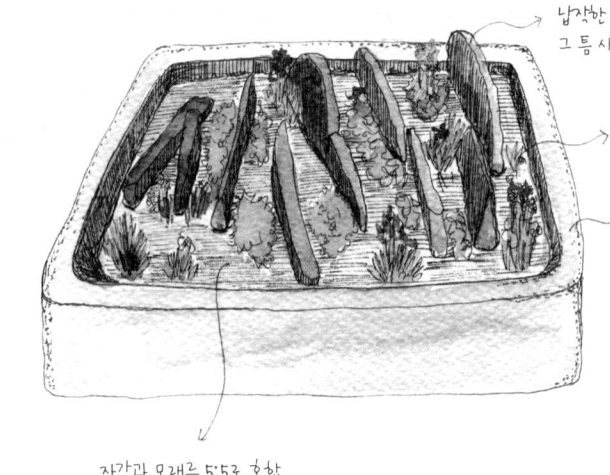

납작한 돌을 이용해 틈을 만들고, 그 틈 사이에 식물을 심는다.

산악 지대가 자생지인 알파인식물 (키가 작고 아담하다)

돌확에 꾸미는 작은 정원

자갈과 모래를 5:5로 혼합

베란다에서도 가능한 돌틈 정원

늦은 봄
Late Spring

5월

더불어 함께, 공생의 삶을 배우다

계절의 여왕 5월은 식물이 가장 왕성하게 자라는 시기다. 그러나 식물의
성장속도만큼 어린 식물의 달콤한 수액을 먹기 위해 해충들도 그 수가 급
격이 늘어난다. 안타깝게도 병충해로부터 안전하게 식물들을 키울 방법은
거의 없다. 그리고 자연 생태계에서 식물에게 해롭다고 벌레 자체를 전멸
시키면 이도 큰 혼란을 초래한다. 모두 함께하는 공생의 삶에 대해 다시 한
번 생각할 때다. 우리가 할 일은 자연 스스로가 균형을 잡을 수 있도록 도
와주는 것으로 충분하다. 익충을 늘릴 수 있는 벌레집을 만들어주고, 해충
을 쫓을 수 있는 식물을 늘려주는 것도 좋은 방법이다. 정원은 홀로 도드라
져 아름답기보다는 식물, 동물, 인간의 삶이 이웃하며 조화롭게 빛날 때 더
욱 아름답다. 그 아름다운 공생의 삶을 정원에서 함께 배워보자.

———————

· 5월 절기 ·

입하: 여름의 기운이 돌기 시작한다. 양력 5월 5일(6일)
소만: 햇살이 점점 강하게 내리쫸다. 식물이 피워내는 꽃의 절정이다. 양력 5월 21일(22일)

5월 정원 노트
Outdoor gardening notes

덩굴식물 끈으로 묶어 단정하게 키우기

5월이면 이제 덩굴식물의 자라는 속도가 급격해진다. 덩굴장미를 포함해 등나무, 클레마티스 등 덩굴식물은 자라는 그대로 두면 아름다운 꽃을 피워도 어지럽게 뒤엉켜버린 줄과 잎으로 관상이 어려워진다. 때문에 그 줄기를 모두 키우는 것이 아니라 주력으로 서너 개만 남기고, 나머지는 잘라줘야 한다. 더불어 키우는 줄기도 그대로 두는 것이 아니라 벽에 쳐놓은 철사에 끈을 이용해 고정하거나 미리 준비해놓은 덩굴식물 지지대를 골고루 감싸며 자랄 수 있도록 자리를 잡아줘야 한다. 덩굴식물을 묶는 끈으로는 부드러운 천이나 유연한 플라스틱 피복 철사 혹은 플라스틱 타이백 등을 사용한다.

살충제의 사용을 가급적 피해보자

벌레의 공격으로부터 식물을 지키는 데는 살충제가 단시간 가장 빠른 효과를 낸다. 기본적으로 벌레들은 식물의 잎이나 줄기의 수액을 먹고 자란다. 살충제를 뿌리면 그 약물이 식물의 뿌리로 내려가고, 뿌리를 통해 식물은 살충제를 먹는다. 벌레가 죽는 효과는 바로 살충제 물을 먹은 식물의 수액을 벌레들이 먹고 중독되기 때문이다. 결론적으로 식물 전체가 살충제 약품을 먹는 셈이다. 바로 이런 이유에서 채소밭이나 텃밭 정원에는 가급적 살충제를 사용하지 않는 것이 좋다. 살충제를 먹고 자란 채소를 먹게 되면 우리 몸에도 살충제 성분이 들어오는 셈이다.

텃밭 정원에서 가장 좋은 해충 퇴치법은 사람이 직접 해충을 잡아주는 것이다. 벌레가 좋아하는 달콤한 수액을 이용한 해충 잡이용 덫을 이용하는 것도 편리한 방법이다.

진딧물 퇴치하기

진딧물은 식물이 막 잎을 틔울 때 그 수액을 빨아먹으며 성장한다. 진딧물은 성장을 시작하려는 식물들에게 치명적이다. 그러나 진딧물은 초기 진압만 제대로 한다면 관리가 어려운 해충은 아니다. 가장 좋은 방법은 발견 즉시 엄지와 검지를 이용해 손가락으로 눌러 죽이는 것이고, 다음은 진딧물을 먹이로 삼는 천적을 정원에서 함께 기르는 것이다. 무당벌레나 벌처럼 보이지만 좀 더 날씬한 꽃등에Hoverfly 등을 정원에 불러오는 것이 좋다. 무당벌레나 꽃등에 등은 흩겹으로 피우는 꽃을 좋아하니 되도록 초봄에 흩겹의 꽃을 피우는 식물을 심어주자. 최근에는 무당벌레가 살 수 있는 집을 만들어 정원에 놔두기도 하는데, 이 속에서 인간에게 이로움을 주는 곤충(익충)들이 겨울 동안 새끼를 낳고 봄이 오기를 기다리게 할 수 있다.

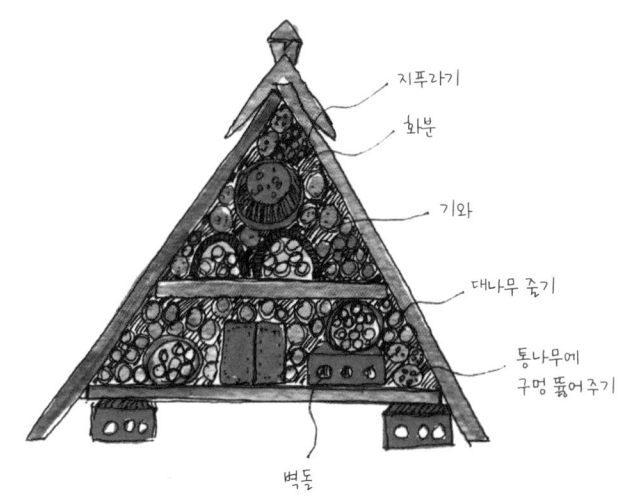

지푸라기
화분
기와
대나무 줄기
통나무에
구멍 뚫어주기
벽돌

무당벌레, 거미 등 정원에 도움이 되는 작은 곤충들이 살 수 있는 집을 만들어 정원에 놔두면 살충제의 사용을 줄일 수 있다.

딸기 밑에 지푸라기 깔아주기

딸기의 영어 이름은 'Strawberry(스트로베리)'다. 이름을 잘 살펴보면 지푸라기를 뜻하는 'Straw'가 있다는 것을 알 수 있다. 딸기는 꽃이 지고 난 후 열매를 맺는데 이 과정이 시작되기 전 재빨리 땅을 지푸라기로 덮어주는 것이 좋다. 딸기 열매가 땅에 닿을 경우 그대로 물러져 먹을 수 없게 되기 때문이다.

보리나 벼의 줄기를 말려 만든 지푸라기는 부드럽고 통풍이 잘되면서 배수가 뛰어나다. 지푸라기를 덮어주는 두께는 2.5~5센티미터가 적당하다. 최근에는 구하기 힘든 지푸라기보다는 비닐이나 부직포로 만들어진 소재를 이용하기도 한다.

딸기는 비교적 쉽게 잘 자라는 식물이긴 하지만 탐스러운 열매를 잘 맺게 하려면 무엇보다 온도를 잘 맞춰주어야 한다. 5월이라해도 밤에는 갑작스럽게 온도가 떨어질 수 있으니, 가볍고 부드러운 천으로 딸기를 덮어주는 등의 관심이 필요하다.

딸기에 지푸라기 멀칭하기

꽃 화단에 채소 함께 심기

관상용 꽃 화단과 텃밭을 구별하는 것이 일반적이다. 그러나 관상용 꽃 화단이라 할지라도 여기에 잘 어울리는 채소들이 있다. 아스파라거스는 새순을 요리에 활용하지만 그대로 순을 키우면 매우 곱고 가는 잎을 키워 화단 전체의 훌륭한 배경이 되어준다. 또 초록의 색감이 뛰어난 상추, 자줏빛 양배추, 은빛을 띠는 케일, 잎의 형태가 뚜렷한 가지 등은 일반 관상식물 속에 함께 심었을 때 뛰어난 색감과 질감을 만들어낸다. 물론 중간중간 필요에 따라 수확의 기쁨도 누릴 수 있기에 일석이조의 즐거움을 누릴 수 있다.

남의 정원 방문하기

머리보다는 손이 바빠지는 5월이지만 시간을 쪼개 남의 정원이나 텃밭 나들이를 해보는 것도 꼭 필요하다. 내 집 정원 일에만 빠져있다 보면 매년 똑같은 방식만 고수하게 되고 발전을 기대하기 힘들다. 이 시기 남의 정원이나 텃밭을 들여다보면 내가 미처 생각하지 못한 아이디어나 요령을 터득할 수 있게 된다.

식물을 혼합하여 빽빽하게 심을 때의 장점

한 가지 작물이나 관상용 식물을 너른 면적에 홀로 심는 것보다는 다양한 종류의 식물을 혼합하여 심는 것이 여러모로 좋다. 보통은 식물들이 다 컸을 때를 미리 짐작해 공간을 비워둔다. 서로 크는 과정에서 영양분을 다투지 않고, 충분히 잘 성장하도록 하기 위해서다. 그러나 최근 정원사들은 반대로 식물을 아주 촘촘히 심어 빈자리를 만들지 않는데, 그 이유는 다음과 같다.

· 빈자리에 잡초가 들어설 확률이 높다.
· 영양분을 다투기는 하지만 서로간의 경쟁으로 생존 능력이 더욱 향상된다(수많은 식물의 뿌리가 땅속에서 얽혀 공기층을 만들고, 이 공기층에서 자라는 미생물이 많아져 영양분의 흡수를 오히려 돕는다).
· 더 많은 열매 수확량을 가져온다(몸을 키우지 못한 식물들은 열매를 키우는 데 힘쓴다).
· 흙의 상태가 좋아진다(밀식된 식물들로 그늘이 생겨 흙이 메마르지 않고 수분이 충분해진다).
· 식물이 서로의 잎으로 그늘을 만들어 뿌리를 메마르지 않게 한다.
· 식물들끼리 서로 다른 향을 내뿜어 병충해를 예방해주는 간접 효과가 발생한다.
· 효과적인 정원 연출이 가능해진다(작은 면적이지만 다양한 수종에 의해 사계절 내내 변화가 뚜렷해진다).

꽃과 꽃대 잘라주기: 진달래, 라일락

초봄에 꽃을 피웠을 진달래*Rhododendron*, 라일락*Syringa* 등이 이제 꽃잎이 시들고 있을 때다. 이럴 때 이른바 진 꽃을 따주는 일이 필요하다. 식물들은 씨를 맺는 데 가장 많은 에너지를 소비한다. 꽃잎이 누렇게 변색되며 지는 이유도 그 영양분을 모두 씨를 만드는 데 쓰기 때문이다. 그런데 정원에서는 매년 식물들이 씨앗을 맺게 할 필요가 없다. 오히려 내년에 탐스러운 꽃을 다시 피울 수 있도록 씨가 맺히기 전 꽃잎과 꽃대를 잘라준다. 그러면 식물은 씨를 만드는 데 쓸 에너지를 다시 뿌리로 내려보내 다음해 꽃을 피울 수 있도록 저장한다. 주의할 점은 이때 잎까지 잘라주면 광합성 작용이 중단되기 때문에 영양분을 만들어내기 힘들어진다. 잎은 그대로 잘 성장할 수 있도록 지켜주고 꽃잎과 꽃대 부분만 잘라주자. (1월, 〈가지치기의 다양한 방법들〉 참고)

다음에 필 꽃 바로 위에서 잘라준다.

꽃대 자르기 요령

지고 난 꽃의 줄기 위를 손톱으로 끊어주거나 날이 잘 선 가위로 잘라준다.

보리지

Borage

· 꽃잎에서 오이 향이 난다.
· 레몬에이드, 칵테일 등에 말린 꽃잎을 쓴다.

수레국화

Centaurea cyanus

· 달면서도 매운 향이 약하게 난다.
· 샐러드 요리에 넣어 먹는다.

카렌듈라

Calendula spp.

· 신선한 꽃잎은 약간 매운맛이 난다.
· 식용유에 넣어 향을 돌게 한다.

한련화

Nasturtium spp.

· 얼음과 같이 얼려 저장했다가 차로 마실 수 있다.
· 비빔밥에 넣어 먹는다.

팬지

Viola spp.

· 칵테일이나 펀치 음료수에 넣어 먹는다.
· 비빔밥에 넣어 먹는다.

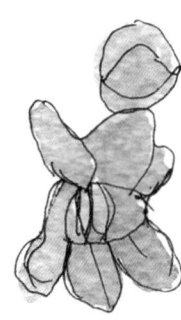

안투리움(앤슈리엄)

Anthurium spp.

· 쓴맛을 좋아한다면 차로 마시는 데 적합하다.

샐비어(세이지)

Salvia spp.

· 레몬차에 넣어 마시면 향이 더욱 좋아진다.

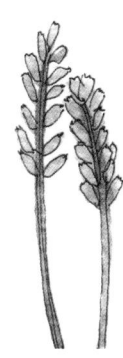

라벤더

Lavendula spp.

· 신선한 꽃이나 말린 꽃을 넣어 케이크를 만든다.
· 바닐라 아이스크림 위에 얹어 먹어도 좋다.

히비스커스

Hibiscus spp.

· 꽃잎에서 크랜베리 향이 난다.
· 꽃잎을 말려서 차로 마신다.

원추리

Hamerocallis fulva

· 아스파라거스와 비슷한 향이 난다.
· 꽃잎 끝부분은 쓴맛이 나기 때문에 떼어준다.

장미

Rosa spp.

· 스프에 넣어 끓여 먹을 수 있다
· 잼을 만든다.

머위꽃

Petasites japonicus

· 튀김으로 먹을 수 있다.
· 나물로 삶아 먹는다.

텃밭 정원 씨뿌리기
: 순무, 당근, 콩, 완두, 시금치, 배추, 상추, 겨자

4월 중순부터 본격적으로 식물시장에는 모종이 등장한다. 모종은 비닐하우스에서 미리 싹을 틔워 적어도 식물의 줄기가 10센티미터 정도 될 때까지 키워온 것을 말한다. 이미 어느 정도 컸기 때문에 모종 상태로 심으면 식물이 죽을 확률이 적다. 하지만 채소밭이 넓을 경우에는 그만큼 많은 모종을 구입해야 하니 그 금액이 부담스러울 수 있다. 5월은 이제 추위가 거의 물러갔기 때문에 씨만 뿌려도 식물이 왕성하게 성장을 할 수 있는 시기다. 그래서 모종 대신 씨뿌리기에 도전해보는 것도 좋다. 초보자도 쉽게 씨를 뿌려 발아시킬 수 있는 작물로는 순무, 당근, 콩, 완두, 시금치, 배추, 상추, 겨자 등이 있다.

· 흙 준비: 퇴비를 보강해 땅의 기운을 북돋아줄 수 있다. 이 준비 작업은 씨를 뿌리기 적어도 2주 전에는 끝내야 한다. 퇴비가 너무 강할 경우에는 중독 증상으로 씨앗의 발아 확률이 떨어지기 때문에 흙에 섞인 퇴비의 성분이 완화될 때까지 기다려주는 시간적 여유가 필요하다.

· 씨뿌리는 날 정하기: 씨를 뿌리기 전에는 며칠 전부터 날씨를 체크하자. 바람이 많이 부는 날, 비가 오는 날은 피하고 지나치게 땡볕이 쏟아지는 날도 그리 좋지는 않다. 구름에 햇빛이 살짝 가려진 평온한 날이 가장 좋다.

· 씨뿌리기: 이제 정리된 땅에 호미나 갈고리를 이용해 고랑을 파고 씨를 뿌려준다.

· 솎아주기: 4주가 지나면 많은 양의 식물이 한꺼번에 발아가 될 텐데 엄지손가락 한마디 정도 자라면 키워야 할 식물만 남기고 나머지는 솎아준다.

고랑을 파고 씨앗 뿌리는 방법

넓은 화단에 흩뿌려 씨앗 심기 요령

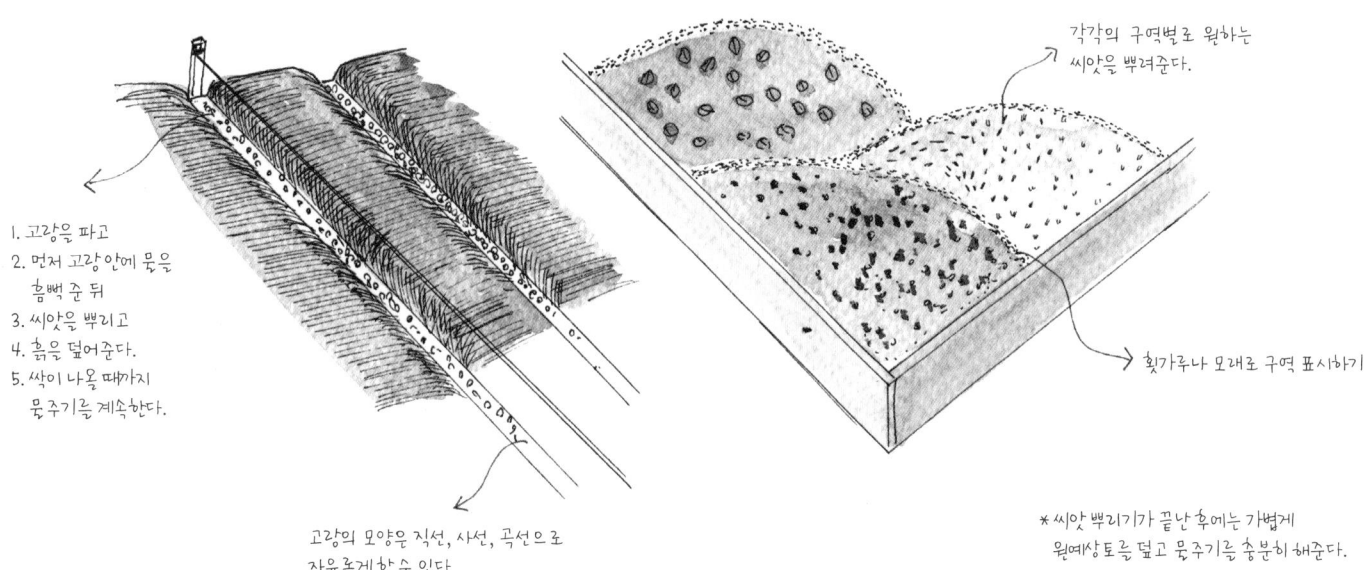

1. 고랑을 파고
2. 먼저 고랑 안에 물은
   흠뻑 준 뒤
3. 씨앗을 뿌리고
4. 흙을 덮어준다.
5. 싹이 나올 때까지
   물주기를 계속한다.

고랑의 모양은 직선, 사선, 곡선으로
자유롭게 할 수 있다.

각각의 구역별로 원하는
씨앗을 뿌려준다.

횟가루나 모래로 구역 표시하기

* 씨앗 뿌리기가 끝난 후에는 가볍게
  원예상토를 덮고 물주기를 충분히 해준다.

살충제를 함부로 쓸 수 없는 텃밭 정원을 지키는 식물들이 있다.

· 매리골드_{Marigold}: 특유의 향으로 애벌레와 흰파리 등이 가까이 오
 지 못하게 한다. 도움을 받는 동반식물로는 오이, 토마토, 잎채
 소 등이 있다.

· 옥수수: 키가 크게 자라고 잎이 풍성해져 땡볕에 피해를 입는 잎
 이 보드라운 채소들을 보호해준다. 도움을 받는 동반식물로는
 시금치, 근대, 잎채소 대부분이다.

· 보리지_{Borage}: 흙 속에 질소를 모아주어 흙을 비옥하게 만들고, 향
 기로 벌을 끌어들여 수분을 도와주는 허브식물이다. 도움을 받
 는 동반식물로는 잎채소, 오이, 딸기 등이 있다.

· 마늘과 양파: 특유의 향기로 진드기, 달팽이, 날개 달린 곤충의
 접근을 막아준다. 도움을 받는 동반식물로는 토마토, 가지, 과실
 수 등이 있다.

· 제라늄_{Geranium}: 잎과 꽃에서 내뿜는 특유의 향으로 해충의 접근
 을 막는다. 도움을 받는 동반식물로는 토마토, 가지, 포도 등이
 있다.

· 한련화_{Nasturtium}: 특유의 향으로 진드기의 접근을 막는다. 도움을
 받는 동반식물로는 무, 열무, 양배추, 사과나무 등이 있다.

매리골드

토마토

상추(잎채소)

+

오이

마늘, 양파

토마토

과실수

+

가지

세이지, 민트

가지, 양배추

딸기

+

당근

—
채소밭을 지키는 식물들

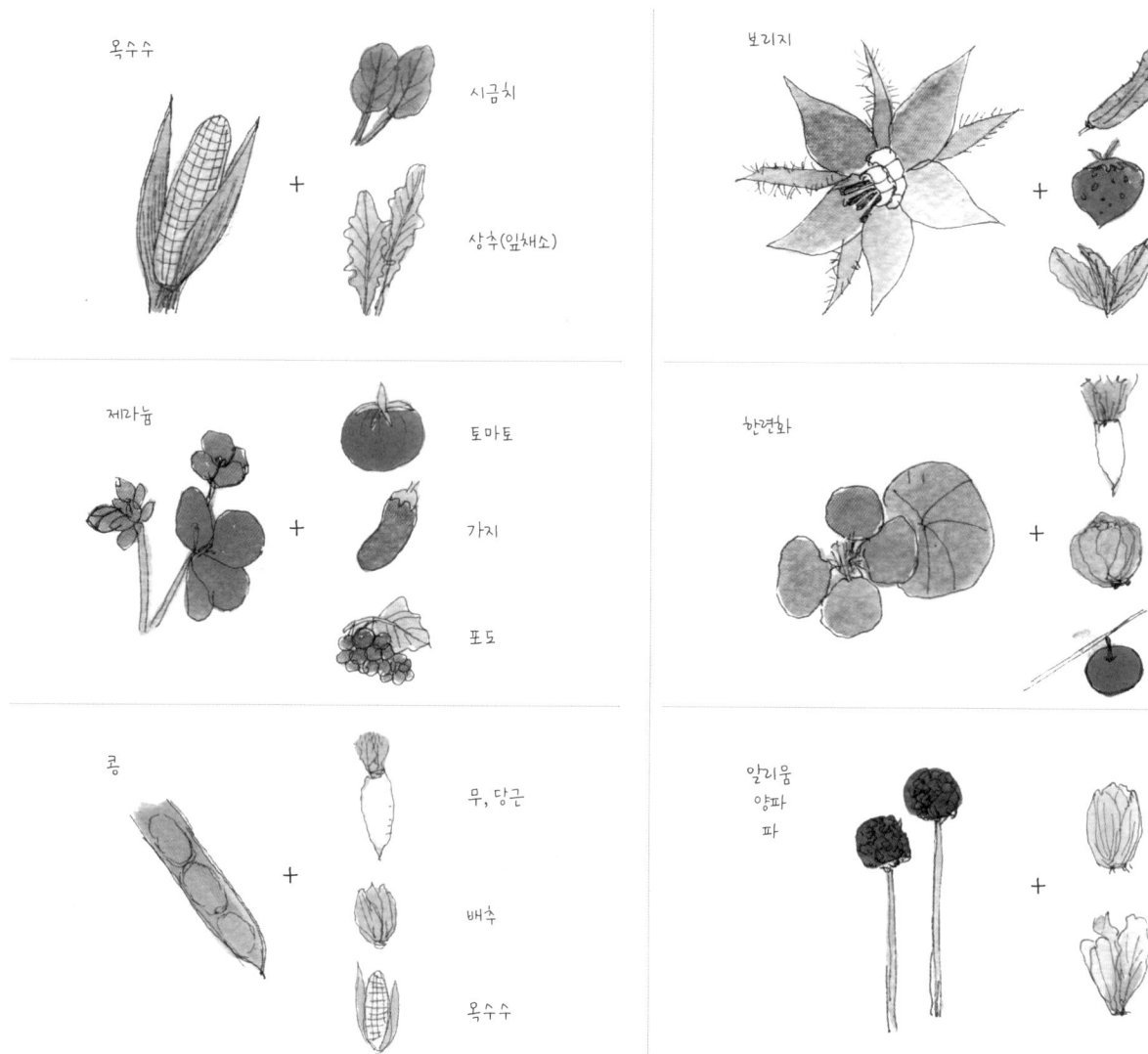

옥수수

시금치

상추(잎채소)

보리지

오이

딸기

잎채소

제라늄

토마토

가지

포도

한련화

무, 열무, 비트

배추, 양배추

과실수

콩

무, 당근

배추

옥수수

알리움
양파
파

배추

잎채소

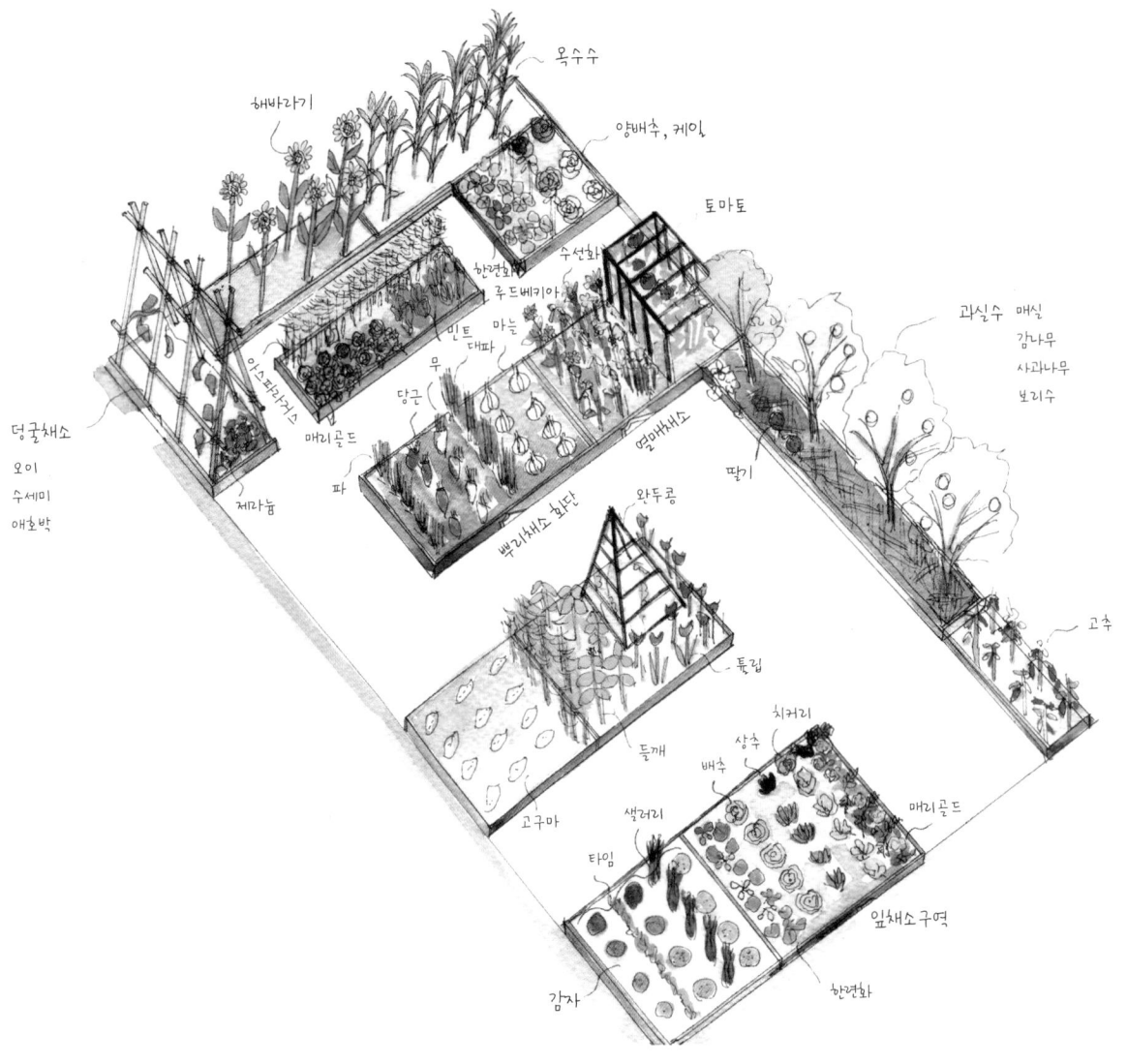

옥수수
해바라기
양배추, 케일
토마토
수선화
한련화
루드베키아
과실수 매실
감나무
사과나무
보리수
민트
대파
마늘
아스파라거스
무
당근
매리골드
덩굴채소
오이
수세미
애호박
제라늄
파
열매채소
딸기
뿌리채소 화단
완두콩
틈집
고추
들깨
고구마
치커리
상추
배추
샐러리
매리골드
타임
잎채소구역
감자
한련화

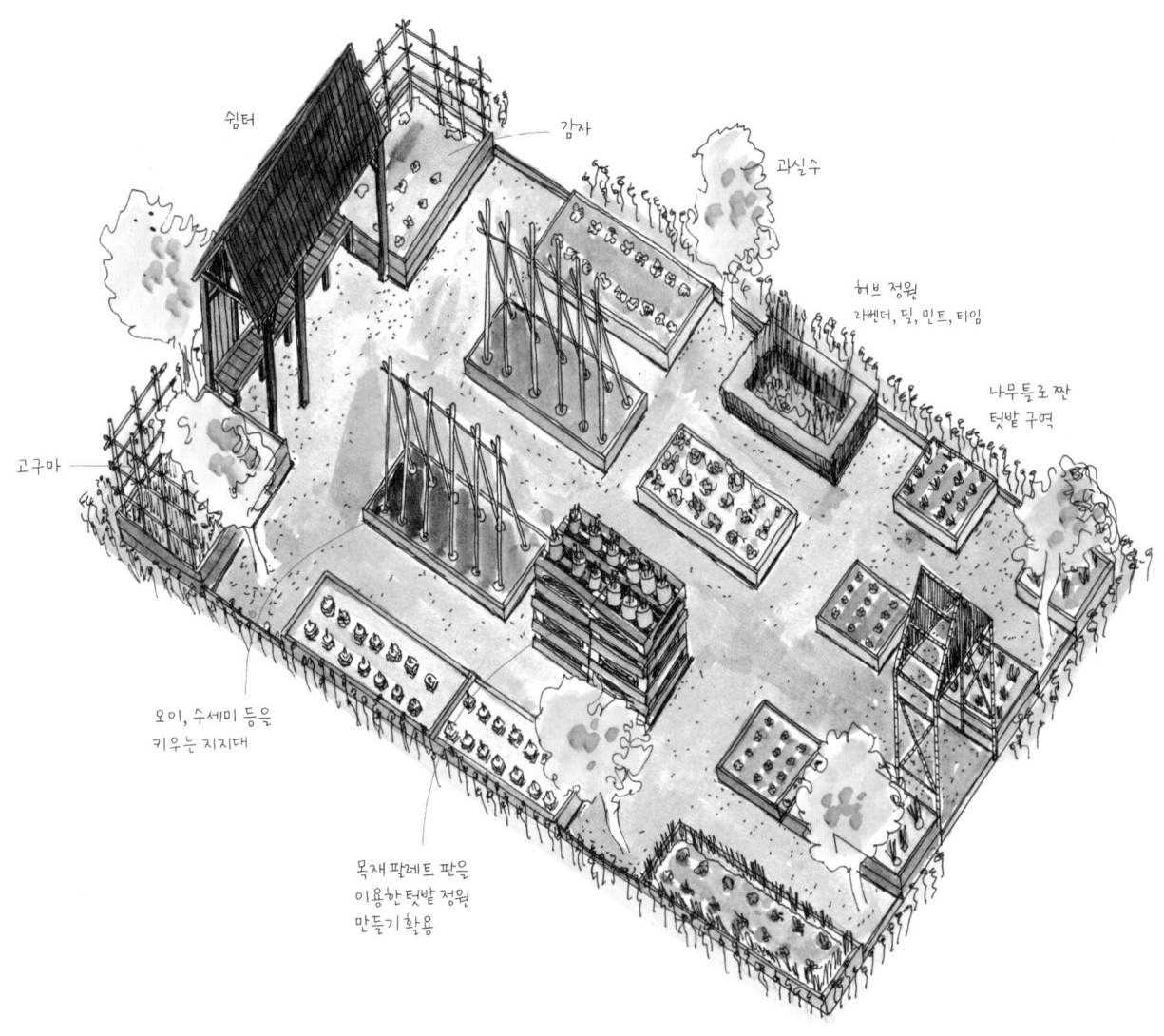

쉼터

감자

과실수

허브 정원
라벤더, 딜, 민트, 타임

나무틀로 짠
텃밭 구역

고구마

오이, 수세미 등을
키우는 지지대

목재 팔레트 판을
이용한 텃밭 정원
만들기 활용

5월의 정원을 빛내는 식물들
Plants of May

은방울꽃 *Convallaria majalis*

· 다년생 초본식물
· 반그늘 상태에서 잘 자란다. 큰 나무 밑 환경에 적합하다.
· 흰색의 종 모양 꽃도 아름답지만, 넓으면서 힘찬 초록 잎이 화단을 메워주는 역할을 한다. 초록빛 바탕이 필요한 곳에 넣어주는 것도 디자인 요령이다.
· 한 장소에 한꺼번에 집중적으로 심는 것도 괜찮지만, 조금씩 뭉쳐서 여러 군데 일정 기간 간격을 두고 심어주는 것도 좋다. 꽃을 피우는 시기가 달라져 정원에서 조금 더 오랫동안 관상이 가능해지기 때문이다.
· 가을에 알뿌리를 심어야 봄이 되었을 때 꽃을 피운다.

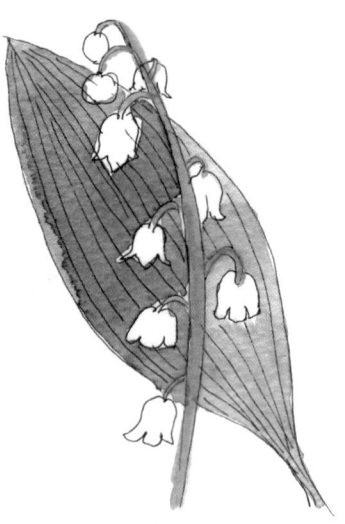

금낭화 *Dicentra spp.*

· 다년생 초본식물
· 하트 모양의 분홍색, 흰색 꽃을 아름답게 줄지어 피운다.
· 줄기와 잎이 풍성하게 벌어져 화단을 볼륨감 있게 만들어준다.
· 우리나라 전역에서 특별한 관리 없이도 잘 자란다.

아주가 *Ajuga spp.*

· 다년생 초본식물
· 겨울에도 잎이 지지 않는다.
· 대표적인 지피식물로 촘촘한 잎으로 흙을 덮어주어 화단의 든든한 배경이 되어준다.
· 파랑이 들어간 보라색, 혹은 검은색이 들어간 보라색의 꽃을 피운다.
· 단독으로 심기보다는 무리지어 심었을 때 정원을 장식하는 효과가 뛰어나다.

매발톱 *Aquilegia spp.*

· 다년생 초본식물
· 다년생이지만 수명이 비교적 짧다.
· 매의 발톱을 연상시키는 독특한 형태
  의 꽃 때문에 우리나라에서는 '매발
  톱'으로 불린다.
· 약산성 땅의 성질을 좋아해서 우리
  나라 산과 들에서 쉽게 자생한다.
· 가장 큰 특징은 4주 정도로 꽃을 피
  워주는 지속성이다.

운간초 *Saxifraga spp.*

· 다년생 초본식물
· 주로 바위틈에서 자라는 식물로 거
  친 환경에서도 생존력이 높다.
· 암석 정원에 주로 심는데, 우리나라
  에서는 '운간초' 혹은 '천상초'로 부
  른다.
· 우리나라 자생종으로는 바위취*Saxi-
  fragastolonifera*, 바위떡풀*Saxifraga fortune*
  등이 있다.
· 최근 정원용 재배종이 많이 개발되
  었는데, 그중 피터팬*Peter pan*은 전
  세계인들에게 사랑을 받고 있다.

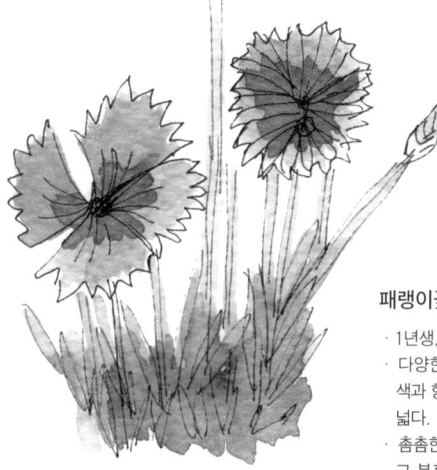

패랭이꽃 *Dianthus spp.*

· 1년생, 2년생, 다년생 초본식물
· 다양한 정원용 재배종이 개발되어
  색과 형태, 크기에 따른 선택의 폭이
  넓다.
· 촘촘한 잎으로 화단의 흙을 덮어주
  고 분홍색, 흰색으로 피어나는 꽃의
  색감이 정원을 화려하게 만들어준다.
· 추위에 강해서 우리나라에서도 월
  동이 충분히 가능하다.
· 대부분이 키가 크게 자라지 않기 때
  문에 가장자리에 심어서 화단의 끝
  을 장식한다.

무스카리 *Muscari spp.*

· 다년생 초본식물
· 진한 보라색, 흰색의 종 모양의 꽃을
  피운다.
· 충분한 햇볕을 좋아한다.
· 해가 거듭되면 알뿌리가 옆으로 번
  지기 때문에 4~5년에 한 번씩 흙을
  뒤집고 알뿌리 나누기를 해주면 화
  단을 좀 더 풍성하게 가꿀 수 있다.

동서양 정원사들에게
전해 내려오는
오래된 정원 지혜

서유럽 농사 격언

· 수선화가 피었을 때 시금치, 비트, 양파를 심어라.
· 단풍나무에 꽃이 피었을 때 완두콩을 심어라.
· 참나무 잎이 고양이의 귀만큼 펴졌을 때 감자를 심어라.
· 사과꽃이 피면 콩과 오이를 심어라.
· 작약꽃이 피면 토마토, 멜론, 가지를 심어라.

(우리와 비슷한 온대기후로 대부분은 우리나라에서도 적용이 가능하다.)

텃밭 정원 격언

· 완두콩, 상추, 시금치를 수확한 자리에 토마토, 고추, 가지를 심어라(성장에 필요한 영양분이 서로 달라 같은 자리에 키워도 상관없다).
· 완두와 콩을 함께 심지 마라(같은 영양분을 소비한다).
· 배추, 양배추 등은 같은 땅에 매년 심지 마라(땅속에 병충해가 숨어 지낸다).
· 토마토, 고추, 가지는 같은 자리에 심지 말고(같은 영양분 소비), 바로 옆에 이웃하여 심지 마라(같은 과의 식물로 같은 병충해 피해를 입는다).

작은 텃밭 정원, 공간을 아끼는 방법

텃밭 정원의 면적이 무한대로 클 수는 없다. 작은 텃밭에서 한정된 채소를 키워야 한다면 선택이 필요하다.

· 가족 누구도 먹지 않는 채소에는 공간을 할애하지 마라.
· 토마토, 참외, 수박, 호박 등은 채소 중에서 자리를 많이 차지한다.
· 감자, 양파 등은 연중 값싸고 신선하게 슈퍼마켓에서 공급된다.
· 토마토, 상추, 완두콩, 깻잎, 옥수수 등은 신선도에 따라 그 맛이 현격하게 달라 텃밭 정원의 효자 품목이다.

줄 맞춰 씨뿌리기 요령

· 텃밭 고랑 양쪽 끝에 못을 박고 실을 연결한다.
· 막대기를 이용해 실을 따라 얕은 고랑을 파준다.
· 고랑 안에 씨앗을 뿌린다. 씨앗은 봉투를 살짝 찢은 후 검지로 톡톡 치며 한꺼번에 서너 알씩이 나오도록 조정한다.
· 갈고리나 손으로 가볍게 씨앗을 흔들어 땅속에 묻히게 한다.
· 위에 모래가 섞인 흙을 가볍게 뿌려준다.
· 샤워기처럼 나오는 물뿌리개를 이용해 물을 준다.

텃밭 정원의 병충해를 막는 비법?

정원사들은 병충해를 막기 위한 각양각색의 비법을 지니고 있다. 그중 하나.

· 매리골드, 제라늄, 마늘을 1:1:1의 비율로 섞어서 함께 갈아주거나 절구에서 빻는다.
· 10리터 물통에 갈은 재료들을 넣는다.
· 텃밭 정원에 골고루 뿌려준다.

야생화? 자생식물? 재배식물?

· 야생화wildflower: 자연 상태에서 스스로 태어나고 자라는 식물들. 야생화 중에는 우리나라 자생이 아니고 다른 지역에서 들어온 식물도 많다. 우리나라 기후가 맞는 식물들이 자리를 잡고 계속 살아주기 때문이다. 산이나 숲에서 발견한 야생화를 정원에 심고 싶어 하는 사람도 있겠지만 주의가 필요하다. 우선 산이나 숲, 정원은 기후 환경이 매우 다르기 때문에 식물을 캐온다고 살아줄 확률이 높지 않다. 또 야생화의 경우는 대부분 꽃이 피는 시기가 매우 짧다. 정원에 관상을 위해 심기에는 한계가 뚜렷하다. 더불어 야생화의 대부분은 천연기념물일 가능성이 높아 함부로 캤을 경우 법적 문제가 따를 수도 있다.
· 자생식물native plants: 살고 있는 지역이 태생지인 식물들. 우리나라 자생식물이라고 하면 우리나라가 원래 타고난 장소인 식물들을 말한다. 야생화의 상당 부분이 그 나라의 자생식물이지만 지역이 다른 곳에서 온 식물들도 있기 때문에 야생화가 모두 자생식물은 아니다.
· 재배식물: 재배된 식물cultivated plants 혹은 정원용 식물garden plants 이라고 부른다. 야생화와 다르게 사람에 의해 유전적으로 변형된 식물을 말한다. 홑꽃보다는 겹꽃이 많고, 꽃과 잎의 색상, 형태 등이 변형되어 있다. 우리가 정원에서 보게 되는 화단 속 식물은 대부분 야생화를 좀 더 아름답게 볼 수 있도록 변형시킨 재배식물이다.

손바닥 가드닝 노트

Indoor gardening notes

베란다 텃밭 정원 만들기

너른 정원이 없다고 아쉬워만 할 일은 아니다. 햇살이 잘 들어오는 베란다나 거실만 있어도 식물을 키울 수 있는 공간은 충분하다. 물론 베란다에서도 텃밭 정원이 가능하긴 하지만 모든 채소가 다 되는 것은 아니다. 꽃보다는 잎이 풍성한 허브(민트, 바질, 딜, 펜넬, 세이지, 타임)가 화분에서도 잘 자라준다. 과일이 열리는 토마토도 35센티미터 이상 흙의 깊이만 확보되면 잘 자라고, 뿌리채소인 당근, 순무, 감자 등도 깊이가 있는 화분에 심어주면 베란다에서도 충분히 수확이 가능하다. 하지만 모든 채소들은 밝고 강한 햇빛을 좋아하기 때문에 볕이 잘 들어오지 않는 북쪽 베란다는 피해야 한다.

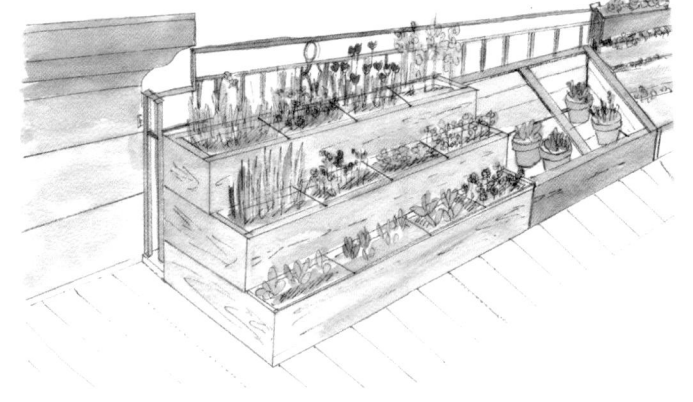

나무틀을 이용한 베란다 텃밭 정원 아이디어

화분에 물주기

5월부터는 급격히 온도가 상승하기 때문에 물주기에도 각별히 신경을 써야 한다. 특히 화분에 담겨진 식물들의 뿌리는 땅속에 묻힌 경우보다 더 쉽게 마르기 때문에 정기적인 물주기가 반드시 필요하다. 그러나 식물마다 물을 주는 횟수나 양이 다르다. 잎이 넓은 관엽식물의 경우는 물을 좋아하지만 사막에서 자생하는 다육식물은 한 달에 한 번 정도의 물주기로도 충분하다.

화분에 영양분 공급하기

5월은 식물의 성장속도가 급속히 빨라지는 시기여서 스스로의 광합성 작용만으로는 영양 공급이 충분치 않다. 우리가 영양제를 먹듯, 특히 화분이라는 작은 공간에 갇힌 식물에게는, 지금부터 초가을까지 상태를 보면서 액상 영양제를 투입해주는 것이 좋다. 분말 영양제의 경우는 물에 희석시킨 뒤 물뿌리개에 담아 뿌려주면 된다.

그로잉백 정원 만들기

비닐봉투에 담긴 20리터 혹은 30리터 거름을 그대로 이용해 식물을 키우는 방식. 화분 없이도 정원 연출이 가능하다.

· 상토의 비닐을 식물 키울 자리만큼 잘라준다.
· 바닥에 배수구멍을 몇 군데 내준다.
· 토마토나 가지 등 거름을 많이 필요로 하는 식물을 키운다.

대나무
지지대
1.2m

화분 없이 만드는 토마토 텃밭 정원

정원에서 키우는 식물로 실내를 장식하는 일은 정원 일의 가장 큰 즐거움 중 하나다. 식물이 좀 더 오랫동안 꽃병에서 견디게 해주려면 정원에서 식물을 자를 때부터 요령이 필요하다.

· 되도록이면 새벽이나 저녁에 꽃대와 줄기를 자른다. 낮에는 증산 작용이 심해져 급격히 시드는 현상이 생기기 때문이다.

· 가지치기용 가위, 일반 가위는 가능한 잘 손질된 예리한 날을 사용한다. 날이 뭉뚝할 경우 식물을 자를 때 줄기나 꽃대가 으깨져 식물 전체에 손상을 초래하기 때문이다.

· 굵은 가지는 가지치기용 가위를, 가늘고 연약한 가지는 일반 가위를 이용한다. 가늘고 약한 가지에 가지치기용 가위를 사용하면 제대로 잘리지 않고 헛돈다. 반대로 굵은 가지를 일반 가위로 자르면 힘이 약해 잘리지 않고 상처만 입힌다.

· 활짝 핀 꽃보다는 꽃망울일 때 자른다. 꽃망울일 때 잘라야 꽃병에서 꽃을 피운다. 단, 달리아_Dahlias_, 장미, 백일홍_Zinnias_의 경우는 꽃병에서 꽃을 터트리지 못한다. 완전히 꽃이 핀 것을 골라야 한다.

· 튤립, 수선화 등의 알뿌리식물은 꽃대만 되도록 길게 자르고 잎을 남겨둔다. 내년에도 꽃을 피우기 위해 광합성 작용이 필요하다.

· 자른 식물을 담을 수 있는 양동이 세 개를 준비한다. 둘은 물을 1/3씩 채우고, 하나는 빈 통으로 둔다. 물을 담은 통 두 개 중 하나는 길게 자른 식물을 담고, 다른 하나는 짧게 자른 식물을 담는다. 함께 담았을 경우, 긴 식물이 짧은 식물에게 손상을 줄 수 있다. 나머지 빈 통은 식물을 다듬고 버리는 잎과 가지를 담는다.

· 자른 식물은 밑에서 1/3지점까지의 모든 잎을 제거한다. 잎은 증산 작용을 촉진시켜 식물을 시들게 하고, 물을 오염시키는 원인이 된다.

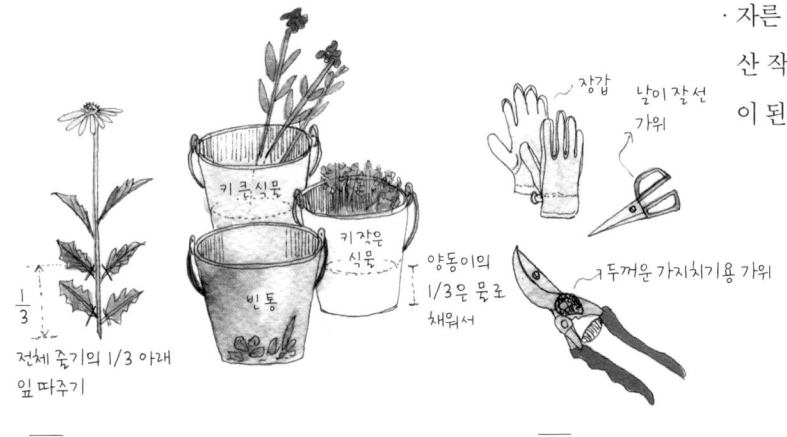

$\frac{1}{3}$
전체 줄기의 1/3 아래
잎 따주기

장갑

날이 잘선 가위

키 큰 식물

키 작은 식물

빈 통

양동이의 1/3을 물로 채워서

두꺼운 가지치기용 가위

꽃병 꽂기를 위한 식물 자르기 요령

연장들

· 물속에 담기는 모든 잎 따주기(물의 오염을 막기 위해).

· 45도 각도로 줄기 다시 잘라주기(물을 빨아들이는 면적을 확대하기 위해).

· 수액이 많은 부드러운 줄기의 끝을 뜨거운 물로 데쳐주기. 2.5센티미터 정도를 뜨거운 물에 20초 정도 담갔다 뺀 후 얼른 미지근한 물에 다시 담근다(수액이 빠져나가 빨리 시드는 것을 막기 위해).

· 딱딱한 줄기는 끝(2.5센티미터)을 망치로 으깨준다(물을 좀 더 많이 빨아들이게 하기 위해).

· 튤립, 딜, 수선화 등 꽃대가 연약한 경우는 함께 묶어준다(축 늘어지지 않고 꼿꼿하게 서주는 효과가 생김).

· 되도록이면 찬 곳에 꽃병을 둔다(예를 들어 영상 10도에서는 영상 1도보다 8배 이상 빠르게 식물의 꽃이 시든다. 실내 공간에서는 특히 라디에이터나 열풍기 근처는 꼭 피해야 한다).

· 설탕, 소독제 등을 넣어준다(영양분 공급, 살균 효과를 위해).

· 맑은 물은 꽃병 속 식물을 지켜주는 지킴이다. 여름에는 하루에 한 번씩 물을 갈아준다. 꽃병에 담긴 모든 식물을 꺼내 수돗물에 몇 분 정도 씻어주는 것도 좋다. 이때 시들거나 썩어가는 식물은 버리고 다시 꽂아준다.

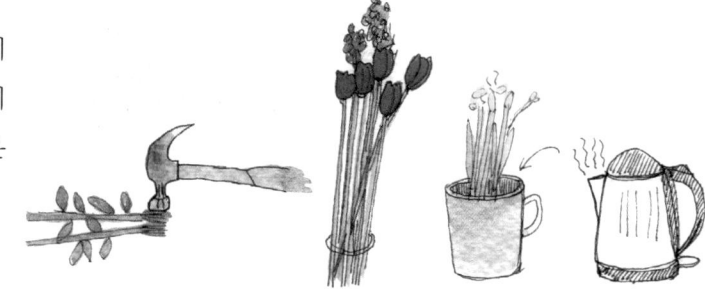

망치로 줄기 끝 으깨주기   연약한 줄기식물 묶어주기   뜨거운 물에 줄기 끝 데쳐주기

꽃병에 식물 꽂기 요령

이른 여름
Early Summer

6월

정원사의 발자국 소리에 커가는 식물들!

여름이 깊어간다. 식물의 잎은 좀 더 짙어지고 두꺼워진다. 늙어감의 현상이기도 하지만 강렬한 햇살을 견디려는 식물의 고단한 노력이다. 봄에 꽃을 피운 식물들은 이제 열매를 살찌우기 위해 모든 에너지를 쏟는다. 열매를 맺고 있는 식물들이 광합성 작용을 잘할 수 있도록 불필요한 가지를 잘라주는 일도 필요하다. 짙어지는 녹음이지만 이제 막 꽃을 피우는 여름 초본식물도 잊지 말자. 6월은 여름 초본식물이 꽃 잔치를 하는 달이기도 하다. 하지만 원치 않는 잡초의 성장이 아름다운 초본식물 화단을 망쳐놓기도 한다. 잡초를 줄이는 제일 좋은 방법은 꾸준한 관리다. 매일 정원을 돌아보자. 돌아보는 것만으로도 식물의 상태가 보이고, 빈자리가 보이고, 도와줄 일이 보인다. 정원은 정원사의 발자국 소리를 들으며 자란다!

· 6월 절기 ·

망종: 본격적인 모내기의 시작이다. 여름 식물들이 활발해진다. 양력 6월 5일(6일)
하지: 낮이 가장 길다. 식물의 성장이 정점을 찍는다. 양력 6월 21일(22일)

6월 정원 노트
Outdoor gardening notes

식물을 심고 옮기기에 더워진 날씨지만, 그래도!

이미 더워져 큰 식물을 심고 옮기기가 힘들어진 6월이지만 식물을 심고 옮기는 일이 아예 불가능한 것은 아니다. 관목이나 교목 등 비교적 덩치가 큰 식물을 심거나 이동시켜야 한다면 몇 가지 주의가 필요하다.

· 식물의 잔뿌리가 마르는 것을 막아야 한다. 부직포나 빛이 통하지 않는 검은색 비닐로 뿌리를 감싸주는 것이 좋은데, 이때 비닐의 경우는 구멍을 내어 공기가 통하도록 해준다. 공기가 통하지 않으면 비닐 안쪽 온도가 상승해 오히려 잔뿌리를 손상시킬 수 있기 때문이다.

· 식물을 심기 2~3시간 전, 그 뿌리를 흠뻑 물로 적셔준다. 뿌리가 건조해지는 증상은 식물의 생존율을 떨어뜨리는 데 큰 영향을 끼치기 때문이다.

· 최대한 빠르게 움직이자. 기존의 식물을 이동시켜 다시 심을 때는 식물을 캐내는 순간부터 다시 심을 때까지의 동선과 시간을 최대한 줄여주는 것이 좋다. 새로 심을 곳의 흙을 미리 파둔 다음 식물을 캐어내고 이동해 바로 다시 심어준다.

· 식물을 심은 후에는 충분한 물을 주어야 한다. 뿌리 전체가 충분히 적셔질 수 있도록 호스를 이용해 10분 이상 흥건하게 물주기를 하는 것이 좋다.

· 뿌리까지 물을 내려보내는 보조 장치를 설치하는 것도 좋은 방법이다. 뿌리 옆으로 페트병을 묻어주는 등의 장치(4월, 〈식물 심기 방법〉 참고)를 마련해두면 식물의 생존율을 훨씬 더 높일 수 있다. 이제 막 심은 식물의 경우 적어도 한 달 이상은 뿌리까지의 충분한 물 공급이 필요하다.

여름 꽃씨 뿌리기

6월이면 여름 식물이 본격적으로 성장을 시작한다. 여름에 피는
꽃은 봄에 피는 꽃과 달리 꽃잎이 크고 색상이 좀 더 화려하다. 여
름이 오면 식물의 잎이 무성해지기 때문에 큰 잎 속에서도 수분을
도와줄 곤충들의 눈에 잘 띄기 위해서다. 이미 온실에서 4~6주 전
부터 여름 식물인 둥글레*Polyanthus*, 접시꽃*Hollyhock*, 달피니움*Delphinium*,
루핀*Lupin*, 달리아*Dahlia*, 칸나*Canna* 등을 재배하기 시작했다면 이제는
땅에 심을 수 있는 시기다. 그러나 만약 온실 재배를 미리 하지 못
했다고 해도 지금 바로 정원에 씨를 뿌려 여름 꽃을 키워도 된다.
직접 땅에 뿌려도 발아가 잘되는 여름 꽃으로는 꽃양귀비, 샐비어,
아스터, 휴케라, 매발톱 등이 있고 채소로는 호박, 고추, 가지 등이
있다.

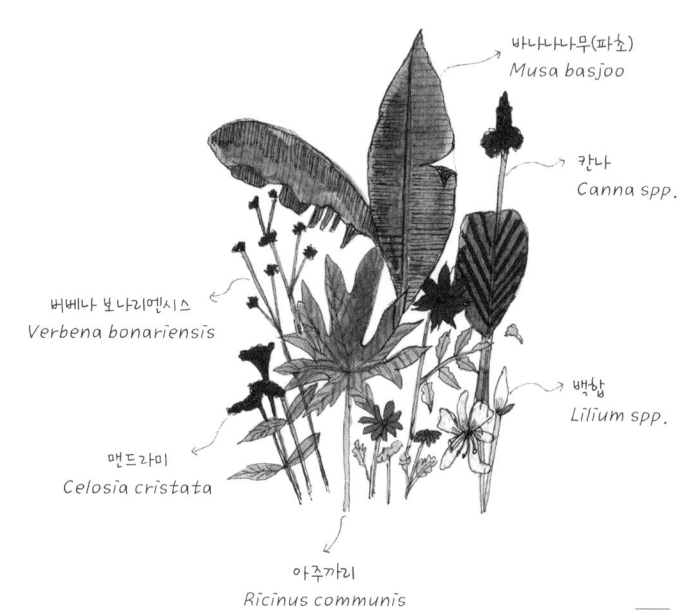

바나나나무(파쇼)
Musa basjoo

칸나
Canna spp.

버베나 보나리엔시스
Verbena bonariensis

백합
Lilium spp.

맨드라미
Celosia cristata

아주까리
Ricinus communis

여름 꽃 화단 구성 아이디어

여름에 꽃을 피우는 식물은 봄꽃과 확연하게 다르다. 커다란 잎과 함께 진한 색감의 꽃을 피
워내 열대지방의 풍취를 만들어낸다.

보통 여름에 꽃을 피우는 식물은 우리나라 자생종보다는 열대 지방을 자생지로 두고 있는 식물이 많은데 특별히 이런 열대식물군을 모아서 'Exotic Border'라는 개념의 '열대 화단'을 조성해보는 것도 여름 정원을 화려하게 만드는 비법이기도 하다.

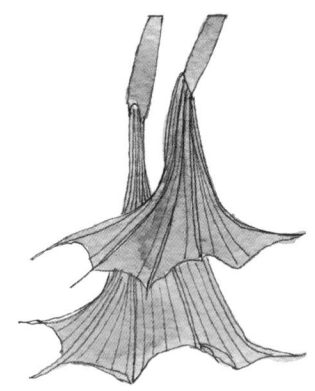

천사의 나팔꽃

Brugmansia spp.

· 상록 관목식물
· 식물학명 '브루그만시아'로도 불린다.
· 3~11미터까지 키가 자란다.
· 꽃 모양이 트럼펫을 닮아 '엔젤스 트럼펫Angel's trumpet'이라 부른다.
· 열대 지방 자생식물로 겨울 추위를 넘기지 못한다.
· 유사한 꽃을 피우는 'Datura'가 있다. 다투라는 브루그만시아와는 달리 꽃이 하늘을 향해 피고 열매에 가시가 있다.

생강

Zingiber officinale

· 다년생 초본식물
· 흰색, 분홍색의 꽃눈이 맺혔다 노란색 꽃으로 피어난다.
· 인도 자생식물로 우리나라 겨울 추위에는 월동 대책이 필요하다.
· 영상 18~25도에서 잘 자란다.
· 습한 곳을 좋아해서 70~90퍼센트 습도에서 잘 자란다.
· 대나무와 비슷한 잎을 지니고 있고 따뜻한 기후에서는 겨울에도 상록의 잎을 지닌다. 상록의 잎과 아름다운 꽃을 피워 원래는 식용보다는 관상용으로 정원에 심기 시작했다.

시계꽃

Passiflora spp.

· 덩굴식물
· 화려한 꽃과 열매를 맺는다.
· 여름에서 가을까지 늦은 시기에 꽃을 피워 가을 정원을 아름답게 해준다.
· 2~10미터까지 덩굴로 자라 지지대가 필요하다.
· 햇볕을 좋아하고 반그늘 상태에서도 성장 가능하다.
· 비교적 스스로 잘 자란다.

란타나

Lantana spp.

· 1년생 혹은 다년생 초본식물
· 아메리카 자생식물이다.
· 오랫동안 꽃을 지속적으로 피우기 때문에 정원을 장식하기 좋다.
· 물을 좋아하니 메마르지 않도록 해야 한다.
· 진 꽃을 잘라주면 한 번 더 꽃을 피운다.

아가판투스

Agapanthus spp.

· 다년생 초본식물
· 남아프리카 자생식물이다.
· 흰색, 파란색의 크고 화려한 꽃을 늦여름부터 가을까지 피운다.
· 40~150센티미터까지 키가 자란다.
· 다양한 재배종이 등장하고 있어 꽃의 형태, 크기에 따른 선택이 가능하다.

칼리브라초아

Calibrachoa spp.

칸나

Canna spp.

맨드라미

Celosia spp.

· 1년생 초본식물
· 남아프리카 자생식물로 비교적 관리가 쉽다.
· 늘어지는 성질로 행잉바스켓 식물로 자주 쓰인다.
· 꽃의 모양은 작은 크기의 피튜니아 꽃과 닮았다.
· 꽃의 색상은 보라색, 파란색, 분홍색, 빨간색, 주황색, 노란색, 흰색으로 매우 다양하다.
· 촉촉함을 좋아해서 물주기를 잘해야 하지만, 흥건할 정도로 물을 주면 뿌리가 썩는다.

· 다년생 초본식물
· 아메리카 열대 지방 자생식물이다.
· 생강과 같은 과로 모습도 비슷하고 성격도 유사하다.
· 충분한 햇볕이 필요하다.
· 다년생이지만 우리나라 겨울 추위에서는 견디지 못하기 때문에, 알뿌리를 캐내 보관해 두었다 다음해 다시 심어줘야 한다.
· 1미터가 넘게 크기 때문에 화단에 충분한 공간을 확보해주는 것이 좋다.

· 1년생 초본식물
· 쌀, 옥수수와 함께 세계인들이 가장 많이 먹는 곡물 중 하나인 아마란스*Amaranth*가 속해 있는 속의 식물이다. 때문에 생긴 모습과 생태 습성이 아마란스와 매우 비슷하다.
· '*Celosia*'는 '불타다'라는 뜻의 그리스어로 꽃의 색과 모양이 마치 타오르는 불길과 비슷해서 붙은 이름이다.
· 잡초처럼 지나치게 번지지 않도록 꽃이 진 후 바로 꽃대를 잘라 씨가 맺히지 않게 하는 등의 조치가 필요하다.
· 햇볕을 좋아하고 물 빠짐이 좋은 땅에서 잘 자란다.

상록의 생울타리를 정기적으로 잘라주기
: 주목나무, 회양목, 쥐똥나무

정원에는 담장보다 생울타리를 만드는 것이 좋다. 담장이 서게 되면 바람이 아예 막히거나 담장을 넘어 들어온 바람이 담장 아래쪽에서 소용돌이치는 현상이 일어난다. 이는 담장 밑에 사는 식물의 성장에 방해가 된다. 반면 생울타리는 식물 자체가 벽을 이루기 때문에 가지와 가지 사이로 자연스럽게 바람이 통하고, 강한 바람이 불어도 생울타리에 걸러져 잔잔해지고 소용돌이 현상이 없다. 더불어 생울타리는 작은 새를 비롯한 야생동물의 보금자리 역할도 해준다.

우리나라에서는 오래전부터 싸리나무나 조팝나무, 개나리 등을 이용해 생울타리를 만들었는데, 최근에는 낙엽이 지지 않는 상록의 관목을 이용한 유럽식 생울타리도 쓰인다. 주로 사용되는 상록의 관목은 주목나무*Taxus*, 회양목*Boxus*, 쥐똥나무*Ligustrum* 등이다. 상록의 관목은 일반적으로 어린 묘목을 촘촘히 심어 성장시키는 것이 가장 좋은데 시기는 초봄이 적당하다. 이미 심어놓은 상록 생울타리는 6월이면 성장속도가 빨라지면서 들쑥날쑥 새순이 돋아나 지저분하게 보인다. 이럴 땐 정기적으로 잘라주는 작업이 필요하다. 줄을 띄워 울타리의 기준선을 잡고 잘라주자.

이른 봄에 꽃을 피운 관목식물 가지치기
: 병꽃나무, 말발도리, 고광나무, 아잘레아

우리나라 태생의 멋진 관목들이 있다. 진달래와 철쭉이 속해 있는 아잘레아*Azalea*, 그리고 병꽃나무*Weigela*, 말발도리*Deutzia*, 고광나무*Philadelphus* 등이다. 대부분 사람의 키 정도로 자라는 이 관목들은 식물 전체가 흐드러지게 꽃을 피워내 그 아름다움이 장관을 이룬다. 만약 이 나무들을 키우고 있다면 이 시기 가볍게 가지치기를 해주는 것이 좋다. 그래야 내년 봄 다시금 아름답고 풍성한 꽃을 볼 수 있을 테니 말이다. (1월, 〈가지치기의 다양한 방법들〉 참고)

겨울 화단 준비하기: 꽃배추, 케일, 팬지 씨뿌리기

이제 막 여름이 시작되었지만 정원에서는 겨울과 다음해 봄을 준비해야 한다. 초봄의 추위 속에서도 꽃을 유지해주는 꽃배추, 케일, 겨울 팬지 등을 지금부터 준비해보자. 온실 안이 아니어도 싹을 틔울 수 있는 시기이니, 씨를 뿌리고 잎이 성장할 수 있는 때까지 잘 길러주어야 겨울 대비가 가능하다.

잎 남겨두기: 수선화, 튤립, 크로커스

초봄에 꽃을 피웠던 수선화, 튤립, 크로커스 등의 구근식물은 이제 잎이 누렇게 시들어간다. 지저분하기 때문에 잘라내고 싶은 마음이 가득하겠지만 조금 더 기다리는 시간이 필요하다. 누런 잎이 완전히 말라 스스로 내려앉을 때까지 기다렸다 청소를 해주는 것이 좋다. 이 과정은 잎에 있는 영양분까지도 모조리 알뿌리로 보내어 내년에 탐스러운 꽃을 피우기 위한 작업이다.

딸기밭의 연간 관리

딸기는 다년생으로 텃밭 정원에서 키우기에 적합하다. 하지만 다년생임에도 불구하고 매년 흙을 뒤집어 뿌리를 잘라주고, 옆으로 확장된 줄기를 걷어내는 작업이 필요하다. 일단 흙에서 캐낸 딸기를 한 포기씩 정리해두었다가 흙 정리가 끝난 후 다시 줄을 맞춰 심어준다. 이 작업을 매년 해주지 않으면 딸기가 밭에 퍼지기는 하지만 열매를 실하게 맺지 못한다.

텃밭 정원 만끽하기

한두 가지 모종만 심었다 해도 이제 텃밭 정원은 수확기로 접어든다. 물기를 머금은 상추가 지속적으로 올라오고 치커리, 케일, 겨자 등의 잎채소도 성장이 왕성해진다. 특히 우리나라는 연중 바깥 기온을 즐기며 식사를 할 수 있는 날이 그리 많지 않다. 그러니 6월의 한때 정원에서 내 손으로 직접 키운 야채로 야외식사를 즐길 수 있는 기회를 놓치지 말자.

꽃이 피지 않은 정원?

동서양을 막론하고 정원은 상처 입은 사람의 마음을 정신적으로 치유하고 회복하는 공간이 되어왔다. 종교 공간에 정원이 발달한 이유도 이 때문이다. 중국에서는 차 마시는 일을 명상을 하기 위한 전 단계로 여겼다. 이렇게 시작된 차 마시는 일은 훗날 우리나라를 거쳐 일본으로 전달됐다. 15세기 일본은 차 마시는 문화를 정원과 융합시켜 '차 정원'을 탄생시켰다. 차 정원은 명상을 위한 정원이다. 때문에 사계절 화려한 꽃을 피우는 식물은 되도록 배제하고 늘 푸른 상록식물과 이끼식물 위주로 식물 디자인을 구성한다.

6월의
정원을 빛내는
식물들
Plants of June

꽃양귀비_Papaver somniferum_

· 1년생 혹은 다년생 초본식물
· 은초록의 잎과 화려한 색상의 꽃으로 화단을 장식해주는 중요한 식물이다.
· 영양분을 많이 필요로 하지 않지만 충분한 햇볕이 있어야 잘 자란다.
· 씨앗으로도 발아가 잘되는 식물로 화단에 씨를 뿌려 재배 가능하다.

동자꽃 _Lychinis spp._

· 다년생 초본식물
· 우리나라 자생의 _L. cognata_는 진한 주황빛의 꽃을 피운다. 꽃잎 끝이 갈라지는 _L. fulgens_ 종도 최근 많이 심는다.
· 재배종이 많이 개발되어 진분홍, 빨강 등 다양한 색의 꽃을 볼 수 있다.
· 일부는 잎에 은빛이 많이 들어가 있어 화단의 색감을 연출하는 데 요긴하게 쓰인다.
· 충분한 햇볕이 필요하고 마른땅에서도 잘 자란다. 습기가 많은 곳에서는 취약하다.

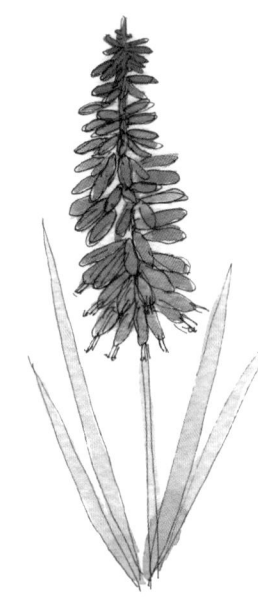

크니포피아 _Kniphofia spp._

· 다년생 초본식물
· 주황색, 빨간색으로 빗자루 모양의 특징적인 꽃을 피운다.
· 가늘고 긴 잎보다 꽃의 크기가 상대적으로 매우 크다.
· 햇볕을 좋아하고 화려한 꽃을 피우기 위해 영양분을 필요로 하기 때문에 별도로 액상 영양제를 주는 것도 좋은 방법이다.
· 화단에서 높이 솟구쳐 그 어떤 식물보다 화려하게 여름 정원을 장식한다.

붓꽃*Iris spp.*

· 다년생 초본식물
· 보라색, 흰색, 노란색 등의 꽃을 피
  운다.
· 쭉 뻗은 칼 모양의 초록 잎과 30센티
  미터 이상으로 꽃대를 키워 화단의
  키를 높여주는 역할을 한다.
· 습기가 있는 흙을 좋아하지만 재배
  종에 따라 가뭄에 강한 종도 있다.
· 꽃을 오래 피우지 못하는 것이 단점
  이지만 그늘에서 자라는 경우에는
  꽃 피는 기간을 조금 더 연장할 수
  있다.

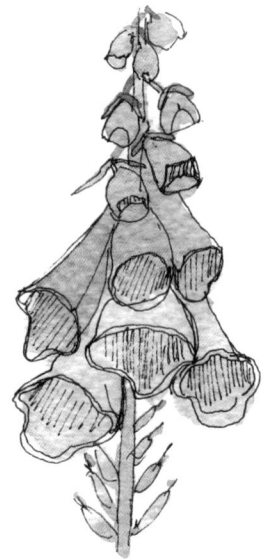

장미*Rosa spp.*

· 다년생 관목, 덩굴식물
· 아시아, 아메리카, 유럽 등의 온대성
  기후 지역에서 다양하게 자생하고
  있다.
· 우리나라 자생의 찔레꽃*Rosa multiflora*
  도 장미 그룹에 속한다.
· 5~9월까지 아름다운 꽃을 피워준다.
· 전 세계적으로 재배종이 가장 많이
  발달된 식물군이기도 하다.
· 다양한 색상과 형태의 재배종으로
  화려한 정원 연출이 가능하다.

디기탈리스*Digitalis spp.*

· 2년생 혹은 짧은 다년생 초본식물
· 1미터를 넘는 키를 가진 종도 많다.
· 종 모양의 꽃을 주렁주렁 꽃대에 매
  달아 피운다. 분홍색, 흰색, 보라색
  등의 색상이 있다.
· 큰 꽃을 피우기 때문에 꽃대가 꺾이
  지 않도록 지지대를 설치해주는 것
  이 중요하다.
· 땡볕을 좋아하지 않아 여름철에는

그늘이 살짝 드리운 곳에 심어주는
것이 좋다.
· 화단에서는 한 번 꽃을 피우면 다음
  해 다시 올라오지 않는 2년생식물이
  기 때문에 매년 모종을 구입해서 다
  시 심어줘야 하는 단점이 있다. 그러
  나 화려한 꽃으로 정원의 하이라이
  트 역할을 하기에 매년 다시 심는 수
  고로움도 감수할 만하다.

동서양 정원사들에게
전해 내려오는
오래된 정원 지혜

멀칭은 정원 마법사다?

흙을 덮어주는 멀칭은 정원 일의 마법으로 통하기도 한다. 멀칭의 재료는 지푸라기, 식물의 잎, 잘라낸 잔디, 원예상토, 상록수의 잎, 톱밥, 식물의 껍질 등 다양하다. 멀칭은 잡초의 번식을 막아주고, 땅속의 습기를 좀 더 오랫동안 머물게 해주고, 흙을 시원하게 만들어주고, 바람에 의한 흙의 날림을 막아준다.

식물 건강하게 키우기

· 건강한 식물, 그리고 씨앗 구입이 중요한 첫걸음이다.
· 병충해에 치명적인 채소나 식물은 매년 자리를 옮겨 심어준다.
· 병충해는 축축한 환경에서 더욱 거세진다. 물 빠짐이 좋은 흙의 환경을 만들어줘야 한다.
· 매일 식물을 관찰하는 것이 중요하다. 벌레의 공격을 받고 있다면 손으로 직접 제거해주는 방법이 가장 효과적이다.
· 몇 년에 한 번씩 흙을 뒤집어 식물의 뿌리를 드러내 햇빛을 보게 해준다. 그 상태로 며칠 동안 방치해두면 뿌리 사이사이 흙 속에서 자라는 바이러스 및 병충해가 햇볕에 소독되는 효과를 볼 수 있다.

딸기 키우기 좋은 장소는?

· 햇볕이 가장 많이 드는 남향.
· 물 빠짐이 원활하고 영양분이 있는 흙.
· 바람이 잘 통하는 곳.
· 약산성(pH 5~6)의 성질을 가진 흙.

시들어가는 잎을 남겨야 하는 이유?

잎은 일종의 에너지를 만드는 공장 역할을 한다. 잎은 햇빛을 받아들여 광합성 작용을 한 뒤, 당 성분을 만들어 식물 전체에 영양분을 공급한다. 때문에 잎이 잘려나가면 영양분을 만들어내는 공장이 문을 닫는 것과 같다. 시들어가는 잎이라 할지라도 생명이 다할 때까지 마지막 노력을 계속한다는 점을 기억하자. 식물 스스로 자신의 역할을 다할 때까지 기다려주는 마음이 필요하다.

접시꽃으로 인형 만들기

활짝 핀 접시꽃과 꽃봉오리를 모아 인형을 만들 수 있다. 우리나라 봉숭아꽃으로 손톱 물들이기처럼 미국에서는 아주 오래전부터 접시꽃을 활용한 인형 만들기가 전해 내려온다.

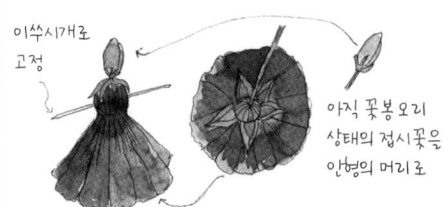

이쑤시개로 고정

아직 꽃봉오리 상태의 접시꽃은 인형의 머리로

활짝 핀 접시꽃은 아래 치마처럼

꽃으로 화려한 화단을 만들기 위해서는?

정원은 사계절의 안배가 무엇보다 중요하다. 어떤 시기에 어떤 식물이 꽃을 피우는지를 머릿속에 잘 넣어두고 화단을 조성할 때 계절에 따라 식물을 고르고 색, 형태, 질감으로 연출한다면 달마다 풍성하고 아름다운 정원을 감상할 수 있다.

· 꽃을 피우는 시기를 알아야 한다.
· 꽃잎의 색상을 알아야 한다.
· 꽃의 크기와 모양을 기억해야 한다.
· 잎의 크기와 모양, 형태를 알아야 한다.
· 꽃과 잎의 질감을 알아야 한다(고운 질감 인지, 거친 질감인지).
· 꽃이 얼마나 오랫동안 피어 있는지 알아야 한다.

이 모든 것을 종합하여 아름다운 식물의 조합을 찾아내 화단에 심어주면 나만의 개성 있는 정원 연출이 가능해진다.

옥상 정원, 돌틈 정원 구성에 적합한 우리 식물

· 기린초 *Sedum kamtschaticum* (여러해살이풀, 건조함에 잘 견딘다. 자연 강수로도 생존 가능하다.)
· 꿀풀 *Prunella vulgaris* (여러해살이풀, 가뭄에 잘 견딘다.)
· 돌나물 *Sedum sarmentosum* (여러해살이풀, 양지 바른 곳, 영양분이 많으면 웃자란다.)
· 땅채송화 *Sedum oryzifolium* (여러해살이풀, 여름철 고온다습에 약하다.)
· 마타리 *Patrinia scabiosaefolia* (여러해살이풀, 건조함에 강해 스스로 잘 자란다.)
· 매발톱 *Aquilegia buergerinan var. oxysepala* (습기를 좋아하지만 과해지면 뿌리가 썩는다.)
· 바위솔 *Orostachys japonica* (여러해살이풀, 꽃을 피우면 고사하는 것이 특징이다. 꽃대를 잘라주면 여러해살이도 가능해진다.)
· 산꼬리풀 *Veronica rotuna var. subintegra* (여러해살이풀, 습도가 높은 것을 좋아한다.)
· 양지꽃 *Potentilla fragarioides* (여러해살이풀, 추위와 더위, 건조함에 모두 강하다.)
· 억새 *Miscanthus sinensis var. purpurascens* (여러해살이풀, 뿌리가 강하고 건조함에 잘 견딘다.)
· 오이풀 *Sanguisorba officinalis* (여러해살이풀, 반그늘 혹은 양지를 좋아한다. 건조함에 잘 견딘다.)
· 좀작살나무 *Callicarpa dichotoma* (낙엽활엽관목, 이식을 좋아하지 않아 한자리에서 키우는 것이 좋다.)
· 층꽃나무 *Caryopteris incana* (여러해살이풀, 비옥한 토양은 급속히 성장해 웃자란다. 척박한 환경에서 예쁜 꽃을 피운다.)
· 큰꿩의비름 *Hylotelephium spectabile* (여러해살이풀, 척박한 토양에서 잘 자란다.)
· 패랭이꽃 *Dianthus cinensis* (여러해살이풀, 배수가 잘되는 땅을 좋아한다.)
· 할미꽃 *Pulsatilla koreana* (여러해살이풀, 영양분을 별도로 주는 것을 좋아하지 않는다.)
· 해국 *Aster sphathulifolius* (여러해살이풀, 심한 건조함이나 지나친 습도에는 잘 적응하지 못한다.)
· 흰말채나무 *Cornus alba* (낙엽활엽관목, 정기적인 가지치기로 줄기의 색상을 더욱 진하게 만들 수 있다.)

손바닥 가드닝 노트

Indoor gardening notes

화분에 물주는 양 늘리기

날이 따뜻해지면 수분도 그만큼 빨리 증발하기 때문에 특히 화분에 식물을 심었다면 6월부터 8월까지는 적어도 하루에 한 번씩 물주기가 꼭 필요하고 수분 증발이 심한 토분을 썼거나 물을 좋아하는 식물을 심었다면 하루에 두 번까지도 물을 줘야 한다. 화분에 물주기는 일반 정원에 물주기와는 좀 다르다. 흙이 있는 정원이라면 한 번 줄 때 충분히 주고 일정 시간 동안 기다려주는 방식이 좋지만 화분의 경우에는 식물의 시듦 현상이 일어나면 식물의 회복이 어려워지기 때문에 물 자체가 마르지 않도록 규칙적으로 물주기를 하는 방식이 더 좋다. 다만 다육식물처럼 원래 태생 자체가 물을 좋아하지 않는 사막형 식물이라면 여름이라 해도 한 달에 한두 번만으로 충분하다.

도시생활의 숨, 베란다 정원 만들기

베란다 정원은 도시인들에게 큰 쉼터 역할을 해준다. 간단한 화분만으로도 연출이 가능하지만 최근 다양한 디자인이 시도되고 있다.

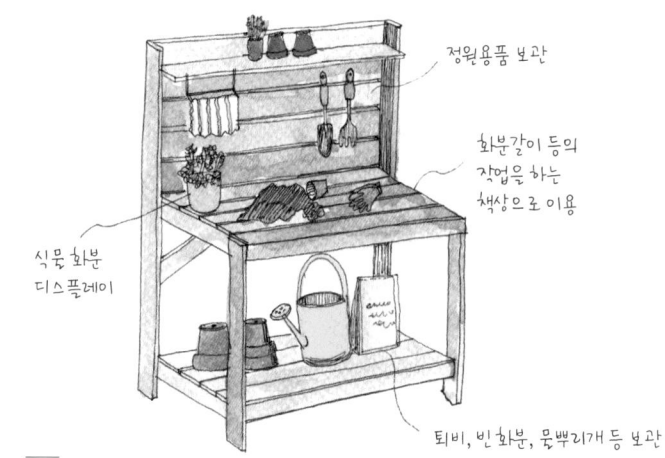

정원용품 보관

화분갈이 등의 작업을 하는 책상으로 이용

식물 화분 디스플레이

퇴비, 빈 화분, 물뿌리개 등 보관

베란다 정원에 활용하기 좋은 원예 작업 테이블 예.
이런 간단한 원예용 테이블만으로도 정원 느낌이 물씬 난다.

틸란드시아 카풋 메두사

Tillandsia 'Caput-medusae'

· '메두사의 머리'라는 별명을 지
  니고 있다.
· 멕시코를 포함한 중앙아메리카
  가 자생지다.
· 15센티미터 정도 크기로 자란다.
· 틸란드시아 종의 식물 가운데
  가장 널리 보급되어 있다.
· 영상 18~30도에서 잘 자란다.

틸란드시아 하리시아이

Tillandsia harrisii

· '하리시아이'로도 불린다.
· 줄기 끝이 주황색으로 변화되어
  마치 꽃잎처럼 보인다.
· 보라색 꽃을 피운다.
· 20센티미터 정도 크기로 자란다.
· 영하 4도에서 영상 10도 사이의
  시원한 날씨를 좋아한다.

틸란드시아 트리컬러

Tillandsia tricolor

· '트리컬러'로도 불린다.
· 잔디와 비슷한 형태로 15~20센
  티미터 크기로 자란다.
· 일주일에 한 번씩만 물에 푹 담
  갔다 빼준다.

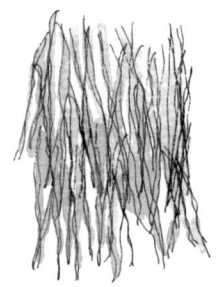

틸란드시아 스패니시 모스

Tillandsia v sneoides 'Spanish Moss'

· '스패니시 모스'라는 이름을 지
  녔지만, 스페인이 자생지는 아
  니다. 아메리카에서 자생한다.
· 원래 이름은 'itla-okla(tree hair)'
  로 '나무수염'이었고 이것이 스
  페인 남자들의 수염을 닮았다
  는 뜻으로 불리다 '스패니시 모
  스'라는 이름을 얻게 되었다.
· 습기를 좋아해서 분무기를 사용
  해 물을 주는 것이 좋다.

틸란드시아 셀레리아나

Tillandsia seleriana

· '셀레리아나'로도 불린다.
· 남멕시코, 중앙아시아가 자생지다.
· 큰 알뿌리 형태로 크기가 커서 다른 틸란드시아와 구별된다.

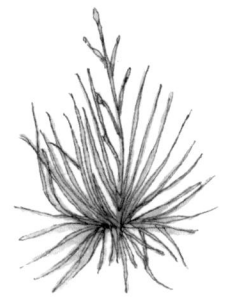

틸란드시아 필리폴리아

Tillandsia filifolia

· '필리폴리아'로도 불린다.
· 코스타리카, 멕시코가 자생지다.
· 잎이 가느다랗고 흩어져 있어 헝클어진 머리카락을 닮았다.
· 고운 잎의 질감이 마치 풀처럼 느껴져 관상 효과가 뛰어나다.

틸란드시아 세로그라피카

Tillandsia xerographic

· '세로그라피카'로도 불린다. 이는 '건조하다', '말려지다'라는 의미로, 잎이 바싹 마른 듯 보여서 붙은 이름이다.
· 남멕시코가 자생지다.
· 영상 22~28도에서 잘 자란다.
· 습기를 좋아해서 분무기로 잎을 적셔주는 것이 좋다.

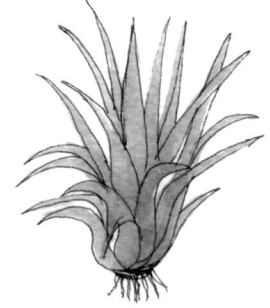

틸란드시아 이오난사

Tillandsia lonantha

· '이오난사'로도 불린다.
· 중앙아메리카가 자생지다.
· 어렸을 때는 초록이지만 자라면서 잎의 끝부분이 연보라색으로 변한다.
· '이오난사'라는 이름 자체도 그리스어로 '바이올렛(보라색)'을 뜻한다.
· 해발 1,700미터에서도 자생하는 식물로 비교적 추위에 강하다.

틸란드시아는 뿌리가 없다?

다른 식물처럼 뿌리로 영양분과 수분을 흡수하지는 않지만 틸란드시아 식물도 분명히 뿌리가 있다. 시들어 있고 지저분해 보인다고 함부로 뿌리 부분을 잘라서는 안 된다. 식물 전체의 모양을 뿌리가 움켜쥐고 있기 때문에 자칫 뿌리를 제거하면 식물 전체가 와해될 가능성이 있다.

틸란드시아는 물을 주지 않는다?

그렇지 않다. 공중에 매달려 사는 식물이긴 하지만 빗물을 모아서 성장에 사용한다. 때문에 집 안에서 키울 때에도 물주기는 필요하다. 분무기로 물을 뿌려주어도 되지만, 싱크대나 욕실에서 샤워기로 물을 뿌려주거나 물통에 담가두었다 빼주는 등의 물주기가 정기적으로 필요하다.

1. 분무기로 뿌리기: 하루에 세 번 이상.

2. 흐르는 물에 씻어주기: 일주일에 한 번 이상.

3. 물속에 1~2시간 담가주기: 일주일에 한 번(일주일에 한 번보다 주기가 길어질 경우에는 5시간 정도로 물에 담가주는 시간을 늘린다).

틸란드시아 물주기 방법

틸란드시아는 꽃을 피우지 않는다?

틸란드시아도 꽃을 피운다. 게다가 아주 좋은 향기를 뿜는 종이 많기 때문에 꽃이 필 수 있도록 영양분을 공급해주는 것이 필요하다. 그러나 틸란드시아에서 피는 꽃을 보려면 충분히 기다려야 한다. 수년 후에 꽃을 피우는 경우도 있기 때문에 당분간 꽃이 피지 않는다고 조급해할 필요는 없다.

틸란드시아는 열대우림식물이다?

틸란드시아는 따뜻한 곳을 좋아하지만 고온다습한 열대우림이 아니라 산악 지역 나무에 매달려 사는 종이다. 때문에 생각보다 추위에 강하다. 멕시코, 아시아, 북아메리카, 남아메리카 등 건조한 지역이 자생지다.

틸란드시아 이름의 유래?

'*Tillandsia*'라는 이름은 자생지와는 달리 스웨덴의 식물학자 엘리아스 틸란드*Elias Tillands*에서 따왔다. 틸란드시아는 최근 많이 알려진 식물인 까닭에 식물 종이 많지 않을 거라고 생각할 수 있지만 의외로 전 세계에 무려 600여 종이 넘는 식물이 자생하고 있다.

틸란드시아 스트리카의 꽃

틸란드시아는 종에 따라 매우 다양한
색과 형태의 꽃을 피운다.

틸란드시아의 활용

· 틸란드시아는 밥그릇, 커피잔 등 용기에 담아 키울 수 있다.

· 다육식물이나 선인장을 키우는 화분의 흙에 얹어서 흙이 보이지
  않도록 풍성하게 키울 수 있다.

· 벽에 매달아서 키울 수 있다.

· 돌틈에 끼워서 키울 수 있다.

· 리스를 만들어 현관문에 걸어둘 수 있다.

· 유리병에 담아 테라리움을 만들 수 있다.

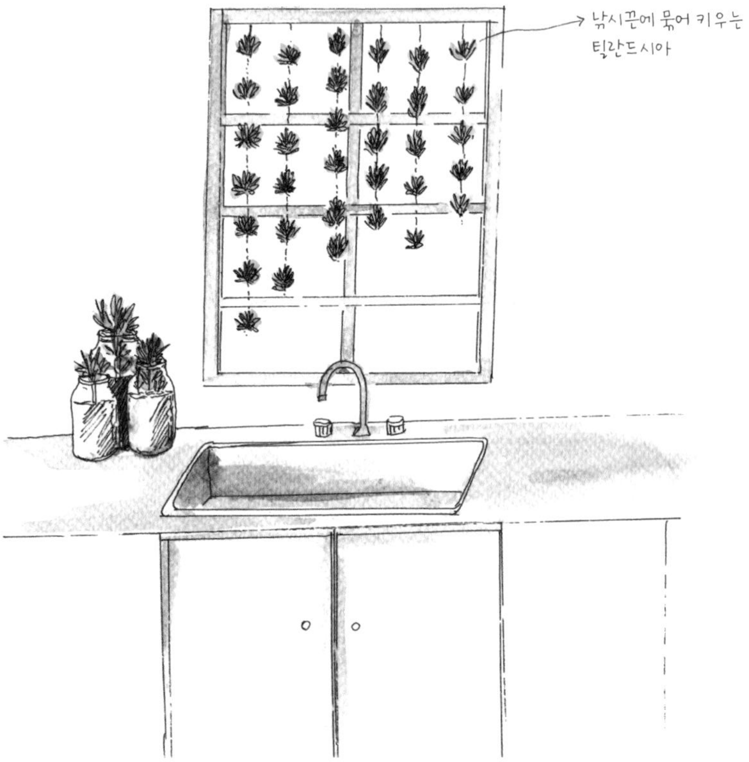

낚시끈에 묶어 키우는
틸란드시아

끈에 매달아 틸란드시아 키우기

흙에 뿌리를 두지 않고 공중에 매달려 공기 중 영양분과
수분을 흡수해 살아가는 식물들이 있다. 화분조차 둘 수
없는 공간이라면 끈에 매달은 에어플랜트를 키워보자.

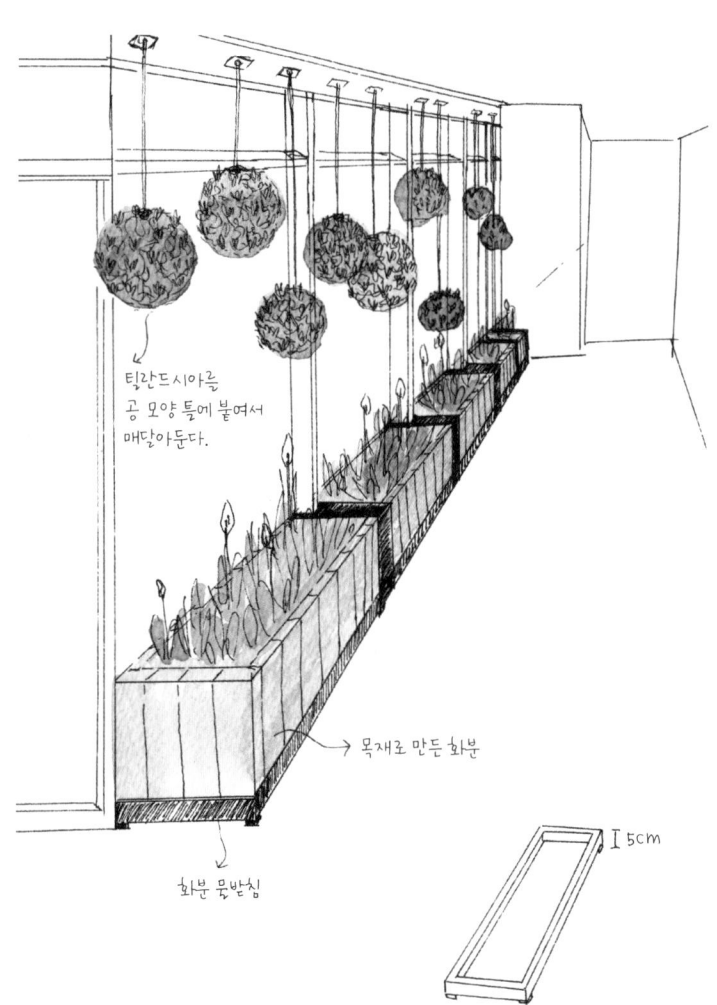

틸란드시아를
공 모양 틀에 붙여서
매달아둔다.

목재로 만든 화분

화분 물받침

5cm

사무실, 병원 복도 등에 활용할 수 있는 실내 정원 디자인 사례

열심히 살아가고 있음에 박수를!

7월은 우리나 식물이나 힘겨운 여름의 시작이다. 초봄 추운 바람 속에서, 때로는 꽃잎이 어는 치명적인 위협까지도 감수하고 꽃을 피워낸 식물들은 이제 열매를 맺어간다. 아직 작고 여린 열매는 가야 할 길이 멀다. 장마를 감당해야 하고, 태풍의 비바람과 맹렬한 땡볕더위까지도 이겨내야 한다. 잎은 만신창이가 되어 구멍 나고, 타 들어가고, 찢기지만 마지막 순간까지 포기하지 않는다. 그러니 여름 정원이 초록을 잃고 쇠퇴하는 것을 마냥 슬퍼할 일도 아니다. 식물의 마지막 열정, 열매가 곧 우리에게 또 다른 아름다움을 줄 것이기 때문이다. 식물의 삶은 숭고하다. 하지만 우리 역시도 식물만큼이나 열심히 살아가고 있음에 서로를 격려하고 위로할때다!

· 7월 절기 ·

소서: 장마가 시작되었거나 본격적인 더위가 시작된다. 양력 7월 7일(8일)
대서: 더위가 절정에 이른다. 식물들도 힘겨워진다. 양력 7월 22일(23일)

7월 정원 노트
Outdoor gardening notes

내년을 위한 씨앗 수확하기

7월은 정원에 꽃이 별로 없는 심심한 시기다. 일반적으로 봄꽃이 6월까지로 끝이 나고 이제 늦여름 꽃을 기다리는 시기이기 때문이다. 하지만 정원을 자세히 들여다보면 식물마다 바쁘고 힘들게 열매를 살찌우고 있다는 것을 곧 눈치 챌 수 있다. 특히 초봄에 꽃을 피운 1년생식물들은 저마다 각양각색의 씨를 맺고 있다. 매발톱의 씨는 건드리면 터질 것처럼 매달리고, 꽃양귀비, 매리골드 등도 씨가 가득하다. 매년 식물시장에서 꽃을 피운 식물을 사는 것도 즐거운 일이지만 내 집 정원의 식물로부터 씨를 받아 다시 싹을 틔우는 일은 정원 일의 즐거움 중 가장 큰 것이기도 하다. 작은 봉투를 마련해서 정원으로 나가보자. 씨를 수확하는 기쁨을 만끽할 수 있다.

———
색종이로 씨앗 봉투 만들기

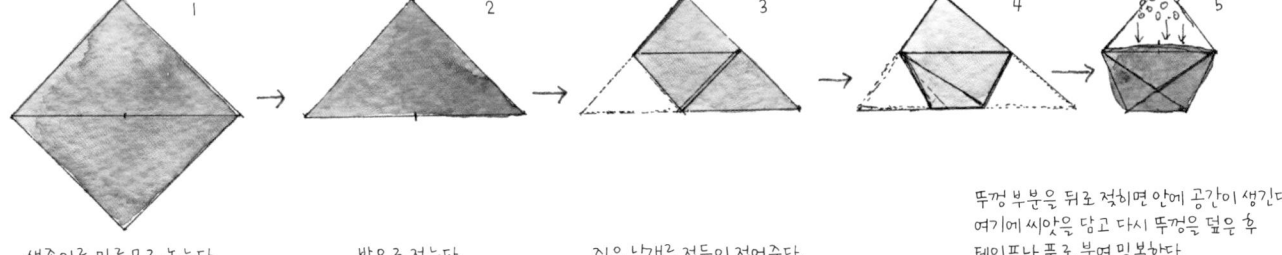

1 색종이를 마름모로 놓는다.

2 반으로 접는다.

3 좌우 날개를 접듯이 접어준다.

뚜껑 부분을 뒤로 젖히면 안에 공간이 생긴다. 여기에 씨앗을 담고 다시 뚜껑을 덮은 후 테이프나 풀로 붙여 밀봉한다.

씨앗 냉장고 보관하기

씨앗은 습기가 없는 건조한 상태, 빛이 들어가지 않는 조건에서 가장 장시간 보관이 된다. 이 상황에 가장 적합한 곳이 냉장고다. 씨앗 봉투에 씨앗을 담고 밀봉한 뒤 냉장고용 보관 용기에 담아서 저장해주면 다음해가 될 때까지 신선하게 씨앗을 보관할 수 있다.

냉장고 씨앗 보관 요령

냉장고 전용 반찬통에 씨앗을 보관하면 습기를 훨씬 더 잘 막을 수 있다. 이렇게 저장해둔 씨앗은 보통 다음해까지는 발아율이 높지만 해를 거듭할수록 현격히 떨어진다. 때문에 되도록 다음해 바로 사용하는 것이 좋다. 냉장고의 온도는 별도 조정 없이 다른 음식물 보관과 함께 사용하면 된다.

열매채소와 과일의 수확

6월 하순의 감자 수확을 시작으로 텃밭 정원은 이제 본격적인 열매채소 수확기로 접어든다. 봄에 2주 단위로 모종을 심었다면 수확도 어느 정도는 한꺼번에 몰리지 않고 안배가 되겠지만 그렇지 않다면 신속한 처리가 필요하다. 저장이 필요한 열매는 저장고에 보관하는 것이 좋고, 저장고에 미처 다 보관을 못하는 경우는 말려두었다 사용하는 것도 방법이다.

덩굴식물 등나무, 여름 가지치기

이제 꽃이 지고 열매를 맺고 있는 등나무는 지금이 여름 가지치기에 좋은 시기다. 등나무는 새롭게 자란 가지를 30센티미터만 남기고 잘라주고, 아주 오래된 가지를 잘라내서 새로 나온 가지가 더 뻗어갈 수 있도록 해준다. 우리나라의 경우 가지치기를 잘 해주지 않고 자연스럽게 키우기를 선호하기도 하는데, 이렇게 되면 등나무 가지들이 지나치게 서로 엉켜서 한쪽에만 몰려 있는 현상이 심해지고 꽃도 풍성해지지 않는다. 특히 퍼고라에 얹어서 키운다면 골고루 줄기가 퍼질 수 있도록 매년 규칙적으로 가지치기를 해주는 것이 좋다. 벽에 붙여 키울 때에는 줄을 잡고 그 줄에 가지를 붙잡아 매면서 키워준다. (1월, 〈가지치기의 다양한 방법들〉 참고)

수확을 앞둔 텃밭: 아름답고 기능적인 지지대 설치 필수

7월은 오이, 수세미, 호박 등의 덩굴채소 열매가 쏟아진다. 그러나 지지대 설치가 잘되어 있지 않으면 수확량이 줄기도 하고, 수확하는 과정도 힘들다. 지지대의 모양은 텃밭의 형태에 따라 다양하게 만들 수 있고, 높이는 손을 뻗칠 수 있는 2미터 미만이 적당하다.

여름 연못 관리하기

날이 더워지면서 연못의 관리가 점점 힘들어진다. 연못은 물 온도가 상승하면 급격하게 미생물의 양이 늘어나면서 물 자체가 오염되어 악취를 뿜거나 벌레들의 온상지가 되기 쉽다. 일단 연못의 미생물 수를 줄여주어야 하는데 천연 염색 재료로 연못의 물을 까맣게 염색시키는 것도 한 방법이다. 연못의 물이 검은색으로 어두워지면 유리창에 선팅한 것과 같은 효과가 생겨 물 자체가 시원해지고 햇빛 투과량이 적어지기 때문에 광합성도 줄어들어 물속 잡초들의 번식을 막는 효과가 생긴다. 미관상으로도 까맣게 물든 물에 하늘이 투영되기 때문에 좀 더 깨끗하고 아름다운 연못을 연출할 수 있다.

또한 식물의 잔재가 물속에 떨어지는 것을 막아야 한다. 우선 연못 근처에는 낙엽이 지는 큰 나무를 심지 않는 것이 좋다. 바람에 날려 연못에 낙엽이 떨어지면 썩게 되고 이는 물의 오염을 불러 연못을 망가뜨리는 원인이 된다. 그물망을 이용해 수시로 물 위나 물속에 잠겨 있는 식물의 잔재나 쓰레기 등을 제거하는 일을 잊지 말자.

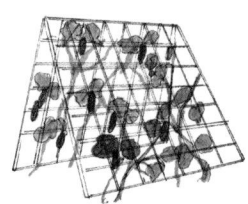

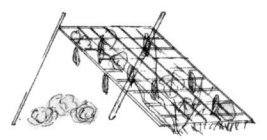

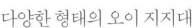
다양한 형태의 오이 지지대

물은 시원함을 선사하고, 소리를 만들어내고, 특별한 식물군을 구성하는 등 정원에서 없어서는 안 될 중요한 요소다. 동서양을 막론하고 정원의 시작이 물과 밀접한 관련이 있는 것도 이 때문이다. 그러나 우리나라와 같이 아열대의 여름, 장마, 호우와 함께 영하 20도를 넘나드는 한파를 동시에 지니고 있는 곳에서는 물의 관리에 많은 어려움이 따른다. 우리 조상들은 이런 한계를 극복하기 위해 가둬두는 물이 아니라 자연의 계류(계곡물)를 활용했다. 물을 연못으로 들어오게 하고, 다시 나가게 하는 자연 친화적인 방식으로 생태 연못보다 더 앞선 개념이라고 할 수 있다.

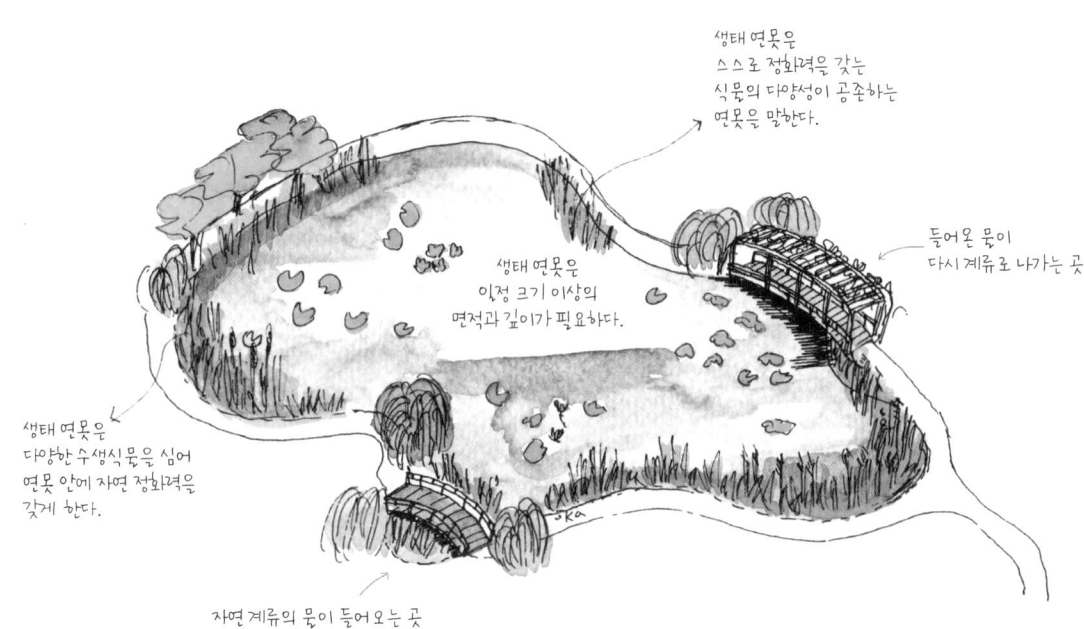

생태 연못은 스스로 정화력을 갖는 식물의 다양성이 공존하는 연못을 말한다.

들어온 물이 다시 계류로 나가는 곳

생태 연못은 일정 크기 이상의 면적과 깊이가 필요하다.

생태 연못은 다양한 수생식물을 심어 연못 안에 자연 정화력을 갖게 한다.

자연 계류의 물이 들어오는 곳

이탈리안 허브 가든 만들기

향기가 좋아 누구나 선호하지만 허브식물군으로 화단을 만드는 일은 생각만큼 쉽지 않다. 특히 이탈리아 요리에 많이 쓰인다고 해서 '이탈리안 허브'라고 알려진 바질, 오레가노, 세이지, 로즈마리, 라벤더, 딜, 펜넬 등은 우리나라 기후에는 잘 맞지 않아 키우기가 어렵다. 하지만 한철을 즐기겠다는 마음으로 눈높이를 낮춘다면 여름철 이탈리안 허브 가든은 큰 즐거움을 준다. 허브는 관상과 식용 모두에 좋은 다목적 식물이지만 매일 먹을 수 있는 채소처럼 많은 양을 키울 필요는 없다. 다양한 종류의 허브를 소량으로 개별 화분이나 작은 화단에 키워보자.

이탈리안 허브의 경우는 물을 매일 줘야 하지만 화분 속에 물이 계속 남아 있으면 뿌리가 쉽게 썩기 때문에 배수가 좋은 상토(화분용 거름)를 사용하는 것이 좋다. 또 펜넬이나 딜의 경우는 키가 커지기 때문에 지지대를 설치해서 꺾이지 않도록 관리해주는 것도 필요하다. 이미 어느 정도 키워놓은 모종을 사용해도 되지만, 지금 씨를 뿌려서 시작해도 늦지 않다.

허브 정원을 회양목으로 감싸는 이유

허브 정원의 경우, 유난히 회양목으로 틀을 만들어놓은 모습을 많이 목격하게 된다. 이유는 여러 가지 장점 때문이다.

· 단정한 연출이 가능하다.
· 회양목 틀이 일종의 지지대로서 잎이 연약하고 부드러운 허브식물을 보호한다.
· 회양목 틀이 그늘을 제공해 직사광선에 취약한 허브식물을 보호하고 거친 바람을 막아준다.
· 향기가 강한 허브식물의 향을 회양목 틀이 가둬주어 정원에 향기가 좀 더 오래 머문다.

허브는 대량으로 필요한 식물이 아니기 때문에, 허브 정원은 대규모로 조성하기보다는 가둬두는 형태로 작고 계획적으로 많은 종을 키울 수 있도록 디자인하는 것이 좋다.

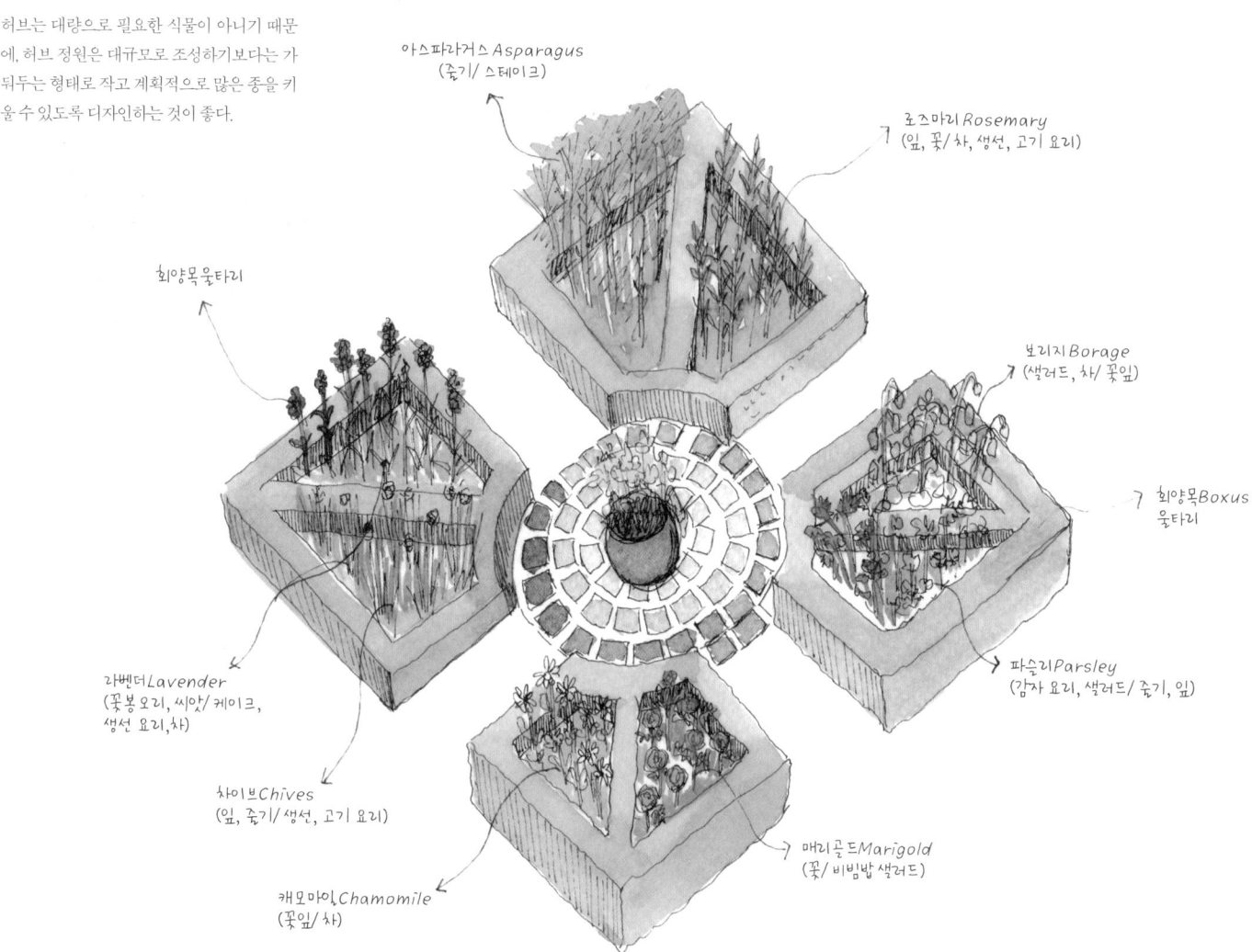

아스파라거스 Asparagus
(줄기/ 스테이크)

로즈마리 Rosemary
(잎, 꽃/ 차, 생선, 고기 요리)

보리지 Borage
(샐러드, 차/ 꽃잎)

회양목울타리

회양목 Boxus
울타리

파슬리 Parsley
(감자 요리, 샐러드/ 줄기, 잎)

라벤더 Lavender
(꽃봉오리, 씨앗/ 케이크,
생선 요리, 차)

매리골드 Marigold
(꽃/ 비빔밥 샐러드)

차이브 Chives
(잎, 줄기/ 생선, 고기 요리)

캐모마일 Chamomile
(꽃잎/ 차)

캐모마일(꽃)
Chamomile spp.

· 꽃을 그대로 끓는 물에 넣어 우려내 차로 마시거나 말린 꽃잎을 사용한다.
· 국화과 식물로 '캐모마일'로 불리는 좋은 로만 캐모마일과 독일 캐모마일 두 가지다.
· 로만 캐모마일은 다년생인 반면에 독일 캐모마일은 1년생 초본식물이다.
· 좋은 다르지만 둘 다 차로 마셨을 때 통증을 완화시키고 잠을 잘 들게 하는 비슷한 효과가 있는 것으로 밝혀졌다.

레몬밤(잎)
Lemon balm spp.

· 민트과의 식물이지만 유난히 레몬 향기가 강해 '레몬밤'으로 불린다.
· 잎을 신선한 상태로 뜨거운 물에 우려내 차로 마시거나 말려서 사용한다.
· 화분에 심어 베란다나 실내에서 키우는 것이 가능하다. 그러나 실내의 경우는 해를 넘기며 지속적으로 성장하는 데는 한계가 있어 바깥 공기를 정기적으로 쐬어주는 일이 필요하다.
· 레몬밤 잎과 함께 진짜 레몬을 넣어주면 더욱 진한 향의 레몬 차를 만들 수 있다.

민트(잎)
Mint spp.

· 페퍼민트, 스피어민트, 애플민트 등 민트 종류의 잎은 모두 생으로나 말린 상태로 차를 우려낼 수 있다.
· 여름철 잎이 무성해지면 바짝 잘라 깨끗이 씻어 말린다. 말릴 때 햇빛을 받으면 민트 잎의 오일 성분이 분해되어 사라지기 때문에 반드시 직사광선이 없는 그늘에서 말려야 한다.
· 성장속도가 워낙 빠르고 번식력이 강하기 때문에 정원에 심을 때는 개별 화분을 땅속에 묻어서 화분 밖으로 번지지 않도록 하는 것이 좋다.

라벤더(꽃, 씨앗)

Lavandula spp.

· 신선한 꽃을 따서 뜨거운 물에 우리거나 꽃을 말려 사용할 수 있다.
· 잎에서도 향이 나지만 특히 꽃과 씨앗에서 특유의 향기를 내뿜는다.
· 말린 씨앗을 면이나 마로 만든 주머니에 담아두면 방향제가 된다. 차 안이나 책상 앞에 놓아주면 정신을 맑게 해주는 효과가 있다.
· 말린 씨앗은 케이크나 쿠키를 만드는 데도 사용할 수 있어 요긴하게 쓰인다.

타임(잎, 꽃)

Thyme spp.

· 잎과 꽃을 모두 차로 우려내 마실 수 있다.
· 잎이 작은 데다 말렸을 경우 더욱 줄어들기 때문에 면이나 마로 만들어진 주머니에 담아 차로 우려내는 것이 좋다.
· 가정에서는 생선이나 육류 요리를 할 때 냄새를 제거하는 용도로도 많이 쓰인다.

재스민(꽃)

Jasmine spp.

· 꽃을 차로 마실 수 있다. 신선한 상태의 꽃을 그대로 차로 우려내거나 말려서 사용하기도 한다.
· 꽃을 피우면 특유의 달콤한 향기를 내뿜는데, 차로 마셨을 때 이 특유의 향을 깊게 음미할 수 있다.
· 열대성식물로 추위에 약해 우리나라 겨울 추위를 견디기 힘들다.
· 온도와 습도가 높은 온실(비닐하우스)과 같은 환경을 좋아한다. 실내에서 키운다면 최대한 습도를 보강할 수 있도록 분무기 등으로 잎을 적셔주는 것이 좋다.

허브차
허브식물의 꽃과 잎을 그대로 끓인 물에 담아 차로 마신다.

허브 꿀
꿀에 허브식물의 잎을 넣어주면 향기가 더욱 진해진다.

허브 얼음
신선한 허브 잎에 물을 부어 얼려두었다.
요리에 쓸 때 그대로 녹이면 된다.

허브 소금
허브식물의 잎과 소금을 함께 넣고 빻아주거나
그대로 보관해두면 소금에 허브 향이 밴다.

허브 오일(식용유)
일반 식용유에 허브식물의 잎과 꽃을 그대로 넣어두면
향기가 진한 기름이 된다.
허브는 꺼내지 않고 기름을 다 쓸 때까지
넣어둔 채로 사용하면 된다.

허브 버터
기존 버터를 상온에서 녹인 후
허브식물의 잎을 잘게 썰어 넣은 뒤 섞어준다.
그리고 다시 차갑게 굳게 두면 허브 버터가 만들어진다.

민트, 레몬밤, 타임, 로즈마리, 라벤더 등 지중해 지역 자생의 허브식물은 화분에서도 잘 자란다. 화분에서 자라는 식물의 줄기, 잎, 꽃대를 잘라 말려두면 차와 요리에 활용할 수 있다. 허브 말리기는 직사광선을 피할 수 있고 바람이 잘 통하는 헛간이 가장 좋다. 그러나 헛간이나 정자 등의 공간이 없다면 실내에서도 충분히 말리기가 가능하다. 아파트 베란다라면 북향이 좋다. 가능한 직사광선이 들지 않는 베란다에 오래된 사다리를 놓아두고 거기에 널어 말리거나, 천장에 매달려 있는 빨래 건조대를 이용할 수도 있다. 자른 줄기나 꽃대는 물에 씻어주고, 끈으로 묶어 매달아두면 일주일 이내로 바짝 마른다. 마른 허브는 손으로 만지면 부서지는데 그 상태로 유리병에 담아 보관해두고 필요할 때마다 꺼내서 사용하면 된다.

찬장에 걸어 말리기

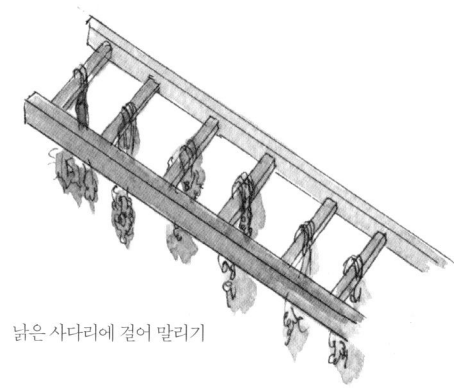

낡은 사다리에 걸어 말리기

빨랫줄에 걸어 말리기

———
허브는 신선한 상태로 막 따서 잎과 꽃을 음식 재료나 향신료, 차로 사용하지만 주로는 말려서 저장한 뒤에 사용한다. 특히 실내에서 말릴 때에는 허브 향기가 방향제 역할까지도 해주어 일석이조의 효과를 볼 수 있다.

감자 수확을 한여름에 하지 않는 이유

감자는 원산지가 안데스 산기슭으로 산악 지형을 좋아한다. 그래서 척박한 환경은 잘 견디지만 땅이 뜨거워지는 것은 싫어한다. 때문에 초봄에 심어서 땅의 온도가 영상 27도가 되기 전, 7월에는 수확을 하는 것이 좋다.

여름 꽃, 꽃대 자르기는 계속

장미가 대표적인데, 여름에 꽃을 피우는 대부분의 다년생 관목과 초본(딱딱한 줄기가 아니라 부드러운 줄기로 되어 있는) 식물들은 꽃이 진 뒤, 꽃대를 잘라주면 그 밑의 다른 꽃봉오리에서 다시 꽃을 피운다. 이는 식물이 씨를 맺는 데 쓰는 에너지를 다음번 꽃을 피우는 일로 돌려주는 것이다. 부지런히 꽃대를 자르며 돌봐주면 훨씬 더 오랫동안 꽃을 감상할 수 있다.

가뭄에 강한 식물로 구성하는 자갈 정원 만들기

1. 기존 진흙을 걷어내고
모래 혹은 마사토를 보강한다.

2. 잡초 억제를 위한 두꺼운 부직포를 깔고
3. 식물 심을 자리를 가위로 오려 심어준다.

땅에 맞는 초본식물 고르기

정원은 각각의 지역에 따라 흙의 상태가 다르다. 여기에 따라 잘 자라는 식물도 달라지게 된다. 이왕이면 흙에 적합한 식물을 심어 화단에서 자라는 식물들이 좀 더 건강할 수 있게 만들어주는 노력이 필요하다.

건조한 흙에서도 잘 자라는 초본식물

· 1년생: 수레국화, 해바라기, 각시꽃

· 다년생: 수레국화, 달맞이꽃, 아스터, 유가

촉촉한 흙에서 잘 자라는 초본식물

· 1년생: 베고니아, 물망초, 봉선화, 필록스

· 다년생: 은방울꽃, 물망초, 붓꽃, 금매화

오랫동안 방치되어 영양분이 적은 척박한 흙에서도 잘 자라는 초본식물

· 1년생: 각시꽃, 매리골드, 한련화, 백일홍

· 다년생: 붓꽃, 수레국화, 패랭이꽃, 할미꽃

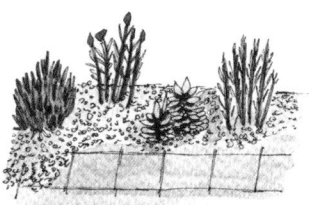

*자갈 정원에는 반드시
가뭄에 강한 식물을 심어야 한다.

4. 자갈로 표면을 10cm 정도 덮어준다.

오랜 시간 꽃을 피워주는 식물들

자연 상태에서 식물은 보통 하루에서 열흘 정도까지 꽃을 피운다. 그사이 수분이 이뤄지고 바로 씨앗이 맺힌다. 이런 짧은 시간 동안만 꽃을 볼 수 있기에 사람들은 더 오랫동안 꽃이 피어 있는 식물을 정원용으로 많이 선호한다. 야생화도 있지만 인간에 의해 좀 더 긴 시간 꽃을 피우도록 재배된 식물 중에는 근 한 달 넘게 꽃이 피어 있는 식물들이 꽤 있다.

· 알리슘
· 국화
· 패랭이꽃
· 팬지
· 톱풀
· 수레국화
· 베로니카
· 아스터
· 샤스타 데이지
· 달맞이꽃
· 달피니움
· 헬레니움
· 무궁화
· 부용꽃
· 접시꽃

바닷가를 선호하는 식물들

바닷가 근처 환경은 육지와는 사뭇 다르다. 불어오는 바람에도 소금기가 있기 때문에 식물의 성장에도 큰 영향을 미치고, 일부 식물은 살아남기 어렵다. 하지만 바닷가를 선호하는 식물들도 있다. 거친 바람과 강렬한 여름 햇살, 때때로 밀어닥치는 짠물의 영향에도 끄떡없이 잘 자라는 식물들을 이용하면 색다른 바닷가 정원을 연출할 수 있다.

· 갯배추*Crambe maritime* (식용 채소)
· 해변 장구채*Silene uniflora*
· 펜넬*Fennel*
· 에치움*Echium vulgare* (허브, 식용, 파란색 꽃을 피운다)
· 장미*Rosa rugosa* (바닷가에서 잘 자라는 종으로 우리나라에서는 해당화로 불린다)
· 라바테라*Lavatera* (무궁화 꽃을 닮은 식물)
· 산톨리나*Santolina* (은초록의 잎과 작은 공 모양의 노란 꽃이 핀다. 잎의 모양과 형태가 라벤더와 비슷해 '코튼 라벤더'라고도 불린다)
· 캘리포니안 퍼피*Eschscholzia californica* (씨앗 발아가 잘된다. 다년생이나 자라는 환경에 따라 1년생으로 끝나기도 한다. 주황색의 화려한 꽃을 피운다)
· 그 외에도 큰 나무로는 해송이나 곰솔로도 불리는 소나무 종류 *Pinus thunbergii*와 꽝꽝나무*Ilex vomitoria*가 있고, 따뜻한 남쪽에서는 야자수의 대부분이 가능하다.

7월의
정원을 빛내는
식물들
Plants of July

애기범부채 *Crocosmia spp.*

· 다년생 초본식물
· 자생지가 아프리카, 수단, 마다카스카 등의 사막형 산악기후 지역이다.
· 정원에 많이 심는 재배종은 야생 크로커스 두 종을 접목시킨 것으로 프랑스의 식물학자 줄스 에일 플랑송에 의해 1851년에 개발된 종이다.
· 대롱대롱 매달리는 빨간 꽃이 초록의 잎을 배경으로 피어나 보색 대비를 이루며 정원을 강렬하게 장식한다.
· 여름 화단의 대표적인 식물로 사랑받고 있다.

백합 *Lilium spp.*

· 다년생 초본식물
· '여름 꽃의 여왕'으로 불린다.
· 크고 화려한 꽃을 피우는데 흰색, 연분홍색, 노란색 등의 다양한 재배종이 있다.
· 꽃을 피우게 되면 특유의 달콤한 향기가 온 정원에 가득해진다.
· 가뭄에는 강하지만 축축한 땅에서는 잘 견디지 못한다.
· 따뜻한 기온에서 잘 자라기 때문에 우리나라 겨울 추위에서는 뿌리를 캐내 따뜻한 곳에서 보관해야 한다.

접시꽃 *Alcea spp.*

· 2년생 혹은 다년생 초본식물
· 1미터에 이르는 큰 키로 자란다.
· 척박한 토양에서 잘 자라서 담장 밑에 심을 수 있다.
· 충분한 햇볕을 좋아한다.
· 벌과 나비가 특별히 좋아하는 꽃을 피워 정원을 더욱 풍성하게 만들어 준다.

루드베키아_Rudbeckia spp._

· 대부분이 다년생이나 1년생의 재배
  종도 있다.
· 초본식물로 키가 30~50센티미터로
  자라 화단의 중간 키 역할을 해준다.
· 진하고 선명한 노란색의 꽃을 피워
  화단을 화려하게 장식한다.
· 꽃이 지고 난 후에는 꽃대를 잘라줘
  야 다음 꽃이 피어난다.

에키네시아_Echinacea spp._

· 다년생 초본식물
· 북아메리카 온대성기후 지역이 자
  생지로 우리나라 전반에서도 잘 자
  란다.
· 분홍색, 흰색, 연두색 등의 다양한
  색상의 꽃을 피운다.
· 가장 오랫동안 정원에서 꽃을 피우
  는 식물로 화단을 화려하게 유지하
  는 데 큰 역할을 한다.
· 특별한 관리 없이도 잘 자란다.
· 꽃이 지고 난 후에는 꽃대를 잘라줘
  야 다음 꽃이 피어난다.

톱풀 _Achillea spp._

· 다년생 초본식물
· 특별한 토양을 가리지 않고 잘 자라
  지만 축축한 땅을 좋아하지 않는다.
· 충분한 햇볕을 좋아한다.
· 씨앗 번식을 잘한다.
· 4~5년에 한 번씩 뿌리 나누기를 통
  해좀 더 건강하게 키울 수 있다.

동서양 정원사들에게
전해 내려오는
오래된 정원 지혜

콩의 처음 꽃대를 자르는 이유?

콩과의 식물은 꽃이 핀 직후 윗부분을 따주거나 잘라주는 것이 좋다. 꽃이 지고 난 후부터 콩은 진딧물로 뒤덮이게 된다. 치명적인 진딧물의 공격을 피하기 위해 꽃이 진 콩의 윗부분을 과감하게 잘라준다. 시간이 흐르면 잘려나간 부위 밑에서 새순이 올라와 다시 꽃을 피우고 열매를 맺게 된다. 더불어 키를 키우지 않고 작지만 풍성하게 자라 더 많은 콩 수확량을 확보할 수 있다.

천연 감자 냉장고 만들기

7월 감자 수확기가 되면 한꺼번에 쏟아지는 감자를 보관하는 것도 일이다. 진흙과 지푸라기를 이용한 천연 냉장고 만들기에 도전해보자.

· 바닥에 나무나 플라스틱 팔레트 판을 놓는다.
· 지푸라기를 10센티미터 정도 깔아준다.
· 감자를 무너지지 않을 만큼 쌓는다.

· 감자 위를 지푸라기를 이용해 다시 10센티미터 두께로 덮어준다.
· 그 위를 진흙으로 두텁게(10센티미터 이상)으로 덮어준다.
· 한 번 개봉하면 보관이 어렵기 때문에 이런 작은 둔덕을 여러 개 만들어 필요할 때마다 진흙을 파헤쳐 감자를 꺼낸다.

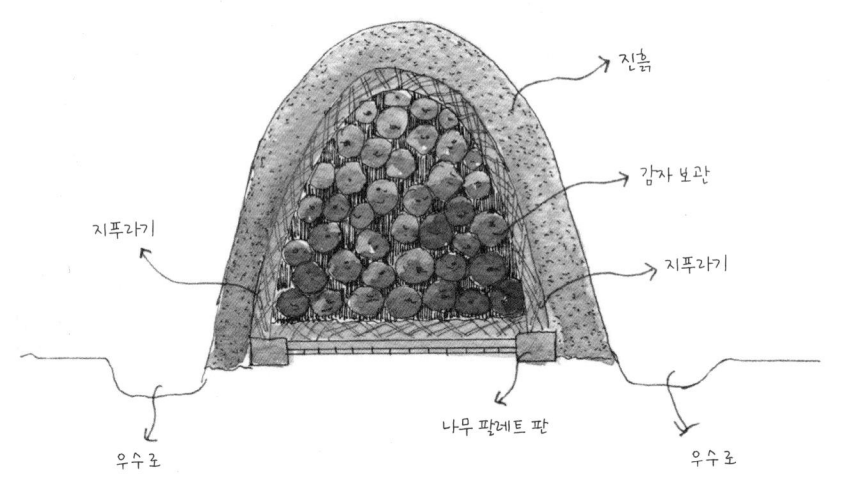

천연 감자 보관 냉장고 만들기

진흙

감자 보관

지푸라기

지푸라기

나무 팔레트 판

우수로

우수로

베고니아가 우리나라에서 잘 자라는 까닭은?

여름 꽃으로 우리나라에서 많이 심기는 베고니아*Begonia*가 있다. 열대 지방 볼리비아가 자생지인 베고니아가 우리나라에서 잘 자라는 것이 좀 특이하다고 생각할지도 모른다. 하지만 베고니아의 국토 대부분이 산악 지형인 점을 감안해야 한다. 우리나라의 백두산 높이 가까운 해발 4,500미터에서도 이 베고니아가 자생한다. 바로 이런 이유 때문에 국토의 대부분이 구릉성 산악기후를 지니고 있는 우리나라에서도 잘 자라준다.

초본식물 화단을 작게 만들어야 하는 이유?

초본식물 화단은 조성 직후에는 풍성하지만 시간이 흐를수록 화단의 식물이 나이를 먹어가고, 때로는 바이러스와 박테리아 등의 질병에 시달리면서 세력이 약해진다. 때문에 최소한 4~5년에 한 번은 화단의 흙을 뒤집어 식물을 캐내고, 캐낸 식물들을 다시 모으고, 새로운 식물을 추가하여, 화단을 개선하는 일이 필요하다. 화단의 크기가 크다면 이런 일을 손쉽게 하기가 어렵고 관리에도 어려움이 생긴다. 때문에 초본식물 화단의 크기는 되도록 작게 조성하는 것이 좋다. 대신 다양한 초본식물을 이용해 화려하게 구성하는 요령이 필요하다.

장미에 산성을 보충하는 방법?

장미는 페하농도가 살짝 낮은 편을 좋아한다. 알칼리성이 아니라 산성을 좋아하기 때문에 여름 꽃을 피우는 시기에 장미나무 아랫부분 흙 위에 쓰고 남은 찻잎을 덮어주거나 산성을 띠고 있는 솔잎, 잣나무 잎 등을 덮어주면 더욱 풍성하게 꽃을 피운다.

장미에 흑반점 병이 나타났을 때 응급처치?

장미는 유난히 병충해를 많이 입는 식물이다. 특히 잎에 거뭇하게 점처럼 번지는 흑반점*black spot*은 결국 잎을 떨어뜨려 꽃을 피우는 데 어려움을 준다. 만약 흑반점이 생기기 시작했다면 바로 응급처치에 들어가야 한다.

· 1티스푼의 베이킹소다
· 1티스푼의 식물성 식용유
· 1티스푼의 주방세제 혹은 비눗물

이것을 3.6리터(1.8리터 페트병 2병 정도의 물)에 희석하여 장미나무 전체에 일주일에 한 번씩 증상이 사라질 때까지 뿌려준다.

클로버는 잡초일까? 유용한 식물일까?

잔디에 클로버가 번지는 것을 좋아하는 사람은 많지 않다. 잔디의 깨끗함을 방해하기 때문이다. 그러나 클로버는 벌과 나비가 가장 좋아하는 즙을 만들어내는 식물이고, 곡물과 함께 심어두면 흙에 질소를 저장시켜 영양분을 공급해주고, 단단해진 흙에서도 뿌리를 잘 내려 흙을 향상시켜주는 역할을 한다.

손바닥 가드닝 노트

Indoor gardening notes

베란다 정원의 병충해 확인하기

손바닥만 한 내 집 베란다 정원에까지도 어김없이 병충해가 파고 든다. 잎이 누렇게 변색되거나 검은 반점이 생기는 등 이상 증세가 생긴다면 균에 의해 식물이 힘들어하고 있다는 증표다. 정확하게 병명을 찾아 치료제를 써주면 좋겠지만 이 역시도 경험이 많은 전문가가 아니라면 증상을 파악하는 것도 어렵다. 이럴 때는 원예 자재를 파는 곳에서 살균제라고 쓰여 있는 일종의 소독약을 사서 잎과 뿌리에 뿌려주는 것이 효과가 있다. 그런데 이보다 전에 대부분 균이나 병충해가 서식하는 장소가 습하면서 부패가 심한 곳이라는 것을 잊지 말자. 흔히 떨어진 나뭇잎을 화분 위나 나무뿌리 위에 올려두면 거름이 될 것이라고 생각하는데 실제로 과정 자체는 그렇지만 나뭇잎이 섞이면서 그 안에 균도 같이 서식하기 때문에 병충해를 부르는 큰 원인이 된다. 떨어진 나뭇잎은 별도로 모아 삭혀서 거름을 만든 뒤 식물에게 다시 써야 안전하다.

잊고 있던 식물 물주기: 동백, 진달래, 철쭉

동백, 진달래, 철쭉, 수국 등은 초봄에 꽃을 피워내 장관이었지만 이제는 우리 관심에서 조금 멀어져 있을지도 모른다. 그러나 한여름에도 잎은 꾸준히 광합성 작용을 하며 내년을 준비하고 있다. 이때 자칫 물주기를 멈춰 나무가 메마르게 되면 다음해 더 이상 탐스러운 꽃을 피워내지 못한다. 여름 더위가 심해지면 화분 속의 식물은 특히 매우 건조해지기 때문에 관심에서 멀어진 식물이라 할지라도 내년을 위해 정기적인 물주기를 잊지 말아야 한다.

화분에 멀칭하기, 영양분 공급하기

화분에서 자라는 식물은 땅속에 뿌리내리는 식물보다 늘 영양분과 물 부족에 시달린다. 여름철에는 다른 계절보다 물주는 횟수와 양이 늘어나야 하고 흙이 조금 더 수분을 머금고 있도록 두텁게 배양토나 나무껍질 등을 올려 멀칭해주는 것이 좋다. 또 화분의 흙만으로는 영양분 공급이 턱없이 부족하기 때문에, 가을이 올 때까지 한 달에 한 번 정도 물에 타서 주는 영양분을 식물에게 공급하는 것이 큰 도움이 된다.

화분 정원 연출 아이디어

화분만으로 꾸미는 정원도 얼마든지 아름답다. 단 지나치게 다양한 화분의 형태, 재질을 사용하게 되면 디자인적 통일감이 생기지 않아 어지러워진다. 화분의 통일 외에도 식물 자체도 허브식물, 다육식물, 관엽식물 등으로 생긴 형태나 자생지 등으로 그룹을 묶어 통일감 있게 심어주면 훨씬 더 큰 관상 효과를 볼 수 있다.

드라세나

Dracaena sanderiana

· '행운목'이라고도 불린다.
· 더디게 성장하기 때문에 화분갈
  이 속도도 그만큼 느려 관리가
  쉽다.
· 줄기를 잘라 물속에 두어도 다시
  뿌리가 재생될 정도로 강한 식물
  이다.
· 햇빛을 좋아하기 때문에 창가에
  서 기르기 적합하다.

크라슐라 오바타

Crassula ovata

· 사막기후 지역을 자생지로 둔 식
  물로 두꺼운 잎 속에 물을 저장
  하고 있다.
· 물주기는 한두 달에 한 번씩이면
  충분하다.
· 햇볕을 좋아하기 때문에 남향 창
  가가 적합하다.
· 굵은 줄기에 잎이 맺히는 형태 때
  문에 마치 나무를 미니어처로 축
  소해놓은 듯한 분재 효과가 난다.

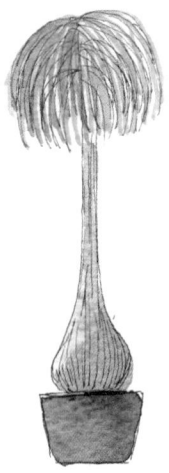

포니테일 야자수

Beaucarnea recurvate

· 아랫부분 줄기에 물과 영양분을
  저장한다.
· 다육식물과 비슷하게 햇볕을 좋
  아하고 흙이 젖어 있는 것을 좋
  아하지 않는다.
· 물은 한 달에 한 번 정도 충분히
  주는 정도가 적당하다.

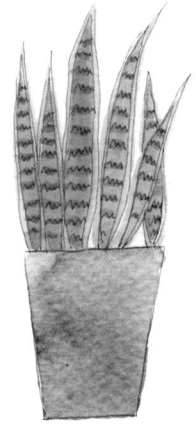

산세베리아

Sansevieria

· 다육식물의 일종으로 사막기후
  를 좋아한다.
· 축축한 환경을 싫어하고 충분한
  햇살을 좋아한다. 남쪽으로 향한
  창가에서 기르기 적합하다.
· 물주기는 화분 속의 흙이 완전히
  말랐을 때 한 번씩 충분히 주는
  것이 좋다.

자미오쿨카스 자미폴리아

zamioculcas zamiifolia

· '금전수'로도 불린다.
· 동부아프리카가 자생지다.
· 최근 실내식물로 수입되고 있는 품종으로 관리가 매우 수월하다.
· 초록색 외에도 검은색 잎을 지닌 재배종도 있다.
· 햇빛을 많이 받지 않아도 잘 자라고, 줄기를 꺾어 물속에 넣어 두면 뿌리가 다시 날 정도로 생존력이 뛰어나다.
· 검은색 잎을 지닌 재배종의 경우는 햇볕 양이 충분하지 않으면 다시 초록으로 변한다.

접란

Chlorophytum

· '목욕탕 식물'이라고 불릴 정도로 습기가 있는 환경을 좋아한다. '클로로피툼' 혹은 '스파이더 식물'로도 불린다.
· 초보자가 도전해도 될 정도로 관리가 쉽다.
· 물은 한 번에 충분히 주고 화분 속의 흙이 완전히 마르길 기다려 다시 주는 방식이 좋다.
· 햇빛에 상관없이 실내 환경 어느 곳에서나 잘 적응한다.

셰플레라 악티노필라

Schefflera actinophylla

· '홍콩 야자'로도 불린다.
· 열대우림 지역이 자생지다.
· 직사광선을 피하되 밝은 빛이 들어오는 환경을 좋아한다.
· 따뜻하고 습기가 많은 환경에서 잘 자란다.
· 만약 공기가 차갑다면 따뜻한 방바닥 온기가 느껴지도록 화분을 바닥에 두고 키우는 것도 좋다.

알로에

Aloe spp.

· 대표적인 다육식물로 햇볕을 좋아한다.
· 커다란 줄기에 비해 뿌리 발달이 미약하다. 3주에 한 번씩 물을 주는데 이때 뿌리가 좀 더 깊게 뻗을 수 있도록 충분히 물을 준다(물을 얕게 주면 뿌리가 깊게 내려가지 않고 지면 부근에 머문다).
· 어느 정도의 추위는 견디지만 우리나라 겨울 추위는 위험하다. 겨울에는 햇빛이 잘 들어오는 실내로 옮겨주는 것이 좋다.

떡갈잎 고무나무

Ficus lyrata

· '피델리프 고무나무*Fiddleleaf fig*'로 도 불린다.
· 그늘에서 잘 자라지만 지나치게 어두우면 잎이 떨어진다.
· 키가 크고 잎이 넓어 실내 정원을 풍성하게 만들어준다.
· 흙이 마르지 않도록 충분한 물주기가 필요하다.
· 키가 너무 크게 자라지 않도록 정기적인 가지치기를 해야 한다. 보통은 원하는 크기로 키를 낮추면 다시 새 잎이 돋아난다.

고무나무

Ficus elastic

· 매우 크게 자랄 수 있는 나무이기 때문에 실내에서 키울 때에는 적당한 키에서 가지치기를 정기적으로 해주는 것이 좋다.
· 크고 진한 초록의 잎으로 실내식물로는 가장 많이 사용된다.
· 흙이 마르지 않을 정도로 물을 주는 것이 좋다.
· 줄기에 상처를 입으면 흰색의 수액이 나오는데 만지면 가려움증을 일으킬 수 있으니 주의해야 한다.

아이비

Hedera helix

· '잉글리시 아이비'로 흔히 불린다.
· 덩굴로 줄기가 길게 자란다.
· 줄기를 잘라서 다시 원예상토나 물속에 넣어주면 뿌리가 나온다.
· 늘어지는 효과를 내는 곳에 화분을 놓아주는 것이 좋다.
· 잎이 단순히 초록색인 것은 물론 흰색의 줄무늬가 들어 있거나 잎의 모양이 쭈글거리는 등의 다양한 재배종이 있어 선택의 폭이 넓다.

호야

Hoya carnosa

· '왁스플랜트'로도 불린다.
· 열대기후 지역에서 자생한다.
· 흰색이나 노란색 꽃을 피운다.
· 일단 꽃을 피우면 향기가 진해서 방향제 역할을 충분히 해준다.
· 실내 공간에서 매우 잘 자라서 초보자도 충분히 도전해볼 만하다.
· 물은 화분의 흙이 완전히 마르면 한 번씩 충분히 주는 것이 좋다.
· 덩굴성이기 때문에 지지대가 필요하다.

트라데스칸티아

Tradescantia zebrine

· 열대 지역이 자생지다.
· 흙이 흥건하게 젖어 있는 것은 싫어하지만 습기를 좋아한다.
· 물주기는 흙이 마르면 한 번씩 충분히 주는 것으로 족하지만 그사이 분무기를 통해 잎에 물을 뿜어주면 성장에 도움을 준다.
· 실내 환경 어떤 곳에서도 잘 자라 초보자에게도 적합하다.
· 연한 보라색이나 흰 줄무늬 등 다양한 재배종이 있다.

아글라오네마

Aglaonema commutatum

· 그늘에서 잘 자란다.
· 잎의 문양과 색깔이 독특해 화분 하나로도 충분히 장식 효과가 있다.
· 공기 중의 습기를 좋아하기 때문에 잎과 흙이 마르지 않도록 물을 주는 것이 좋다.

필로덴드론

Philodendron hederaceum var. oxycardium

· '옥시카르디움'으로도 불린다.
· 그늘에서도 잘 자란다.
· 덩굴로 자라기 때문에 높은 곳에 올려서 밑으로 줄기가 내려오도록 키우는 방식이 좋다.
· 줄기를 잘라 물속에 담그면 다시 뿌리가 날 정도로 생존력이 강하다.
· 실내 환경에서 가장 잘 자라는 식물 중 하나로 초보자에게도 적합하다.

아라우카리아

Araucaria heterophylla

· '노포크 소나무'로도 불린다. 자생지가 호주와 뉴질랜드 인근의 노포크 아일랜드이기 때문이다.
· 상록침엽수로 실내 환경의 아름다운 연출을 도와준다.
· 충분한 양의 햇빛과 습도를 좋아한다. 마르거나 건조하면 식물의 아래부터 잎과 줄기가 누렇게 변하며 떨어져내리는 증상이 나타난다. 화분의 흙이 마르지 않게 물주기를 잊지 말고 건조한 실내에서는 분무기 등을 이용해 잎에 습기를 주는 것도 좋다.

포토스

Pothos

· 열대우림식물로 줄기가 늘어지
며 자란다.
· 지지대를 세우거나 높은 곳에 올
려서 늘어뜨려 기르는 것이 좋다.
· 영양분에 상관없이 잘 자라고 빛
에도 민감하지 않다. 그러나 잎
에 줄무늬나 색상을 지닌 재배종
의 경우는 햇빛을 많이 받지 못
하면 초록의 잎으로 변화된다.
· 습기가 많은 화장실에서도 잘 자
란다.

스파티필룸

Spathiphyllum spp.

· 'peace lily(피스릴리)'로도 불린다.
· 공기 정화력이 매우 뛰어난 식물
로 알려져 있다.
· 뿌리의 흙을 털어내고 물속에서
키워도 될 정도로 생존력이 뛰어
나다. 그러나 3~4년 화분에서 컸
다면 새로운 상토를 이용한 분갈
이가 필요하다.

브로멜리아

Bromelia spp.

· 라틴아메리가, 인도가 자생지다.
· 이름은 스웨덴의 의사 겸 식물학
자 올로프 브로멜리우스에서 따
왔다.
· 잎이 마치 장미 꽃잎처럼 포개져
자라고 여기에 빗물을 모아 수분
공급을 한다.
· 가뭄에 강하고 그늘에서도 잘 성
장한다.

대나무야자

Chamaedorea seifrizii

· 관리가 매우 쉬운 실내식물 중 하
나다.
· 빠르게 자라는 식물이 아니어서
분갈이를 적게 할 수 있다.
· 그늘에서도 잘 자란다.
· 물주기는 한 번에 충분히 주고 화
분 속 흙이 마를 때까지 기다렸다
다시 충분히 주는 방식이 좋다.

작은 유리병으로 만드는 테라리움

· 어떤 크기의 유리병이라도 상관없다. 식물을 넣을 수 있는 정도
  의 유리병을 준비한다.

· 바닥에 배수층이 될 수 있도록 잔돌이나 자갈을 깔아준다.

· 정원용 흙을 얇게 넣어준 뒤, 식물(이끼, 고사리, 다육, 난과 식물 가
  능)을 심고 좀 더 흙을 보강해준다.

· 배수층이 형성되어 있어서 물은 자주 줄 필요가 없다. 유리병 속
  의 상황을 점검하며 1~2주에 한 번씩 물을 주자.

병뚜껑을 닫아두어도
병 안에서 식물 스스로
호흡이가능하다.

식충식물 혹은
실내에서 생존 가능한
식물은 선정해줘야한다.

정원용 거름

자갈층(배수)

늦은 여름
Late Summer

8월

절정 끝에 찾아오는 변화!

여름이 절정을 향해 간다. 뜨거운 날씨만큼이나 여름 정원도 화려한 원색
의 옷을 입는다. 그러나 절정의 순간은 언제나 끝과 맞닿아 있다. 8월 중순
을 기점으로 뜨거움이 꼭짓점을 찍고 나면 어느새 아침저녁의 기온이 달
라진다. 이제 식물들은 서서히 가을 채비에 들어간다. 잎은 마지막 힘을 다
해 광합성 작용을 끝낸 후 색을 점점 잃어가지만 씨를 남긴다. 우리 집 정
원을 지켜주는 소중한 식물들의 씨를 잊지 말고 잘 모아두자. 모아둔 씨는
내년 정원의 소중한 밑거름이 된다. 씨앗은 식물의 진화다. 부모와 다른 좀
더 진화된 씨앗이 내년 정원에 뜻밖의 특별함을 선사할 수도 있다. 씨가 가
득해진 정원은 끝이 아니라 다시 다가올 시작을 알려준다.

─────────────

· 8월 절기 ·

입추: 가을의 시작을 알린다. 양력 8월 7일(8일)
처서: 일교차가 커지면서 단풍이 들기 시작한다. 양력 8월 23일(24일)

8월 정원 노트
Outdoor gardening notes

뜨거운 여름 물주기는 새벽이나 저녁에!

여름에 빨래를 널어보면 한두 시간 만에 뽀송하게 말라 있음을 알 수 있다. 정확하게 그 속도로 식물들에게 준 물이 달아나고 있다고 판단하면 된다. 큰 나무의 경우는 뿌리를 깊게 내리고 있기 때문에 별도의 물주기 없어도 이 여름을 견딜 만한 힘이 생긴다. 하지만 얕게 뿌리를 두고 자라는 초본식물들의 경우는 하루에 한 번, 볕에 많이 드는 남향이라면 하루에 두 번 물주기도 필요하다. 물을 줄 때는 흩뿌리듯 살짝 반복적으로 주는 것은 좋지 않다. 뿌리가 적셔질 정도로 충분히 줘야 하고, 햇살이 따가운 낮에는 물방울이 잎에 떨어지면서 돋보기 현상이 일어나 오히려 식물에 화상을 입힐 수 있으니 새벽이나 늦은 저녁이 물을 주는 것이 좋다. 그러나 야행성인 달팽이의 먹이가 되는 배추나 채소류는 저녁에 물을 뿌려주면 오히려 축축함을 좋아하는 달팽이의 활동을 부추길 수 있으니 저녁 물주기는 가급적 피하고 오전을 이용하는 것이 좋다.

연못 정원, 밑바닥 청소

7월부터 성장이 왕성해지는 수생잡초들은 8월이면 더욱 극성을 부린다. 이럴 때 자칫하면 물이 썩어 연못에 악취를 풍기거나 모기 등으로 벌레 온상지가 되기 쉽다. 연못은 깊고 클수록 스스로 정화하는 능력이 뛰어나기 때문에 관리가 수월하지만 무조건 크게 만들 수도 없는 노릇이다. 부득이 작고 얕은 연못을 만들 수밖에 없었다면 여름철 관리에 부쩍 신경을 쓰자. 흐르지 않고 담겨 있으면 물은 빠른 속도로 썩는데 이를 방지하기 위해서는 분수를 이용하거나 물방울을 표면에서 일으킬 수 있는 장치를 걸어주는 방법이 가장 좋다.

그러나 이런 장치에도 불구하고 수온이 뜨거워지면 급속히 수생잡초가 퍼지는데 두텁게 초록의 담요처럼 생긴 잡초는 수시로 걷어내야 한다. 특히 물고기를 키우고 있는 연못이라면 이 초록의 담요가 물 표면을 덮으면서 산소 투과율을 낮춰 물고기를 죽게 만드는 현상을 일으키기 때문에 꾸준한 관리가 필요하다. 더불어 아무리 관리가 잘된 연못이라도 규모가 작다면 침전된 물질로 연못 자체가 정화력을 잃게 된다. 이럴 때에는 적어도 3~4년에 한 번 정도는 물을 빼고 바닥을 들어내 썩은 흙을 퍼내고 새로운 흙을 보강해 주는 대대적인 작업이 필요하다.

겨울 시금치 씨뿌리기

시금치는 지금부터 9월 말까지 씨를 뿌려 싹을 틔우면 겨울을 나고 봄에 딱 먹기 좋은 상태로 자란다. 추운 겨울을 이겨낸 봄 시금치는 그 단맛이 설탕을 탄 듯하다. 세상 무엇이든 달콤함을 맛보기 위해서는 시간과 정성이 필요하다. 다음해 봄의 달콤함은 시금치처럼 이 힘겹고 뜨거운 여름으로부터 시작됨을 잊지 말자.

시금치는 가을에 씨를 뿌려 겨울을 보내고 다음해 봄에 꽃을 피우는 대표적인 2년생식물이다.

159

열매 줄여주기

지나치게 많은 열매를 달고 있는 과실수는 열매의 양을 줄여주는 것이 좋다. 전반적으로 열매의 크기가 작아지고, 많은 영양분을 소비해 다음해 열매를 맺는 데 지장을 주기 때문이다. 해걸이를 막기 위해서는 매년 일정량의 열매를 맺을 수 있도록 열매 수를 조절해주는 것이 필요하다.

열매를 수확하고 씨앗을 모으고!

더위에 지치는 나날이지만 8월은 옥수수를 수확할 시기고, 각종 채소와 과일들이 꾸준히 우리의 밥상에 먹을거리를 제공해주는 풍요로운 계절이다. 또 꽃이 진 정원은 여름의 열기 속에 시들어가는 듯 보이지만 풍성한 씨앗을 머금고 있다. 씨를 맺은 식물들을 그냥 지나치지 말고 열매를 수확하듯 모아보자. 편지 봉투나 별도의 씨앗 봉투를 만들어 씨를 넣어둔 뒤, 서늘하고 직사광선이 들어오지 않는 곳에 보관해두자(7월, 〈색종이로 씨앗 봉투 만들기〉 참고). 다음해 봄 씨앗을 뿌려주면 된다. 겨울 추위 경험이 필요한 다년생 초본식물의 경우는 봄이 아니라 씨가 맺힌 여름의 끝자락인 지금 심어주면 겨울을 땅속에서 잘 견뎌내고 다음해 봄에 싹을 틔운다.

나비를 부르는 정원 만들기

정원에 나비가 넘실거리는 풍경은 꽃을 보는 것만큼이나 아름답다. 게다가 나비는 벌 다음으로 식물의 수분을 도와주는 익충으로 정원에서는 없어서는 안 될 곤충이다. 최근 서양에서는 이렇게 유익하고 아름다운 나비를 불러모으는 정원을 만드는 일이 유행이다. 나비 정원은 크게 두 종류가 있다.

· 나비 애벌레의 먹이가 되는 식물을 키우는 정원(훗날 나비가 태어나 정원식물의 수분을 도와준다).

· 성충이 된 나비가 좋아하는 넥타가 가득한 식물을 심어 나비를 부르는 정원(부들레아*Budleja*, 버베나 보나리엔시스, 카렌듈라, 톱풀, 라벤더, 접시꽃 등은 특히 나비를 수분자로 부르는 식물이다). 나비를 부르는 식물 외에도 새집과 비슷한 형태의 나비 집을 마련해주는 것도 나비를 부르는 요인이 된다. 더불어 나비가 좋아하는 수박 등의 설탕 성분이 강한 과일을 정원에 놔주는 것도 효과가 있다.

여름은 나비를 부르는 식물이 부쩍 많아진다.

화이트 정원

흰 꽃이 피는 식물, 잎의 색상에 흰색이나 은색이 들어 있는 식물을 모아 만든 색의 정원이다. 이 정원은 정원에 특별한 색감을 주어 최근 들어 큰 인기를 끌고 있다. 그런데 왜 하필이면 흰색을 사람들은 특별히 좋아할까? 흰색은 순수, 밝음이라는 감수성을 불러일으킨다. 또 정원에서 피어나는 흰 꽃은 해가 저무는 시간에도 가장 오랫동안 눈에 띄어 정원을 가장 긴 시간 동안 장식해주는 효과가 있다.

· 에키네시아(흰색) / 구절초(흰색) / 은쑥 / 램스이어 / 라벤더 / 로즈마리 / 그 외 10장, 〈잎에 은빛이 들어간 식물들〉 참고

블루 정원

전통적으로 병원의 벽은 흰색이나 크림색으로 칠한다. 깨끗함과 정갈함을 위해서다. 그러나 최근 연구 결과에 따르면 푸른색이 회복에 특별한 효과가 있음이 밝혀지고 있다. 불교에서는 파란색이 무한을 상징하고 명상에 이롭다고 말하기도 한다. 정원에 흰 꽃과 함께 푸른색 꽃을 피우는 식물을 함께 심어준다면 우리의 마음을 치유하고 회복시키는 효과를 볼 수 있다.

· 수레국화(꽃, 파랑) / 아네모네(꽃, 파랑) / 무스카리(꽃, 파랑) / 페스큐(잎, 갈대, 파랑) / 보리지(꽃, 파랑) / 히말리안 퍼피(꽃, 파랑) / 스카이로켓 향나무(잎, 파랑)

레드 정원

빨간색은 강렬하다. 빨간색을 보게 되면 우리의 심장 박동이 다른 색에 비해 빨라지는 것이 과학적으로 밝혀졌다. 정원에 빨간 꽃이 무리지어 피어나면 기분이 상승하고, 즐거움이 생기는 것도 이 때문이다. 그러나 지나치게 많은 빨간색은 심리를 불안하게 만드는 요인이 되기도 한다. 더불어 빨간색은 해가 저물 때 가장 먼저 사라지는 색상이기 때문에 빨간색을 주된 색으로 정원을 꾸미면 한계가 뚜렷해진다. 레드 정원의 경우는 되도록 정원의 중심부가 아닌 화단 끝이나 계단 주변 등 하이라이트가 필요한 곳에 만드는 것이 좋다.

· 크로코스미아(꽃, 빨강) / 꽃양귀비(꽃, 빨강) / 칸나(꽃, 잎, 빨강) / 바나나나무(파초, 잎, 진한 자주색) / 베고니아(꽃, 잎, 빨강)

배롱나무

Lagerstroemia indica

· 낙엽 교목식물
· 대부분 5미터 미만의 키로 자란다.
· 여름철 꽃을 먼저 피우거나 꽃과 동시에 잎이 나온다.
· 수형이 아름답고, 줄기와 가지가 매끈해서 정원에 정갈한 형태의 미를 보여준다.
· 남부 수종으로 추위에 약하다. 겨울 추위가 맹렬한 곳에서는 별도의 월동 대책이 필요하다.

박태기

Cercis chinensis

· 낙엽 교목식물
· 3미터 정도의 키로 자란다.
· 봄철 잎보다 먼저 분홍의 꽃이 좁쌀처럼 촘촘히 붙어서 피어난다.
· 진분홍색 꽃이 봄의 정원에 활력을 준다.
· 햇빛을 좋아하지만 반그늘 상태에서도 잘 자란다.

라일락(수수꽃다리)

Syringa spp.

· 낙엽 관목식물
· 5미터 미만으로 키가 자란다.
· 향기로운 꽃을 피워 전 세계적으로 인기가 높은 정원식물이다.
· 우리나라에서는 '수수꽃다리'로 불린다.
· 불에 잘 타지 않아 화재를 막아주는 식물로 여겨지기도 한다.
· 심한 가지치기는 다음해 꽃을 피우는 데 영향을 주기 때문에 가볍게 가지치기를 하는 것이 좋다.

앵두나무

Prunus tomentosa

· 낙엽 교목식물
· 1~3미터까지 키가 자란다.
· 4월경에 꽃을 피우고 6월에 빨간 앵두 열매가 열린다.
· 햇빛을 좋아하지만 반그늘 상태에서도 잘 자란다.
· 가뭄에 강한 편이고 특별히 관리하지 않아도 스스로 잘 자란다.

자귀나무

Albizia julibrissin

· 낙엽 교목식물
· 3~5미터까지 키가 자란다.
· 여름철 분홍색의 특징적인 꽃을 피운다.
· 꽃이 진 후에도 마주보며 자라는 단정한 잎이 있어 정원을 풍성하게 연출해준다.
· 남부 수종으로 겨울 추위가 맹렬한 곳에서는 월동 대책이 필요하다.
· 햇빛을 좋아해 정원의 양지바른 곳이 적합하다.

조팝나무

Spiraea spp.

· 낙엽 관목식물
· 1~1.5미터까지 키가 자란다.
· 촘촘한 가지와 잎을 지니고 있어 정원의 중간 크기 식물로 중요한 역할을 한다.
· 봄부터 여름까지 흰색, 노란색, 분홍색, 보라색의 꽃을 피운다.
· 최근에는 잎 자체에도 무늬가 있는 재배종이 만들어져 꽃뿐만 아니라 잎으로도 관상 효과가 뛰어나다.
· 햇빛을 좋아하고 물 빠짐이 좋은 땅에서 잘 자란다.

병꽃나무

Weigela spp.

· 낙엽 관목식물
· 2.5미터까지 키가 자란다.
· 겨울 추위에 강하고 특별한 관리 없이도 잘 자란다.
· 햇빛을 좋아한다.
· 봄에 종 모양의 꽃을 피운다.
· 가지치기에 강해서 정기적으로 잘라주면 새 잎과 가지가 돋아 식물을 더욱 건강하게 자라도록 한다.

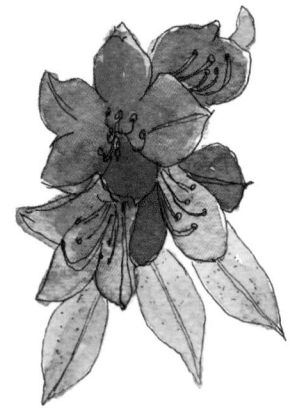

만병초

Rhododendron spp.

· 상록 혹은 낙엽 관목식물
· 로도덴드론에는 1,000여 종의 식물이 있다.
· 상록으로 겨울에 잎이 지지 않는 종도 많다.
· 물을 좋아하기 때문에 흙이 마르지 않게 관리해주는 것이 좋다.
· 영양분이 부족해지면 꽃이 현격하게 줄기 때문에 인공적인 영양 공급이 필요하다.

히어리

Corylopsis coreana

· 낙엽 관목식물
· 우리나라에서만 자라는 종이다.
· 가을이 되면 연한 노랑으로 낙엽이 진다.
· 초봄 늘어지는 형태의 노란색 꽃을 잎보다 먼저 피운다.
· 서양에서는 '코리안 윈터 헤이즐'로 불린다.
· 1~3미터 미만으로 자라는 식물로 가지가 옆으로 뻗어나가 잎과 꽃이 진 겨울철에는 구불거리는 가지가 아름다워 정원을 장식하기에도 좋다.

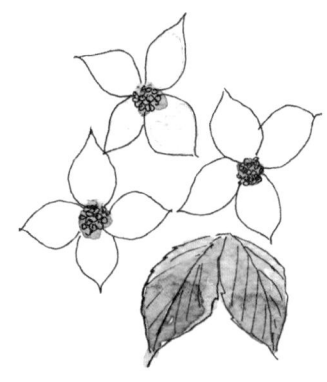

산딸나무

Cornus kousa

· 낙엽 교목식물
· 온대성기후 지역이 자생지다.
· 키가 12미터까지 자랄 수 있지만 성장이 더딘 편이어서 정원에도 적합하다.
· 정기적인 가지치기로 작은 나무로 키우는 것이 가능하다.
· 층층나무와 같은 과로 수형이 단정하여 정원에서 키우기 좋다.
· 흰색이나 분홍색의 꽃을 피우는데 꽃잎이 자연 상태에서는 매우 보기 힘든 네 장으로 이뤄져 있다.

산수유

Cornus officinalis

· 낙엽 교목식물
· 우리나라 자생식물이다.
· 작은 나무로 정원에 심기적합하다.
· 진달래가 피어나는 시기와 비슷하게 노란색 꽃을 먼저 피워낸다.
· 비슷한 꽃을 피우는 생강나무보다 정원에 잘 적응한다.
· 꽃을 피운 후에는 열매를 맺는데 8월부터는 빨간 산수유가 달린다.

꽃사과

Malus prunifolia

· 낙엽 교목식물
· 야생사과의 일종이다.
· 과일로서의 사과 맛은 기대하기 힘들지만 사과나무와 똑같이 하얗고 옅은 분홍색의 꽃을 봄에 피운다.
· 꽃이 지고 나면 늦여름 작은 사과 열매가 맺힌다.
· 3~5미터까지 자라는 나무로 가기치기를 통해 작게 키울 수 있다.

8월의 정원을 빛내는 식물들
Plants of August

달리아 *Dahlias spp.*

· 다년생 초본식물
· 멕시코 인근이 자생지다.
· 뿌리에서 싹이 돋을 때까지는 물을 주지 않는다. 싹이 나온 후부터 물주기를 시작한다.
· 축축한 환경을 싫어하니 햇빛이 잘 드는 마른땅에 심어준다.
· 우리나라 겨울 추위를 견디지 못하기 때문에 10월 정도에 줄기를 자르고 뿌리를 캐내 얼지 않는 선선한 공간에 보관해준다. 추위가 물러서는 4~5월 다시 땅에 심어주면 된다.
· 연약한 줄기에 비해 큰 꽃을 피우기 때문에 꽃을 붙잡아줄 수 있는 그물형 지지대가 필요하다. (2월, 〈식물 지지대 디자인 따라하기〉 참고)

노티아 *Knautia spp.*

· 다년생 초본식물
· 단추 모양의 자주색 꽃을 피운다.
· 스카비오사 *Scabiosa* 식물과 비슷한 형태로 꽃을 피우기 때문에 같이 혼합하여 심으면 잘 어울린다.
· 꽃이 한 번 피어나면 비교적 오랜 시간 동안 지속된다.
· 축축하고 그늘진 환경을 좋아하지 않는다.
· 물주기는 자연 강수량만으로도 충분하다.
· 키우기가 쉬워 초보자도 시도해볼 만하다.

칼리스테몬 *Callistemon spp.*

· 상록 관목식물
· 호주가 자생지다.
· 붉고 아름다운 꽃을 피운다.
· 따뜻한 기후를 좋아해서 겨울 추위가 강한 곳에서는 월동 대책이 필요하다.

베르가못_Bergamot monarda_

· 다년생 초본식물
· 붉은 자주색의 풍성한 꽃을 피운다.
· 잎에서 강한 향기를 뿜어낸다.
· 화단을 화려하게 장식하는 데 중요
한 역할을 한다.

헬레니움_Helenium spp._

· 다년생 초본식물
· 여름 정원을 지켜주는 화단식물로
오랫동안 사랑을 받아왔다.
· 노랑, 주황, 빨강에 이르는 다양한
색상의 재배종이 공급되고 있다.
· 30센티미터 이상으로 키가 자라기
때문에 정원을 볼륨감 있게 만들어
준다.
· 색감이 선명하고 키가 큰 꽃이 여름
정원을 화려하게 장식한다.
· 진흙의 땅보다는 원예상토 등으로
멀칭이 된 영양분 있는 토양을 선호
한다.
· 해마다 원예상토로 멀칭해주면 꽃의
양이 줄지 않고 지속된다.

코스모스 _Cosmos spp._

· 1년생 초본식물
· 씨앗을 직접 땅에 뿌려도 발아가 잘
된다.
· 분홍색, 흰색, 노란색 등 꽃의 색감
이 점점 다양해지고 있다.
· 충분하게 햇빛을 받아야 꽃이 화려
하게 피어난다.
· 마른땅에서도 잘 자라주는 가뭄에 강
한 식물이다.

· 일부 종은 키가 1미터 이상으로 자
라기 때문에 지지대를 세워줘야 비
바람에 꺾이는 현상을 막을 수 있다.
· 1년생이지만 씨앗이 떨어져 화단을
지저분하게 만들 수도 있다. 꽃이 핀
후 낫이나 전동 트리머를 이용해 일
괄적으로 꽃대를 잘라주면 다시 꽃
봉오리가 발달해 두 번째 꽃을 볼 수
있다.

동서양 정원사들에게
전해 내려오는
오래된 정원 지혜

벌레를 쫓는 허브들

허브는 정원에 심어두면 관상 효과는 물론 향기로 정원을 더욱 값지게 해준다. 더불어 허브의 특유한 향은 벌레를 쫓아주는 역할도 한다. 특히 병충해의 피해를 많이 입는 채소와 함께 심으면 효과가 뛰어나다.

- 바질   · 펜넬
- 라벤더   · 타임
- 오레가노   · 페퍼민트
- 로즈마리   · 보리지
- 마늘

집에서 직접 하는 허브스팀 얼굴마사지

- 페퍼민트, 세이지를 넣고 물을 끓인다.
- 냄비 위에 수건을 올려놓고 수증기가 올라올 수 있게 한다(직접 수증기를 쐬면 화상의 위험이 있다).
- 조금 떨어져 얼굴에 수증기를 쐬준다.
- 10분 정도 수증기 마사지를 한 뒤 맑은 물로 가볍게 얼굴을 닦아준다.

직접 만드는 옷장 안 천연 방향제

말린 허브는 천연의 방향제로 옷장 안에 사는 벌레를 향기로 쫓아낸다. 더불어 옷에는 향기로운 허브 향이 배어 일석이조의 효과를 볼 수 있다.

- 말린 세이지, 로즈마리, 타임의 잎을 같은 비율로 준비한다.
- 면으로 만든 주머니에 위의 재료를 담고 입구를 꿰매준다.
- 이 주머니를 옷장과 서랍 등에 놓아둔다.

옥수수 수확 시기 알기

텃밭 정원에서 채소와 곡물의 수확 시기를 맞추는 것은 중요하다. 옥수수의 경우에는 수염이 보이기 시작한 지 보름 정도가 지나면 수확 시기가 찾아온다. 이때 좀 더 정확하게 수확 시기를 확인하기 위해서는 껍질을 5센티미터 정도 벗겨낸 후에 손톱으로 옥수수 알갱이를 힘껏 눌러본다. 그러면 즙이 나오는데 우유 같은 흰 빛깔을 띤다면 바로 수확해도 좋다. 그러나 아직도 물기가 많다면 며칠 정도 시간을 둬야 한다. 알갱이가 흐물흐물 힘이 없다면 수확 시기가 다소 지났다고 볼 수 있다.

과산화수소로 채소 씻기?

잎채소의 경우는 되도록이면 아침이슬을 맞은 시간에 수확하는 것이 좋다. 이즈음이 가장 잎에 수분이 많이 포함되어 신선도 유지에 좋기 때문이다. 더불어 잎채소를 씻을 때에는 아주 소량의 과산화수소를 한 방울 정도 넣어서 미지근한 물에 씻어주면 잎 표면에 살아 있는 박테리아와 바이러스를 멸균할 수 있다.

동서양 공통의 진리, 과유불급

자연 상태에서 식물은 뿌리와 잎으로 영양분을 흡수하고 만든다. 정원에서도 모든 식물이 이렇게 스스로 잘 자라주면 좋겠지만 일부 재배종이나 큰 꽃을 피우는 식물의 경우에는 별도의 영양분 공급이 꼭 필요하다. 하지만 영양분을 지나치게 많이 주는 것은 낭비일 뿐만 아니라 식물에게 중독 현상을 일으켜 죽음에 이르게 할 만큼 큰 문제가 된다. 그러므로 식물에게 영양분을 공급할 때는 적당량을 주어야 하며, 작은 양을 여러 번에 걸쳐 주는 것이 다량의 영양분을 한꺼번에 주는 것보다 훨씬 좋다.

손바닥 가드닝 노트

Indoor gardening notes

여름휴가철 화분 관리법

덥고 지치는 여름, 그나마 여름휴가가 있어서 우리에게는 큰 위안이 된다. 하지만 식물들에게 이 휴가는 가장 위험한 시기다. 화분에서 크는 식물들은 여름 불볕더위가 시작되면 하루에 한 번 물주기로도 충분치 않을 때가 많다. 이런 시기에 짧게는 3~4일 많게는 열흘 가까이 집을 비우는 일은 식물에게 치명적이다. 때문에 가장 좋은 방법은 휴가 전 집에서 키우는 애완동물을 맡기듯 식물의 관리도 누군가에게 부탁하는 것이 최선이다. 그러나 이렇게 할 수 없는 경우에는 몇 가지 사전대비가 필요하다.

· 삼투압 현상을 이용하는 물주기 방법으로, 물이 담긴 대야에 수건의 한쪽 끝을 대주고 나머지 한쪽 끝은 화분에 닿도록 해주면 수건이 물을 흡수해 화단 쪽으로 떨어뜨려주는 효과를 볼 수 있다.

· 유난히 물을 좋아하는 식물은 아예 화분을 투명 비닐로 감싸놓으면 물의 증발이 막혀 물주는 횟수를 줄일 수 있게 된다.

· 부엌 싱크대를 이용하는 물주기 방법으로, 개수구를 막고 화분 바닥이 약간 잠길 정도로 물을 받아둔 뒤 화분을 놔주면 부족한 수분을 뿌리 스스로 흡수해 말라 죽는 현상을 막을 수 있다.

그런데 이러한 조치도 취하지 못한 채 휴가를 다녀왔더니 이미 식물이 죽어버렸다면 버리기 전에 한 번쯤 응급조치를 해보는 것도 좋다. 큰 양동이에 물을 담고 화분 전체가 잠길 정도로 담가둔다. 보글거리는 물방울이 사라질 때(약 2시간 정도)까지 담가두고 다시

화분을 꺼내보자. 이미 생명의 한계선을 넘겼다면 회복이 불가능
하겠지만 상당 부분은 하루 정도 지나 기운을 되찾기도 한다.

배수구멍 없이 식물 키우는 방법

실내에서 식물을 키울 때는 배수구멍이 있는 기존 화분을
배수구멍이 없는 양동이 등에 담아 키우는 방식이 훨씬 좋
다. 물주기를 반으로 줄일 수 있어 식물의 생존 화률이 훨
씬 높아진다. 더불어 실내식물의 생존에 가장 큰 영향을
주는 요인은 물, 빛, 환기다. 특히 환기가 잘 안 되는 건조한
환경은 실내식물에게 치명적이다. 수시로 창문을 열어 바
깥 공기를 집 안으로 들어오게 하는 것이 필요하다.

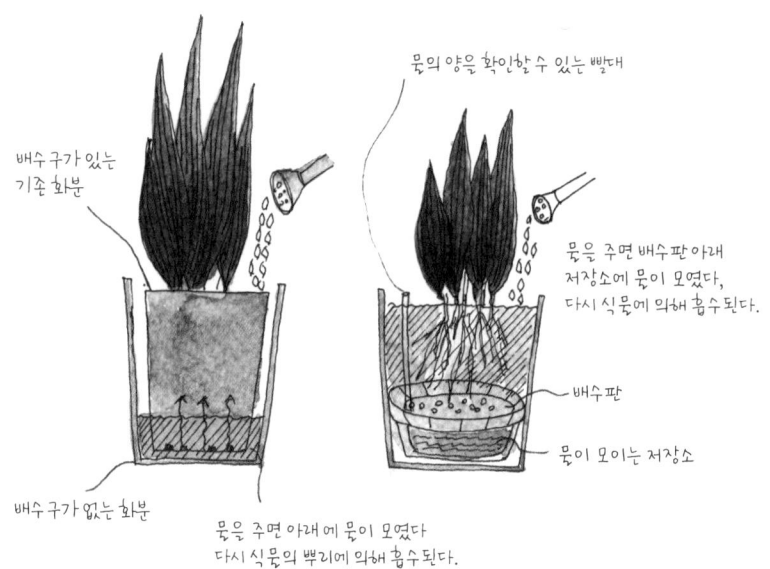

배수 구가 있는
기존 화분

배수 구가 없는 화분

물을 주면 아래에 물이 모였다
다시 식물의 뿌리에 의해 흡수된다.

물의 양을 확인할 수 있는 빨대

물을 주면 배수판 아래
저장소에 물이 모였다,
다시 식물에 의해 흡수된다.

배수판

물이 모이는 저장소

걸어놓는 화분은 정원 공간이 없는 베란다를 가장 화려하게 꾸밀 수 있는 방법이다.

행잉바스켓 만드는 방법

· 걸어놓는 화분의 틀을 구입한다(일반적으로 라탄이나 철사로 만들어진 틀을 이용한다).

· 몇 장의 신문지를 겹쳐서 행잉바스켓의 틀 모양대로 깔아준다(신문지는 차후 물을 주었을 때 물기를 좀 더 오래 유지해주고, 흙을 건조하지 않게 감싸주는 레이어 역할을 한다. 단, 옆으로 식물을 심기 위해서는 식물 심을 자리를 동그랗게 오려준다).

· 신문지 밖으로 이끼를 덮어 겉으로 신문지가 보이지 않게 해준다(이끼를 구입하거나 잔디를 긁어서 나온 이끼를 사용해도 좋다).

· 원예상토를 화분의 2/3부분까지 덮어준다(원예상토에 수분을 머금어주는 젤을 함께 혼합하는 것도 좋다. 수분젤은 물이 바로 증발되지 않도록 수분을 잡아주는 역할을 한다).

· 식물을 바닥으로부터 옆구리, 위쪽의 순서로 심어준다.

· 물을 주고 원하는 자리에 걸어준다.

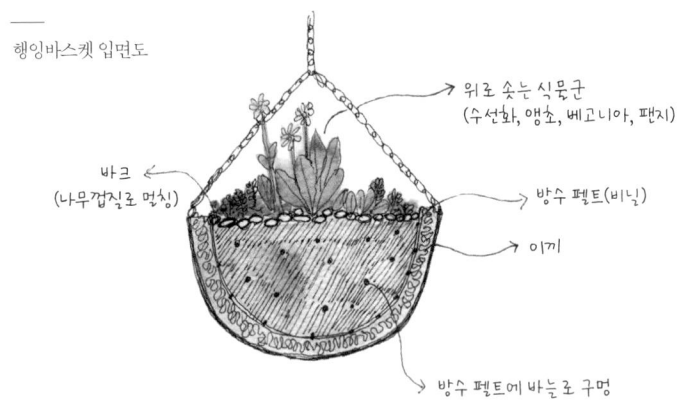

행잉바스켓 입면도

위로 솟는 식물군
(수선화, 앵초, 베고니아, 팬지)

바크
(나무껍질로 멀칭)

방수 펠트(비닐)

이끼

방수 펠트에 바늘로 구멍

행잉바스켓의 물주기를 줄이는 법

· 바스켓 안에 못으로 여러 군데 구멍을 뚫은 페트병을 뚜껑이 밑으로 가도록 심어둔다(페트병의 아랫면은 물을 부을 수 있도록 제거한다). 페트병 안으로 물을 넣어주면 흙으로 물이 천천히 번진다.

· 혹은 행잉바스켓 아래에 오목한 플라스틱 접시를 넣어두어 물을 저장할 수 있도록 한다(물을 주면 여기에 물이 모이고 식물의 뿌리가 다시 물을 흡수한다).

행잉바스켓 물주기 요령

· 전용 사다리를 둔다.

· 자동 도르래를 설치해 화분을 밑으로 손쉽게 내릴 수 있도록 한다.

· 물 호스에 막대기를 연결해 위로 올려서 물을 줄 수 있도록 한다.

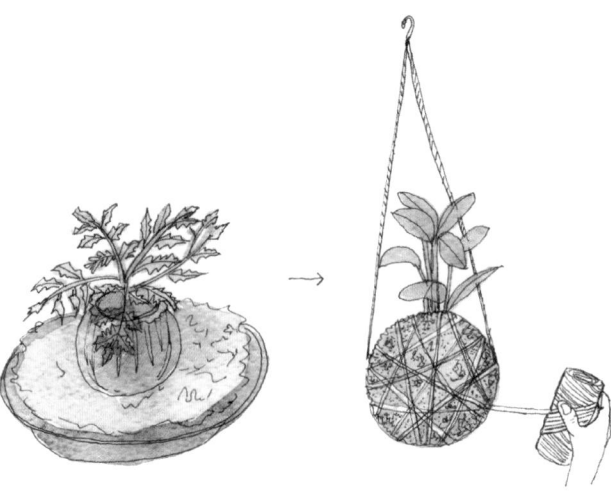

뿌리를 노출시키는 거는 화분

· 진흙 성분의 흙에 원예상토와 분재용 영양분을
  함께 버무려 뿌리를 동그랗게 감싼다.
· 이끼로 감싼 뒤 실이나 낚싯줄을 이용해 둥글게
  그 위를 다시 얽어준다.

타이어를 활용한 거는 화분

타이어 안에 원예상토를 넣어주고 식물을 심어 걸어준다.

손쉽게 하는 줄기 꺾꽂이 재배

라벤더, 로즈마리, 세이지, 히솝 등 지중해 지역이 자생지인 허브식물을 키우고 있다면 여름철 줄기를 꺾어 직접 번식시켜보자. 허브식물은 실내에서 월동할 수 있고 다음해 봄에는 훨씬 더 풍성한 식물을 보여준다.

· 식물의 쭉 뻗은 줄기를 골라 10센티미터 정도로 자른다.
· 줄기 맨 위의 잎과 그 밑의 서너 개 잎만 남기고 나머지 잎은 따준다.
· 지름 8센티미터 화분에 분갈이용 거름을 담고 정리한 줄기를 꽂아준다.
· 양지바른 곳에 놓아두고 잊지 않고 물을 잘 챙겨준다.
· 한 달쯤 뒤 줄기에서 뿌리가 나와 자라기 시작한다.

못 쓰는 신발로 만드는 화분

여름 식물 다육은 사막에 사는 식물군으로 몇 달 동안 물을 주지 않아도 잘 자란다.
파는 화분도 예쁘지만 내가 신던 낡은 등산화를 이용해도 멋진 화분을 만들 수 있다.

공 모양으로 펠라고니움 키우기

· 기존 펠라고니움에서 잎이 달린 줄기를 자른다.

· 잘라온 줄기를 새로운 화분에 심는다.

· 지지대를 세워 잘 자랄 수 있게 해준다.

· 하단의 잎을 정기적으로 따주어 잎이 상단에만 매달리도록 한다.

· 상단이 공 모양으로 만들어지도록 잎을 다듬어준다.

이른 가을
Early Autumn

9월

다음해를 준비할 시작의 시간

봄의 정원과 가을의 정원은 확실히 다르다. 쇠락만이 있을 것 같은 9월에 뜻밖의 하이라이트가 남아 있다. 헬레니움, 해바라기, 감국, 해국, 구절초, 벌개미취, 코스모스, 루드베키아가 늦여름을 봄만큼이나 화사하게 장식하고 포도, 꽈리, 감나무, 사과나무, 모과나무의 열매는 노랗게, 주황빛으로, 붉게 물들어간다. 9월의 하늘은 이제 높고 푸르러지기 시작한다. 이토록 맑고 투명한 가을을 지닌 나라는 많지 않음에 감사할 시기다. 무엇을 말려도 맑은 햇살이 감칠맛을 더해줄 시간들. 이 찬란한 시간 속에 한 해를 보낸 정원의 시간을 정리해보자. 이제 다음해를 준비할 시간이 찾아왔다.

· 9월 절기 ·

백로: 이슬이 내린다. 겨울 추위를 대비해야 한다. 양력 9월 7일(8일)
추분: 밤이 길어지면서 식물들이 서서히 성장을 멈춘다. 양력 9월 23일(24일)

9월 정원 노트

Outdoor gardening notes

월동 계획 세우기

우선 가장 먼저 할 일이 겨울에 대한 대비다. 월동이 필요한 식물을 파악하고, 월동 대책을 마련해주는 일에 꼼꼼한 계획표를 세워야 한다. 언제, 어떻게, 어떤 방법으로 월동시킬 것인가가 식물마다 조금씩 다르기 때문이다.

다음해 봄 정원 준비 시작

다음해 봄의 정원 준비는 실질적으로 9월부터 시작된다. 모든 식물은 화려한 꽃을 피우기 위해 적어도 몇 달 혹은 수년 간 자신을 성장시키는 시간을 보낸다. 화려한 봄의 정원을 기대한다면 9월부터의 준비가 결코 빠르지 않다.

늦여름, 잔디밭 대정비

이맘때쯤 잔디는 대대적인 1년 청소와 보강 작업이 필요하다. 그동안은 1년 간 자라온 잔디를 깎아주기만 했을 뿐 부스러기를 털어낼 시간이 없었을 게 분명하다.

· 가장 먼저 쇠갈고리를 이용해 잔디의 뿌리를 조금은 힘 있고 과감하게 긁어준다. 이 작업은 잔디 뿌리에 붙어 있는 부스러기를 제거해주면서 이곳에서 기생할 수 있는 각종 균이나 해충을 막아주는 역할을 한다.

· 긁는 작업이 끝나면 다음으로 쇠스랑(삼지창)을 이용해 잔디에 촘촘하게 구멍을 내준다. 단순히 구멍만 내는 것에 그치지 말고 살짝 흙을 들어올려 공기를 넣어주자. 공기를 넣어주면 새 뿌리가 자리를 잡는 데 도움이 된다.

· 잔디 위에 모래와 퇴비를 섞어 뿌려준다. 뿌리가 살짝 들린 상태의 잔디에 힘을 주는 작업이다. 뿌리는 부드러운 모래와 퇴비 사

이를 지나 땅속에 견고하게 다시 자리 잡게 된다.

· 액상 영양분을 섞어 물을 준다. 퇴비만으로는 영양이 충분하지 않기 때문에 액상으로 된 영양분을 물에 타서 모든 작업을 마무리하며 뿌려주는 것이 좋다.

· 마지막으로, 잔디 씨를 뿌린다. 골고루 자라지 못하는 잔디가 있기 마련이다. 이왕이면 한 종류보다는 여러 종류의 잔디 씨앗을 구입해 섞어서 뿌려준다.

마지막 잎채소 파종하기

상추를 포함한 잎채소는 한파가 닥치기 전까지 온실이 없이도 잘 자라는 기특한 효자 채소다. 지금 씨를 뿌리면 겨울이 오기 전에 마지막 수확을 기대할 수 있다. 좀 더 효율적으로 안전하게 싹을 틔우려면 모줄판에 씨를 뿌린 뒤, 온실에서 키워 키가 10센티미터쯤 되었을 때 밖에 심어주는 것이 좋다.

김장배추 파종하기

김장배추의 씨를 뿌리는 일도 이즈음이 적기다. 추위가 일찍 오는 곳이라면 8월 말부터, 따뜻한 곳이라면 9월 안으로는 김장배추 심기를 마쳐야 한다. 배추는 어린잎이 나올 때 벌레의 공격을 많이 받는다. 다행히 날이 선선해지면서 병충해의 발병도 줄어들지만 어린잎이 나올 때 달팽이나 병충해 공격을 심하게 받지 않도록 지켜보는 일이 필요하다. 유기농 재배를 원한다면 화학 살충제를 쓰지 않는 것이 좋겠지만 배추의 생존이 불가능하다면 초기에 뿌려 배추를 보호해주고 이후에는 자생하도록 지켜보는 방법도 효과적이다. 새벽에 많이 출현하는 달팽이를 직접 잡아주거나 인근에서 자라는 잡초를 수시로 제거해 배추가 영양분을 뺏기지 않고 잘 자라서 병충해를 이겨낼 수 있도록 도와주는 것이 중요하다.

낙엽 모으는 통 만들기

정원에 떨어지는 낙엽은 낭만적인 가을 풍경을 만들어내는 가장 좋은 요소이지만 치우려고 들면 골칫거리가 아닐 수 없다. 그러나 좀 더 낙엽을 잘 연구해보면 가을에 모은 낙엽이 1년 간 쓰일 정원의 중요한 멀칭 재료가 됨을 알 수 있다. 낙엽 통을 마련해 차곡차곡 모아주면 짧게는 6개월 혹은 1년 안으로 양질의 퇴비가 된다. 흔히 이렇게 모은 낙엽 퇴비를 영어로는 'leaf mould(리프 몰드)'라고 하는데 식물을 덮어주는 가장 좋은 멀칭 재료가 된다.

낙엽 통은 정원의 크기에 따라 달라지는데 이왕이면 조금 크게 만드는 것이 좋다. 세 개의 통으로 만들어 한 통을 다 채운 뒤, 다음 통으로 이동하는 것이 일반적이다. 시간이 지나고 오래된 통부터 열어서 사용하면 되는데 깨끗하고 고운 퇴비를 원한다면 고운체로 쳐서 사용한다. 낙엽 통은 일반적으로 공기와 비, 햇볕 등이 자유롭게 들어와야 하기 때문에 철망이나 나무판, 벽돌 등을 이용해 정원 한편에 설치하는 것이 좋다.

이미 잘 만들어진 거름통
(전해에 만든)

새로 부어지는 거름통

두 공간으로 분리된 거름통

나무틀로 만든 미니 거름통

철망으로 만든 거름통

나뭇가지로 만든 거름통

다양한 거름통 만들기

내년 봄을 위한 구근식물 구입하기

수선화, 튤립, 크로커스 등의 구근식물을 구입하는 시기는 9월 중순에서 10월까지다. 더 늦어지기 전에 구입을 서둘러야 하기에 구근을 파는 시장을 잘 조사해 예약해두는 요령도 필요하다. 심을 자리가 이미 마련되어 있다면 지금 심어주고 스스로 월동하도록 지켜보면 된다. 그러나 아직 심을 자리가 정해지지 않았고 사는 지역이 너무 추워 알뿌리가 얼 수 있다면 차라리 냉장고 야채칸이나 김치냉장고의 약냉 보관실에 넣어둔 뒤, 다음해 봄에 심어주는 것도 방법이다. 냉장 보관은 약 6주에서 8주 사이면 충분하고 이후에는 우선 화분에 심어 보관한다. 이때 기온이 올라가면 싹이 올라오는데 싹이 10센티미터 올라왔을 때 날 좋을 때를 골라 밖에 심어주면 된다. 땅에 직접 심을 때에는 얕게 심었을 경우 꽃을 피우기 힘들다. 수선화, 크로커스처럼 작은 알뿌리는 알뿌리 기준 4배 깊이에 튤립, 백합과 같은 굵은 알뿌리는 3배 깊이에 묻어주는 것이 좋다.

수확 끝낸 땅 정리하기

가을 정원의 가장 큰 일은 수확이다. 먹을 수 있는 열매를 수확하는 일부터 씨를 받아 보관하는 일, 잎이 진 구근식물을 꺼내 알뿌리를 나누고 내년을 위해 다시 심어주는 일 등을 가을에 챙겨야 한다. 그런데 더 중요한 일은 수확 자체보다는 수확을 끝낸 땅의 마무리다. 예를 들면 감자를 심었던 자리는 아무리 잘 캐내도 여전히 묻혀 있는 감자가 있을 수 있다. 그런데 이 감자가 거름이 되겠지 하는 마음에 그대로 두면 큰 골칫덩어리가 될 수 있다. 썩어가는 감자를 먹기 위해 달려드는 각종 벌레와 병균으로 밭 전체가 오염될 수 있기 때문이다. 한해살이가 끝난 정원의 화단은 가능한 깨끗하고 정갈하게 재정비를 해줘야 한다.

관상용으로 떠오르는 갈대식물

전통적으로 화단은 화려한 꽃을 피우는 초본식물로 구성되어왔다. 그러나 최근에는 꽃이 아니라 좀 더 오랜 시간 정원에서 머물러주는 잎에 대한 관심이 높아지고 있다. 그중에서도 갈대는 늦가을까지 정원에 관상 효과를 주어 중요한 정원식물로 여겨진다. 우리나라에서도 관상용 갈대식물이 본격적으로 재배되고 있으니 갈대를 이용한 화단 조성도 시도해볼 만하다.

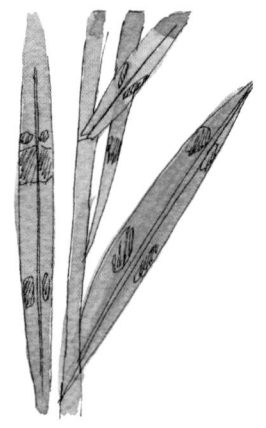

미스칸투스
Miscanthus spp.

· 다년생 초본식물
· 우리나라, 중국, 일본이 자생지다.
· 특별한 물주기를 하지 않고 자연 강수량만
  으로도 생존 가능하다.
· 그러나 어린뿌리의 경우는 축축한 흙을 좋
  아하기 때문에 심고 난 직후에는 한동안
  물주기를 잊지 말고 꼼꼼히 해야 한다.
· 키가 1미터에 이르기 때문에 되도록 화단
  의 뒤편에 심는 것이 좋다.
· 잎에 줄무늬가 있는 재배종도 있다.

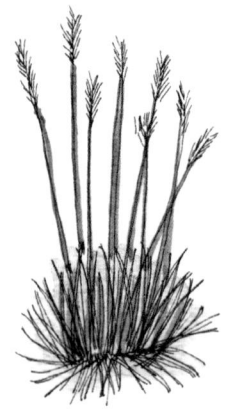

페스투카 그라우카 엘리자 블루
Festuca glauca 'Elijah Blue'

· 다년생 초본식물
· 20센티미터 정도로 키가 자란다.
· 잎은 가늘고 푸른색을 띠지만 시간이 흘러
  겨울에 이르면 초록색으로 변화된다.
· 여름이 되었을 때 꽃대가 올라와 밤색의
  이삭을 맺는다.
· 늦가을이나 초봄에 식물 전체를 지면에서
  바짝 잘라주면 파란색 잎이 다시 잘 자란다.
· 키가 작기 때문에 화단의 앞부분에 심어야
  다른 키 큰 식물에게 묻히지 않는다.

스티파 테누이시마
Stipa tenuissima

· 다년생 초본식물
· 멕시코 인근이 자생지다.
· 우리나라에서는 '털수염풀'로도 불린다.
· 30~50센티미터까지 키가 자란다.
· 이삭이 부드러운 빗자루처럼 맺힌다.
· 색이 선명한 튤립, 애기범부채, 코스모스
  등과 함께 심어두면 중점 식물을 좀 더 아
  름답게 받쳐주는 배경 역할을 잘한다.
· 겨울 추위가 맹렬한 곳에서는 월동 대책이
  필요하다.

하코네클로아

Hakonechloa macra 'Aureola'

· 다년생 초본식물
· '노랑무늬 풍지초'로도 불린다.
· 그늘진 곳과 촉촉한 토양을 좋아한다.
· 초록의 잎 속에 노란 줄무늬가 들어 있는
  재배종이다.
· 잎이 촘촘하고 우거지기 때문에 화단의 중
  심부보다는 가장자리를 장식하는 용도로
  사용하는 것이 좋다.

페니세툼 갈대(수크령)

Pennisetum spp.

· 다년생 초본식물
· 온대 지방에서 열대 지방에 이르기까지 전 세
  계 야생에서 자란다.
· 늦여름 꽃대가 올라와 커다랗고 탐스러운
  이삭을 맺어 관상 효과가 뛰어나다.
· 한 번 자리 잡으면 제거가 힘들 정도로 생
  존력이 강하다.
· 우리나라 자생종으로 수크령*Pennisetum alo-
  pecuroides*이 있다. 논두렁, 밭에서 스스로 자
  라는 식물로 유명하다.
· 최근에는 잎의 색상이 자줏빛으로 진해지
  거나 이삭의 모양이 더욱 풍성해지는 등
  다양한 재배종이 개발되고 있다.

홍띠

Imperata cylindrica

· 다년생 초본식물
· 우리나라, 일본이 자생지다.
· 충분한 햇빛이 필요하다. 우리나라 자생의
  경우 줄기가 붉은색을 띠는데 일조량이 적
  어지면 붉은색이 사라지게 된다.
· 갈대의 잎은 대부분 진한 초록이기 때문에
  이와 같이 붉은색을 지닌 종은 정원의 색을
  다양하게 연출할 수 있는 좋은 소재가 된다.
· 이삭 채로 그대로 두었다 늦가을 혹은 초
  봄에 잘라주면 새로운 줄기가 돋는다.

물렌베르기아 갈대
Muhlenbergia spp.

· 다년생 초본식물
· '핑크 뮬리'로도 불린다.
· 줄기와 이삭이 분홍색이다.
· 이삭은 마치 솜털처럼 부드럽고 촘촘해서 화단을 로맨틱하게 만드는 효과가 있다.
· 가뭄에 강한 편이어서 일단 자리 잡고 나면 특별한 물주기 없이 강수량만으로 충분하다. 그러나 어릴 때는 충분히 물을 줘야 잘 정착된다.
· 산성, 알칼리성을 가리지 않고 잘 자란다.

코르타데리아 갈대
Cortaderia spp.

· 다년생 초본식물
· '팜파스 그래스'로도 불린다.
· 키가 2미터 넘게 자라기 때문에 충분한 공간이 필요하다.
· 빠르게 자라는 편이고 반그늘 상태에서도 잘 자란다.
· 다만, 우리나라의 겨울 추위에는 약한 편이어서 남부 지방이 아니라면 별도의 월동 대책이 필요하다.
· 엄청나게 큰 이삭을 맺는데 마치 빗자루처럼 생겨 꽃보다 더 눈에 띄는 효과를 준다.

미스칸투스 시넨시스 갈대
Miscanthus sinensis 'Gracillimus'

· 다년생 초본식물
· 이삭이 은색으로 빛나 정원에서 가장 많이 쓰이는 갈대 재배종이다.
· 90~120센티미터까지 키가 작아진다.
· 휘어지며 이삭을 넘실거려 관상 효과가 뛰어나다.
· 햇빛을 좋아하고 가뭄에 강해 스스로 잘 자란다.

아룬도 도낙스 갈대(흰줄무늬참억새)

Arundo donax

· 다년생 초본식물
· '자이언트 갈대'라는 별명이 있을 정도로 2미터 이상 크게 자란다.
· 정원 화단에서는 뒤편에 위치시켜 다른 식물들을 가리지 않도록 주의해야 한다.
· 9~10월에 빗자루 모양의 풍성한 이삭을 맺는다.
· 햇빛을 좋아하지만 약간의 그늘에서도 잘 자란다.
· 물을 좋아해서 촉촉한 땅에서 잘 자란다.

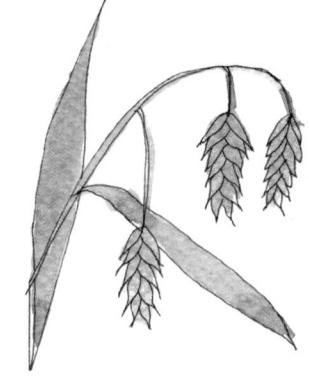

납작보리사초

Carex kobomugi

· 다년생 초본식물
· '통보리사초'의 한 종류다.
· 동아시아 인근이 자생지다.
· 번식력이 강해 일부 국가에서는 잡초로 분류되어 있기도 하다.
· 보리 모양의 이삭이 열린다.
· 물을 좋아해서 촉촉한 땅에서 잘 자란다.

오피오포곤 갈대

Ophiopogon planiscapus

· '자주잎맥문동' 혹은 '몬도 그래스'로도 불린다. 그러나 맥문동*Liriope platyphylla*과는 다른 종의 식물이다.
· 그늘과 축축한 땅에서도 잘 자란다.
· 처음에 올라오는 줄기와 잎은 초록색이지만 햇볕을 받으며 짙은 검은색(실제 자주색)으로 변한다.
· 흰 꽃이 피어나는 식물(튤립, 아네모네)을 함께 심어주면 극명한 대비 효과가 나타나 아름다운 색의 정원을 연출할 수 있다.

꽈리꽃 *Physalis alkekengi*

· 다년생 초본식물
· 우리나라, 일본, 중국이 자생지다.
· 최근 유럽에서도 여름 관상식물로 크
  게 인기를 끌고 있다.
· 햇볕을 좋아하지만 반그늘 상태에서
  도 잘 자란다.
· 특별한 물주기가 필요 없고 자연 강
  수량만으로도 충분하다.
· 봄에 하얀색 꽃이 피는데, 꽃보다는
  여름에 맺히는 주황색의 공처럼 부
  풀어진 열매가 볼거리를 제공한다.
· 화분에서도 잘 자라주어 베란다 정
  원을 꾸미는 데도 요긴하다.

9월의 정원을 빛내는 식물들
Plants of September

글라디올러스 *Gladiolus spp.*

· 다년생 초본식물
· 화려한 꽃을 피우지만 추위에 약하
  다. 뿌리는 가을에 캐내 얼지 않는
  선선한 장소에서 보관하고 추위가
  완전히 사라진 봄에 땅에 심어주어
  야 한다.
· 충분한 햇볕을 좋아한다.
· 몸집이 있기 때문에 적어도 30센티
  미터 이상으로 넉넉하게 간격을 두
  고 심는다.
· 높이 자라기 때문에 꺾이지 않도록 지
  지대를 미리 설치해주는 것이 좋다.

버베나 보나리엔시스
Verbena bonariensis

· 다년생 초본식물
· 남아메리카가 자생지다.
· 최근 관상용으로 우리나라에 보급되
  고 있다.
· 1미터를 넘는 큰 키로 자란다.
· 대부분은 1년생이지만 다년생의 재
  배종도 보급되어 있다.
· 사각형 실린더 형태의 탄탄하고 빳
  빳한 줄기에 작은 잎이 매달린다.
· 잎은 잘 보이지 않고 줄기에서 보라
  색 꽃이 피어난다.
· 큰 자리를 차지하지 않고 높이 솟아
  오르며 자라나서 홀로 아름답기보다
  는 다른 식물들 틈에 심어서 조화를
  이루기에 좋은 식물이다.

꽃무릇(석산) *Lycoris radiata*

· 다년생 초본식물
· 30~50센티미터로 꽃대가 올라온다.
· 추위가 매섭지 않은 곳에서는 겨울
  에도 잎이 푸르다.
· 늦여름에 꽃을 피우는 국화와 함께
  귀중한 가을 꽃이다.
· 햇빛을 좋아하지만 촉촉한 습기가
  있는 땅에서 잘 자란다.

후크시아 *Fuchsia*

· 다년생 초본식물
· 남반구 온대성기후 지역의 대표적
  식물이다.
· 후쿠시아 트리필라*Fuchsia triphylla*가
  유럽으로 소개된 이후 유럽인들에
  의해 수많은 재배종과 하이브리드
  (이종배합) 종이 개발되었다. 현재
  각양각색의 형태, 색을 지닌 수많은
  후크시아 재배종이 정원식물로 판매
  되고 있다.
· 각각의 재배종 특징에 따라 좋아하는
  환경이 다르지만 일반적으로는 직사
  광선을 싫어하고 그늘을 좋아한다.
· 마른 땅을 싫어하기 때문에 촉촉한
  수분 공급도 잊지 말아야 한다.
· 관목식물이지만 줄기가 늘어지는 성
  질이 있어 걸어두는 화분식물로도
  많이 쓰인다.
· 추위에 약해서 우리나라에서는 월동
  이 힘들지만 여름 화단을 화려하게
  장식해주는 식물로 충분한 가치가
  있다.

설악초 *Euphorbia marginata*

· 1년생 초본식물
· 50~100센티미터까지 키가 자란다.
· 꽃은 7월부터 9월까지 피지만, 꽃보
  다는 잎이 아름다워 정원에서 관상
  효과가 높다.
· 건조함을 잘 견디고 햇빛을 좋아한다.

들국화는 재배종 국화와는 달리 자연 상태에서 스스로 자라는 식물을 말한다. 꽃잎은 홑겹으로 피고, 가뭄에 강한 성격을 지니고 있다. 재배종에 비해 꽃의 색이나 형태가 화려하지는 않지만 수수한 멋으로 내추럴한 정원 구성을 할 때 잘 어울린다. 재배종에 비해서 생존력이 뛰어난 것도 장점 중 하나다.

벌개미취 *Aster koraiensis*

· 다년생 초본식물
· 산이나 들에서 특별한 관리 없이도 잘 자란다.
· 정원에 심었을 때에는 촉촉한 땅을 좋아하기 때문에 마르지 않도록 물을 주는 것이 좋다.
· 늦여름부터 가을까지 화단을 풍성하게 연출하는 데 도움을 준다.
· 번식력이 강하기 때문에 다른 식물에게 침입하지 않도록 경계를 두는 일이 필요하다.

쑥부쟁이 *Aster yomena*

· 다년생 초본식물
· 한국, 일본, 중국, 시베리아가 자생지다.
· 30센티미터에서 1미터까지 키가 자란다.
· 자주색 꽃을 피운다.
· 습기가 있는 땅을 좋아하지만 가물은 지역에서도 비교적 잘 자란다.

감국(황국)

Chrysanthemum indicum

· 다년생 초본식물(준관목)
· 노란색 꽃을 피우고, 비탈진 면에서도 잘 자라서 고속도로 주변에서 쉽게 발견할 수 있다.
· 정원에 심을 때에는 줄기가 지나치게 다른 식물들을 침범하지 않도록 잘라주는 것이 좋다.

산국

Chrysanthemum lavandulifolium

· 다년생 초본식물(준관목)
· 노란색으로 꽃을 피운다.
· 감국과 꽃의 모양이 매우 비슷하다.

해국

Aster sphathulifolius

· 다년생 초본식물
· 바닷가에서 잘 자라기 때문에 '해국'이라는 이름으로 불린다.
· 아스터 속의 식물이다.
· 보라색의 꽃을 피운다.
· 키는 작지만 잎이 풍성하게 자라서 지면을 덮어주는 효과가 뛰어나다.

구절초

Chrysanthemum zawadskii var. latilobum

· 다년생 초본식물(준관목)
· 산과 들에서 스스로 자라는 야생식물이지만 지금은 정원식물로도 많이 쓰인다.
· 9~11월 홑겹의 흰색이나 연분홍색의 꽃을 피운다.
· 초본식물 대부분이 잎과 줄기를 거두는 시기에 꽃을 피워 가을 화단을 지켜주는 귀한 식물이다.

동서양 정원사들에게
전해 내려오는
오래된 정원 지혜

폭풍이 오기 전 자연은 이렇게 말한다?

농사와 정원 일에서는 궂은 날씨를 예측하고 대비하는 것이 무엇보다 중요하다. 일기예보가 없었던 시절에도 우리는 자연을 통해 궂은 날씨를 예측해왔고, 어쩌면 오늘날 기계가 예측하는 날씨보다 더 정확했다.

· 새들이 유난히 시끄럽게 울어댈 때
· 클로버가 잎을 닫을 때
· 풀어놓은 소와 양들이 좀 더 편안한 장소를 찾아 울타리를 넘으려고 할 때
· 민들레가 꽃잎을 닫을 때
· 벌레들이 낮게 날며 평소보다 많이 물 때
· 나팔꽃이 꽃잎을 닫을 때

이런 모습들을 발견한다면 곧 폭풍이 몰려올 수도 있다. 대비를 충분히 해야 한다.

허브 향을 좀 더 강하게 유지할 수 있는 수확 시기?

라벤더, 로즈마리, 타임, 샐비어, 오레가노 등 지중해 지역을 자생지로 두고 있는 허브는 이미 우리나라에서도 쉽게 키울 수 있다. 각종 요리의 향신료와 차를 만드는 데 쓰이는 허브의 꽃과 잎을 여름 내내 잘라 말려 보관해두면 요긴하게 쓸 수 있다. 그런데 이런 허브들의 경우 향이 가장 강할 때가 꽃을 피울 때다. 때문에 향을 조금 더 강하게 보존하기 위해서는 꽃이 피었을 무렵 수확하고 말려서 사용하는 것이 좋다.

허브의 보관 방법

허브는 신선한 상태와 말린 상태로 모두 사용할 수 있다. 그런데 만약 신선한 허브를 쓴다면 말린 허브보다 3~5배 정도 많은 양을 써야 한다. 또 허브는 공기 중에 그대로 두는 것보다는 식초, 식용유, 레몬주스 등에 넣어둘 경우 훨씬 더 진한 향기를 오랫동안 머금는다.

철황백증 예방법?

사람에게도 철분 부족으로 병이 생기지만 식물도 철이 부족해지면 치명적인 해를 입는다. 철황백증Iron Chlorosis이라는 질병은 식물에게 철분이 부족해질 때 잎맥부터 노랗게 변화된 후 심해지면 잎 전체가 누렇게 변색되어 떨어지고 결국 식물 전체가 죽게 되는 질병이다. 철분 부족은 페하농도가 높아져 알칼리성을 많이 지녔을 때, 물을 지나치게 많이 주었을 때, 흙의 상태가 물 빠짐이 좋지 않을 때, 지나치게 망간, 구리, 아연 등의 중금속이 많을 때 발생한다. 가장 효과적인 치료법은 철분을 물에 희석시켜 뿌리와 식물 전체에 뿌려주는 것이다.

열매를 위협하는 새를 쫓는 방법

정원과 텃밭에 열매가 가득해지면 새들의 좋은 먹이가 된다. 하지만 일부 작물은 지나치게 새들의 먹이가 되어 제대로 된 수확을 기대하기 어렵다. 이럴 때 새를 쫓을 수 있는 두 가지 방법이 있다.

· 딸기밭에 돌딸기 만들기: 작은 돌을 주워서 딸기 그림을 그리고 딸기밭에 던져놓는다. 딸기를 쪼아 먹는 새들이 돌딸기를 진짜 딸기로 착각해 부리로 쪼아대다 혼이 난다.
· 반짝이는 금속물 이용하기: 깡통의 뚜껑이나 쓰지 않는 CD판을 실에 매달아 식물 근처에 놔두면 바람에 흔들리면서 반짝거린다. 새들은 이 반짝거림에 겁을 먹는다.

정원에서 비눗물의 사용법?

깜짝 놀랄 사실이지만 비눗물은 정원에서 매우 요긴하게 쓰인다. 주방이나 세탁용 세제의 성분표를 들여다보면 지방산 속에 염화칼륨Potassium salt이 들어 있다. 이 성분이 바로 세균의 작용을 억제하고 병충해를 예방하는 효과를 가진다. 소량을 물에 희석시켜서 쓸 경우 달팽이를 비롯한 연체동물을 제거하고, 잡초의 번식을 억제시킬 수 있다.

미국 원주민들의 식물 키우기 지혜

"5센트짜리 구멍에 5달러짜리 식물을 심지 말라."

손바닥 가드닝 노트

Indoor gardening notes

베란다 화분 월동 준비

베란다 화분에서 키우는 튤립, 수선화, 칸나, 아가판투스 등의 구근 식물은 이제 월동을 준비해야 한다. 튤립, 수선화 등은 온대기후가 자생지라 그대로 두어도 화분 속에서 겨울을 나고 봄에 싹을 틔우 겠지만 일단은 알뿌리를 꺼내 상처 입거나 썩은 부분은 없는지 확 인하고 신문지 등으로 싸서 겨울을 날 수 있는 선선하면서도 빛이 들어가지 않는 장소에 보관해주는 편이 좋다. 냉장고의 야채칸도 매우 적합한 장소로 잘 알려져 있다. 잘 보관해둔 구근의 뿌리는 초봄에 다시 화분에 심어주면 된다. 그러나 칸나와 달리아, 아가판 투스 등 추위에 약한 열대 지방 자생의 구근식물은 화분 자체를 실 내로 옮겨두거나 알뿌리를 캐둔 뒤 실내의 선선한 공간에 빛이 들 어가지 않게 보관해두었다 추위가 완전히 물러간 늦봄에 심어줘야 한다.

겨울에 꽃을 피우는 실내식물, 포인세티아, 크리스마 선인장

가을, 겨울이라고 모든 식물이 잎을 떨구고 잠이 드는 것은 아니다. 겨울에도 우리 눈을 즐겁게 해주는 식물들을 이제 준비할 때다. 실 내식물로는 크리스마스 즈음에 화려한 잎과 꽃을 보여주는 포인세 티아, 크리스마스 선인장*Schlumbergera*이 있는데, 지금 심어 키우면 한 겨울 크리스마스에 아름다운 잎과 꽃을 볼 수 있다.

크리스마스쯤 꽃을 피우는
대표적인 실내식물 포인세티아

겨울 베란다 화단 만들기

그런가 하면 실내보다 더 추운 베란다에서 키울 수 있는 겨울 식물
도 있다. 팬지, 케일, 꽃배추 등의 어린 모종을 지금부터 준비해 잘
키워주면 한겨울에도 화려한 꽃의 화단을 감상할 수 있다. 단, 식물
을 심기 전에는 반드시 오래된 흙을 걷어내고 새로운 거름으로 바
꿔주는 작업이 필요하다. 자연 상태의 흙은 식물의 잎이나 동물의
잔해 등 유기물이 쌓여 스스로 거름을 만들지만 화분 속의 흙은 영
양분을 식물에게 공급만 해줄 뿐 스스로 영양분을 축적할 환경이
안 돼 갈수록 영양 결핍이 일어난다.

꽃배추

팬지

꽃배추와 팬지는 겨울을 난 뒤 이른 봄부터 다시 잎과 꽃을 피운다.
가을부터 다음해 늦봄까지도 화단을 지켜주는 식물이다.

물주기를 줄이자

이 시기 정원은 물주기의 힘겨움에서 조금씩 벗어난다. 화분에 주
던 물의 양도 이제 조금씩 줄여가는 요령이 필요하다.

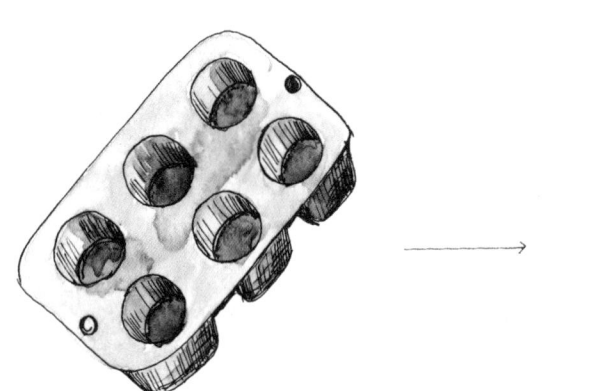

흙은 모래와 자갈을 반반으로 섞어 넣어준다.

주방 용기를 활용한 화분 만들기

부엌에서 쓰는 용기를 잘 활용하면 세상에 하나밖에 없
는 나만의 재활용 정원 소재가 된다. 배수구멍을 뚫지 않
아도 다육식물처럼 최소량의 물을 필요로 하는 식물을
활용하면 어떤 용기라도 멋진 화분이 될 수 있다.

가을
Mid Autumn

10월

떨어지는 낙엽이 어깨를 토닥여준다

감나무의 감은 세상 그 어떤 과일보다 달달한 맛을 선물하고, 밤나무는 잔바람에도 톡톡 떨어지는 알토란 같은 밤송이를 선사한다. 찬이슬을 맞은 새벽이지만 정원을 한 바퀴 돌고 나면 주머니 속에 밤알이 가득해진다. 뿐만 아니다. 집 밖으로 나서면 논에는 누렇게 익어 고개 숙인 벼들이 황금빛으로 출렁인다. 벚나무, 단풍나무, 은행나무의 잎은 어느새 알록달록 물들어 거리를 수놓고 있다. 가을은 누가 뭐래도 더도 덜도 할 것 없이 1년 중 가장 풍요로운 계절이다. 정원이 한 해 동안 잘 살았음을 말하는 시간, 우리에게도 힘겨운 시간을 잘 보냈음에 어깨를 토닥여줄 시간이다.

· 10월 절기 ·

한로: 찬 이슬이 내린다. 월동 대책이 필요하다. 양력 10월 8일(9일)
상강: 서리를 맞기 전 식물들은 잎을 떨군다. 양력 10월 23일(24일)

10월 정원 노트
Outdoor gardening notes

큰 나무를 옮기기에 좋은 시기

가을은 잎을 떨군 큰 나무를 새로이 심거나 옮기는 데 가장 좋은 시기다. 이미 잎이 나오기 시작한 봄이나 무성해진 여름에 옮겨 심는 것은 나무에게 큰 무리를 줄 수 있다. 바로 수분 때문이다. 나무는 수분을 뿌리로 흡수한 뒤, 잎의 기공을 통해 다시 배출한다. 그런데 나무를 새롭게 심는 과정에서 아무리 조심하더라도 뿌리가 손상될 수밖에 없고, 이때 뿌리가 아직 땅에 정착하지 못해 수분을 제대로 빨아들일 상황이 안 되는데도 잎은 그 상황을 짐작하지 못한 채 열심히 수분을 증발시킨다. 이 과정에서 잎이 마르는 현상이 일어나고 심해지면 광합성 작용을 하지 못해 식물 전체가 죽을 수 있다.

그래서 가을철 나무가 잎을 다 떨군 상태라면 이 증상을 피할 수 있다. 가을에 나무를 옮겨 심고 뿌리가 정착할 수 있도록 회복의 시간을 주면 다음해 봄 새 잎이 자라나면서 무사히 나무가 살아남게 되는 셈이다. 그러나 겨울에도 잎을 떨구지 않는 상록수의 경우는 가을이 아니라 오히려 잎갈이를 시작하는 봄철이 나무를 이동시키는 적기다.

뿌리 나누기의 시기: 원추리, 범부채, 호스타

이제 붓꽃Iris, 호스타Hosta, 원추리Hemerocallis, 범부채Belamcanda 등 다년생 초본식물의 잎이 누렇게 빛을 잃는다. 잎을 잘라낸 뒤 뿌리를 캐낸다. 캐낸 뿌리를 날카로운 삽으로 눌러 갈라서 다시 적당한 크기로 뭉쳐 심어주자. 이런 뿌리 나누기의 작업은 매년 하는 것이 아니고 3~4년에 한 번씩이면 족하다. 얼핏 생각하면 굳이 잘 자라고 있는 식물의 뿌리를 캐내 나누는 작업이 불필요해 보이거나 식물에게 몹쓸 짓을 하는 것처럼 느껴질 수도 있지만, 그렇지 않다. 다년생식물이라 해도 오래된 뿌리는 서서히 잎과 꽃을 피워낼 에너지를 잃게 된다. 그대로 자라게 내버려두면 오래된 뿌리가 중심부를 차지하고 어린뿌리가 주변으로 번지면서 식물 전체가 잎을 틔웠을 때 가운데가 비게 되는 현상이 나타난다. 이는 오래된 화단이 점점 생기를 잃어가는 가장 큰 원인이기도 하다. 오래되거나 죽은 뿌리는 제거하고 새로 돋은 뿌리를 모아 다시 심어주면 뿌리 자체가 젊어져 다음해 봄에 좀 더 탐스럽고 건강한 잎과 꽃을 피워낸다.

추위에 약한 초본식물 보관하기: 달리아, 베고니아, 글라디올러스, 파피루스

달리아Dahlia, 베고니아Begonias, 글라디올러스Gladiolus, 그리고 일부 수생식물 수련, 파피루스 등은 그대로 두면 추위를 이기지 못하고 동사한다. 잎을 자른 뒤, 뿌리를 캐내 집 안이나 온실로 들여놓는 작업이 필요하다. 흙을 채운 화분에 묻어서 보관하기도 하지만 뿌리에 붙은 흙을 완전히 털어내고 종이 봉투에 담아 선선한 곳에 보관하는 것이 좋다. 식물의 뿌리는 빛, 수분, 영양의 3대 조건이 충족되면 바로 싹을 틔워내기 때문에 보관 중에 수분이 많아지거나 햇빛을 보지 않도록 조심해야 한다. 보관된 뿌리는 다음해 봄(3월경) 온실이나 실내에서 화분에 심어 물주기와 햇볕 쐬주기를 시작하고 싹을 키운 뒤 추위가 완전히 풀렸다고 판단되는 5월쯤에 바깥 화단으로 다시 옮겨 심어준다.

마가목

Sorbus commixta

· 낙엽 교목식물
· 한국, 일본 등에 자생한다.
· 6~8미터까지 키가 자란다.
· 가을에는 포도송이 같은 빨간 열매가 맺히고 낙엽이 진다.

단풍나무

Acer palmatum

· 낙엽 관목식물
· 서양에서는 '메이플$_{Maple}$'로 불린다.
· 에이서$_{Acer}$ 속으로 시작되는 나무는 전 세계 128종이 넘는다.
· 잎이 빨간색, 노란색, 주황색 등으로 화려하게 물들어 정원 관상수로 아주 오래전부터 활용되어왔다.

좀작살나무

Callicarpa bodinieri 'Profusion'

· 낙엽 관목식물
· 한국, 일본, 중국이 자생지다.
· 보라빛이 감도는 열매는 꽃보다 더 화려하다.
· 1.5미터까지 키가 자란다.

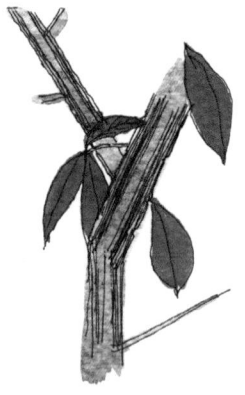

화살나무

Euonymus alatus

· 낙엽 관목식물
· 사철나무가 포함되어 있는 에우오니무스$_{Euonymus}$ 속의 식물이다.
· 잎이 밝은 빨간색으로 물들어 가을 정원에 특별한 색을 선사한다.
· 줄기의 모양이 독특해 줄기 자체도 관상 효과가 있다.

복자기

Acer triflorum

· 낙엽 교목식물
· 에이서 속의 식물 가운데 우리
  나라 자생의 대표 단풍나무다.
· 단풍이 든 잎의 색상이 매우 아
  름답다.
· 15~25미터까지 키가 자란다.
· 일부 지역에서는 '나도박달나
  무'로 불린다.

코토네아스테르

Cotonesaster spp.

· 낙엽 관목식물
· 우리나라에서는 '*Cotoneaster
  wilsonii*' 종을 '섬개야광나무'
  로 부른다.
· 중국, 히말라야 산맥에서 자생
  한다.
· 잎은 작지만 촘촘하고 겨울 추
  위가 강하지 않으면 상록으로
  버텨준다.
· 빨간 열매를 맺어 가을 정원을
  장식한다.

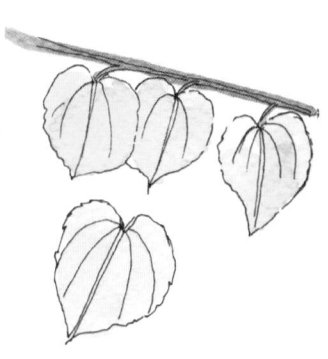

계수나무

Cercidiphyllum japonicum

· 낙엽 교목식물
· 중국과 일본에서 자생한다.
· 10~45미터까지 키가 자라는
  큰 나무다.
· 가을이 되면 하트 모양의 잎이
  주황색으로 변해 강렬한 가을
  분위기를 연출한다.

좀참빛살나무

Euonymus europaeus

· 낙엽 관목식물
· '좀작살나무'와 같은 속의 식
  물로 비슷한 성격을 지닌다.
· 유럽 자생의 식물이 대부분이다.
· 3~6미터까지 키가 자란다.
· 가을에 맺는 열매는 분홍과 보
  라가 섞인 독특한 색상으로
  관상 효과를 만들어준다.

대부분의 식물이 초록색을 띠고 있지만 초록이 아닌 색상을 지닌 식물들도 많다. 잎은 꽃보다 더 오랜 시간 정원에서 머물러주기 때문에 식물 디자인의 중요한 요소가 된다. 그중에서도 은빛이나 푸른 빛을 띠는 잎은 화단에 피어나는 꽃들을 더욱 돋보이게 하는 장치가 되어준다. 진한 초록색에 비해 은색이 들어간 잎은 다른 색을 좀 더 화사하고 뚜렷하게 만들어주기 때문이다.

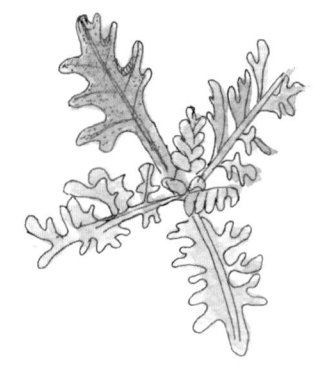

세네치오 시네라리아

Senecio cineraria

· 다년생 초본식물
· 우리나라에서는 '백묘국'으로 불린다.
· 은빛이 더욱 강조된 재배종도 많이 보급되고 있다.
· 해를 보내고 나면 세력이 약해지기 때문에 1년생처럼 다시 심어주는 것이 좋다.
· 햇볕에서도 잘 자라지만 그늘을 더 선호한다.
· 늦여름에 꽃대가 올라와 노란 꽃을 피운다.

헬리크리섬

Helichrysum spp.

· 다년생 초본형 관목식물
· '커리플랜트' 혹은 '헬리크리섬 커리'로도 불린다.
· 잎에서 커리 향이 나서 커리식물로 불리며 서유럽에서 이름에 혼동을 일으킨 식물이기도 하다.
· 국화과의 식물로 인도 요리 커리에 향신료로 쓰이는 진짜 '커리나무*Murraya koenigii*'와는 전혀 다르다.
· 다 자라면 둥근 돔 형태로 관목이 된다.
· 따뜻한 환경을 좋아해서 우리나라의 겨울 추위에서는 월동이 힘겹다. 1년생처럼 매년 다시 심어주는 방식을 택하는 것이 좋다.

리크니스

Lychnis coronaria

다이안투스

Dianthus gratianopolitanus 'Firewitch'

스타치스 비잔틴

Stachys byzantine

· 다년생 초본식물

· 우리나라에서는 '동자꽃'으로 불린다.

· 주황색, 진분홍색 등 잎과 꽃의 색상이 다양하다. 그중에서는 유난히 은색의 잎을 지닌 종은 'L. coronaria'이다.

· 2년생 혹은 3~4년 정도만 살아주는 다년생이 대부분이다. 해마다 새롭게 심어야만 화단을 풍성하게 지켜준다.

· 반그늘 상태를 좋아한다.

· 키우기가 특별히 까다롭지 않다.

· 야생의 패랭이꽃에서 재배된 종이다. 1957년 독일의 식물학자 포이어헥세Feuerhexe에 의해 개발되었다.

· 푸르스름한 은빛 잎에 분홍색 꽃을 피운다. 패랭이꽃의 아름다움을 극대화시킨 종이다.

· 키가 크게 자라지 않고 잎이 돔 형태로 바짝 땅에 붙어 자라서 암석 정원에 많이 이용된다.

· 정착되고 나면 특별한 물주기 없이 자연 강수량만으로 성장이 가능하다.

· 양지바른 곳을 좋아한다.

· 다년생 초본식물

· 잎에 흰 솜털이 가득하다.

· 서유럽에서는 양의 귀를 닮았다는 의미로 '램스이어Lamb's ear'로 부른다.

· 큰 잎으로 촘촘히 흙을 덮어주기 때문에 잡초의 침투를 막고, 꽃을 피운 식물들의 색상을 돋보이게 하는 좋은 배경이 되어준다.

· 가뭄에 강해서 정착되고 나면 특별한 물주기 없이 자연 강수량만으로 성장이 가능하다.

· 양지바른 곳을 좋아한다.

아르테미시아 스크미드티아나

Artemisia schmidtiana

· 다년생 초본식물
· 쑥과의 식물로 우리나라에서는 '은쑥'으로 불린다.
· 충분한 햇볕을 좋아하고, 가뭄에는 강한 편이다.
· 7월에 꽃을 피우는데 꽃이 지고 난 후에는 둥글게 돔 모양으로 잘라주는 것이 좋다.

브룬네라 잭 프로스트

Brunnera macrophylla 'Jack Frost'

· 다년생 초본식물
· 숲속에서 자라는 식물로 땡볕보다는 반그늘 상태를 좋아한다.
· 4~5월 파란색의 작은 꽃을 피운다.
· 하트 모양의 큰 잎으로 지면을 덮어서 화단을 보호한다.

라벤더

Lavanduia spp.

· 다년생 관목식물
· 잎에 은빛 잔털이 가득하다.
· 연보라색 꽃을 피우는데 은빛이 감도는 초록 잎과 함께 파스텔 분위기를 만든다.
· 화단 사이사이에 심어주면 다른 식물의 색을 돋보이게 하는 효과가 있다.
· 지중해 지역에서는 상록이지만 우리나라에서는 월동이 필요하다.

정원에서 아이들과 함께할 수 있는 일!

정원은 식물과 야생의 동물들이 함께 살아가는 공간으로 자연스럽게 아이들이 자연의 원리를 접할 수 있는 장소다. 최근 유럽에서는 정원 속에서 과학, 수학, 예술을 공부할 수 있는 프로그램이 활발하게 개발되고 있다. 모든 식물의 꽃잎은 외떡잎, 쌍떡잎에 따라 꽃잎의 숫자가 달라진다. 암꽃, 수꽃이 달리 피는 식물들, 동물과는 달리 암수가 하나의 꽃에서 같이 살고, 환경에 따라 암수를 교체하는 일 등의 엄청난 식물의 진화를 그대로 목격할 수 있다. 더불어 낙엽을 모아 알록달록 그림을 그리는 미술 수업도 가능하다. 잎을 모아 그 생김을 관찰하고 그리는 일은 재미와 함께 뛰어난 학습 효과가 있다.

야생동물의 월동을 돕는 겨울 정원 만들기

기나긴 겨울 동안 야생동물들은 먹을거리가 떨어지거나 특히 먹을 물을 찾기 어려워지면 사람이 사는 정원에까지 내려온다. 큰 짐승이 내려오는 것은 막아야 하지만 작은 야생동물들의 월동을 도와주는 일은 생태계 보존을 위해서도 좋은 일이다. 야생동물을 부를 수 있는 정원의 가장 중요한 요건은 먹이보다도 '물'이다. 새, 작은 포유류 등이 먹을 수 있도록 물을 담아놓으면 동물들이 찾아온다. 물이 얼면 먹을 수 없기 때문에 틈틈이 살피고 새물로 교체해주는 것이 좋다.

늦가을 꽃 화단 만들기: 에리시뭄, 꽃배추, 앵초, 팬지

우리나라의 겨울 추위는 영하로 떨어지는 경우가 많아서 유럽처럼 겨울에도 꽃을 볼 수 있는 화단 구성이 참 어렵다. 그럼에도 불구하고 영하의 추위가 찾아오기 전까지 꽃을 즐길 수 있는 식물들이 있다. 이미 심어진 국화와 쑥부쟁이, 아스터 등은 가을 정원을 풍성하게 만드는 소재가 되는데, 그 외에도 에리시뭄*Erysimum*이나 꽃배추*Cabbage*, 앵초*Prumula*, 겨울 팬지*pansy* 등을 이 시기에 심어두면 얼음이 얼기 전까지는 아름다운 꽃 화단을 감상할 수 있다.

내년 봄을 위한 씨앗 구입하기

'어떤 식물을 심을 것인가'는 봄보다 가을에 고민하는 것이 좋다. 화단이 필요하다면 화단 조성도 땅이 얼기 전인 가을에 미리 해두고 정착시켜야 한다. 이 밑그림을 충분히 잘 그렸을 때 비로소 봄이 되면 원하는 곳에 적절하게 씨앗을 파종할 수 있게 된다. 봄에 불현듯 마음이 움직여 다급하게 식물시장에서 씨앗을 구입해 화단을 조성하는 것은 자칫 계획에 없던 어수선한 디자인을 하게 될 가능성이 커진다. 그러니 놓치지 말고 가을에 멋진 화단을 구상해보자. 그리고 구상만으로 끝내는 것이 아니라 꼼꼼히 어떤 씨앗이, 얼마나, 어디에 필요한지를 기록해 이 가을에 신선한 씨앗을 미리 구입하는 것도 현명하다. 잘 보관해두고 심는 시기를 체크해 봄부터 본격적인 씨뿌리기에 들어가야 한다.

사계절 화단의 구성

아름다운 화단은 정원을 꿈꾸는 이들의 로망이기도 하다. 그러나 사계절 꽃으로 화려한 화단을 만드는 일은 생각만큼 쉽지 않다. 봄부터 늦가을까지 계절에 따라 언제 꽃이 피는지, 어떤 색상으로 피는지, 또 다 자란 식물의 키와 모양은 어떤지 등등을 일일이 기억하지 않으면 좋은 화단 디자인을 할 수 없기 때문이다. 가을은 초본식물들의 잎이 대부분 떨어져 화단이 텅 비어버린다. 이럴 때 봄, 초여름, 늦여름, 초가을로 계절을 분할해 어떤 식물이 어떤 색감으로 올라올 수 있는지 꼼꼼하게 체크하고 밑그림을 그리는 것이 중요하다. 꼼꼼한 준비와 식물에 대한 공부만이 아름다운 화단을 그려낼 수 있는 밑바탕이 된다.

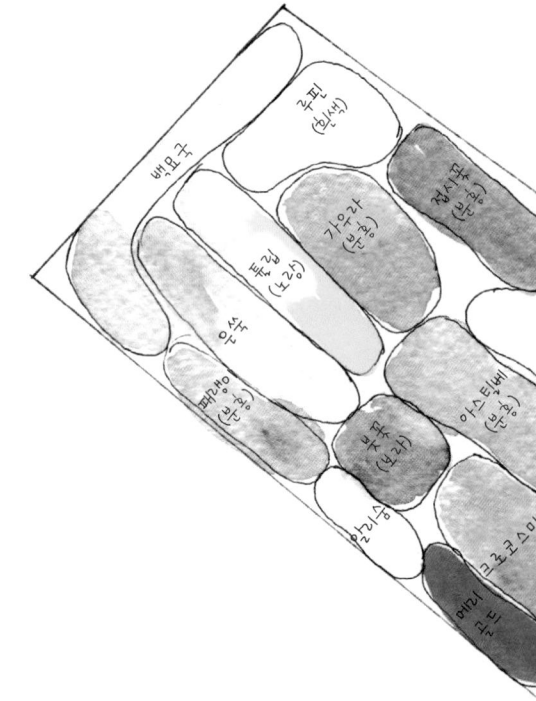

사계절 꽃이 피는 화단 디자인 요령

가우라 *Gaura sp.* (분홍)
구절초 *Chrysanthemum zawadskii var. latilobum*
글라디올러스 (분홍)
달리아 *Dahlia sp.* (빨강)
루핀 *Lupinus sp.* (흰색)
매리골드 *Tagetes sp.*
백묘국 *Senecio cineraria*
벌개미취 *Aster koraiensis* (보라)

붓꽃 *Iris sp.* (보라)
스타치스 램스이어
아스틸베 *Astilbe sp.* (분홍, 흰색)
알리숨 *Alyssum sp.*
에키네시아 (분홍)
은쑥 *Artemisia laciniata*
접시꽃 *Alcea sp.* (분홍)
칸나 (노랑)

크로코스미아 *Crocosmia sp.*
튤립 *Tulipa sp.* (빨강, 노랑)
패랭이 *Dianthus chinensis* (분홍)
헬레니움 (노랑)
황금조팝 *Spiraea japonica* 'Gold Mound'

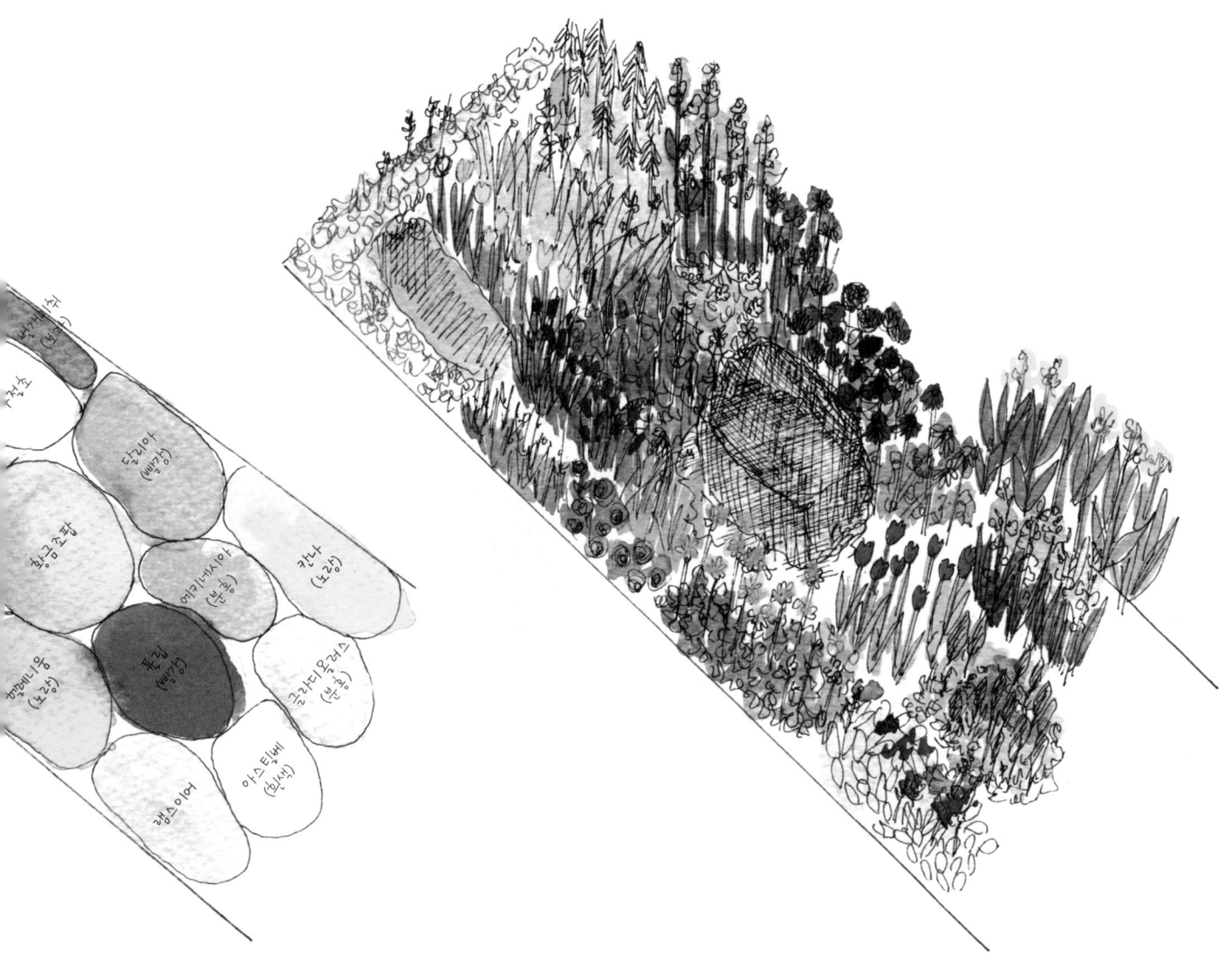

10월의 정원을 빛내는 식물들
Plants of October

국화 *Chrysanthemum spp.*

· 다년생 초본식물(준관목)
· 들국화와 달리 겹꽃으로 꽃이 핀다.
· 야생 상태에서는 노란색 꽃을 피우지만 재배종이 개발되어 흰색, 빨간색, 자주색, 분홍색 등 다양한 색상과 형태의 정원용 국화가 많이 보급되어 있다.
· 이른 봄에 잎을 틔우고 늦가을이 되어서야 꽃을 피운다.
· 자라는 동안 중간에 줄기와 잎을 잘라주지 않으면 꽃이 피었을 때 지나치게 줄기가 늘어지는 증상이 나타난다. 일반적으로 8월쯤 지면 바로 위에서 줄기를 잘라주면 다시 새로운 순이 나와 탐스러운 꽃을 피운다. 우리나라 자생식물이라 특별한 돌봄 없이도 잘 자란다.

가우라 *Gaura spp.*

· 다년생 초본식물
· 키가 50~100센티미터까지 자란다.
· 봄부터 여름, 가을까지 지속적으로 꽃을 피운다.
· 줄기가 휘어지고 늘어지는 특성이 있어 자칫 화단을 지저분하게 보이게 할 수 있지만, 자연스러운 정원 연출을 원한다면 오히려 더 좋다.
· 봄에 꽃이 한 번 피고 난 후 지면 위에서 바짝 잘라주면 다시 새 줄기가 나오면서 풍성한 꽃을 여러 번 피운다.
· 단독으로 하이라이트가 되는 식물이라기보다는 글라디올러스, 애기범부채, 알리움 등과 함께 심어서 든든한 배경 역할을 하도록 구성하면 좋다.

수레국화 *Centaurea spp.*

· 1년생 혹은 다년생 초본식물
· 전 세계 350~600여 종 식물이 있다.
· 척박한 환경에서도 잘 자라서 일부 종은 잡초로 분류되어 있기도 하다.
· 씨앗으로도 발아가 잘된다.
· 푸른색 꽃을 피워 정원을 시원하게 만들어준다.

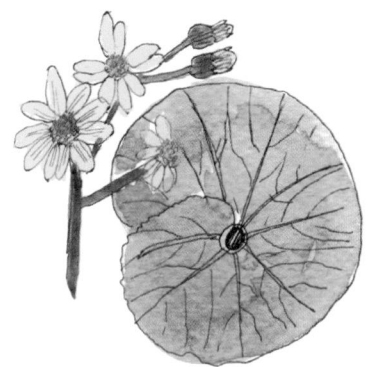

털머위 *Farfugium japonicum*

· 다년생 초본식물
· 우리나라와 일본에서 자생한다.
· 잎에 잔털이 달려 있어 '털머위'로 불린다.
· 9~10월 노란색 꽃을 피워 가을 정원을 연출하기에 좋다.
· 먹을 수 있는 머위와 달리 관상용으로 많이 키워지고, 화분에서도 잘 자란다.
· 그늘을 좋아하지만 밝은 곳을 좋아해 큰 나무 밑의 반그늘에 심어주어야 잘 자란다.

배초향 *Agastache rugosa*

· 다년생 초본식물
· 꿀풀과에 속한다.
· 한국, 대만, 중국에서 자생한다.
· '방앗잎'으로 불리기도 한다.
· 잎에 특유의 향이 있다.

과꽃 *Callistephus chinensis*

· 1년생 초본식물
· 들국화와 비슷한 시기에 비슷한 형태의 꽃을 피우지만 다년생인 들국화와는 전혀 다른 속의 식물이다.
· 씨앗으로도 발아가 잘되기 때문에 7~8월에 씨를 뿌리면 9~10월에 보라색, 분홍색의 꽃을 피운다.
· 한 번 꽃이 피면 오랫동안 지지 않아 가을 정원을 지켜주는 소중한 식물이다.
· 잎에 특유의 향이 있다.

동서양 정원사들에게
전해 내려오는
오래된 정원 일의 지혜

양파껍질로 알아보는 겨울 예감

동서양을 막론하고 인류는 자연의 여러 현상에서 다가올 계절이나 날씨에 대한 예측을 해왔다. 서양인들에게 많이 알려진 양파를 이용한 겨울 추위 예측도 그중 하나다.

· 갓 캐낸 양파 알뿌리의 껍질이 얇고 투명하다면 다가올 겨울은 온화할 것이고, 껍질이 두껍고 질기다면 다가올 겨울은 춥고 바람도 거칠 것이다.

달로 예측하는 기후 변화

밤하늘의 달과 별을 보며 내일의 날씨를 예측하는 일은 우리만의 전통이 아니다. 서양에서도 우리와 비슷하게 달이 떠 있는 밤하늘 공기의 상태를 보고 앞으로 다가올 날씨를 예측했다. "달빛이 은빛으로 유난히 빛나고 있다면 수확하기에 좋다", "달무리가 보인다면 큰 비가 올 것이고, 달과 해 주위에 도넛 모양의 링이 생긴다면 이 역시도 비나 눈이 올 증조다", "그믐이 다가오는 시기에는 수확을 하는 것이 좋고, 씨를 뿌리는 시기는 차오르는 보름 즈음이 좋다."

감으로 맥주 만들기

홍시를 이용해 식초를 만드는 일은 잘 알려져 있다. 미국에서는 감을 이용해 민간에서 맥주를 만들기도 한다.

· 잘 익은 감 4.5킬로그램을 잘 으깨준다.
· 여기에 반 컵 정도의 옥수수가루, 2컵의 설탕을 넣는다.
· 20리터의 물을 붓는다.
· 어둡고 서늘한 장소에서 보관한다.
· 감 건더기가 위로 다 떠올라오면 감은 건져내고 물을 따라 끓여준다.
· 새로운 용기에 담아 뚜껑을 밀봉한다.
· 감 맥주는 맑으면서도 탄산이 가득해진다.

계량컵을 대신하는 페트병

정원에서는 영양분 등을 물에 희석해 써야 할 일이 많다. 이럴 때 물을 재는 단위가 없어서 곤란할 경우, 먹고 남은 플라스틱 페트병은 요긴한 측정 잣대가 되어준다. 예를 들어 1리터의 물이 필요하다면 200리터짜리 페트병에 물을 5번 담으면 된다.

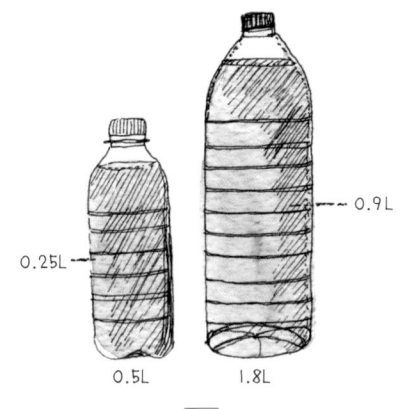

페트병으로 물의 양 측정하기

고추와 허브의 차이

고추와 허브 모두 특별한 향과 맛을 지닌 식물로 우리 식단에 이용되는 재료다. 그러나 이 두 그룹은 매우 다른 특징을 지니고 있다.

· 고추는 열대식물, 허브는 온대식물이다.
· 고추는 열매, 뿌리, 줄기 등에서 특유의 향이 지니지만, 허브는 주로 잎에서만 향이 난다.
· 고추는 빨간색, 노란색, 검은색 등으로 열매가 화려하고 강렬한 향을 뿜지만, 허브는 대부분 초록색을 띠고 은은한 향을 지닌다.

구근식물 화단에 재를 뿌리면?

튤립, 히아신스 등의 화려한 꽃을 피워주는 구근식물 화단은 정원의 큰 즐거움이다. 집 안에 벽난로가 있다면 겨울 동안 나무를 태우고 나온 재를 모아 구근화단에 뿌려주면 좋다. 이 재 속에는 포타슘 성분이 많이 들어 있기 때문이다. 포타슘은 식물의 스트레스를 줄여주고 건강하게 자랄 수 있도록 돕는다.

구근식물과 함께 심으면 좋은 식물들

구근식물은 화려한 꽃을 피워주기는 하지만 꽃이 지고 난 후 한동안 잎만 남는다. 게다가 잎은 점점 더 누렇게 변색된다. 다음 해 꽃을 피우기 위해서는 누런 잎을 함부로 잘라낼 수도 없는 노릇이다. 이럴 때를 대비해 잎이 촘촘하면서도 싱그러운 식물을 구근식물과 함께 심어주는 요령이 필요하다. 1년생의 베고니아, 매리골드 혹은 다년생의 국화, 아스터, 아스틸베 등은 구근식물의 잎이 누렇게 변하는 동안 그 옆에서 신선함을 유지해준다.

손바닥 가드닝 노트

Indoor gardening notes

화분 속 식물 가지치기

10월에는 거의 모든 식물의 가지치기가 가능하다. 덩굴장미 가지치기를 꼭 해야 하는데, 심하게 뒤엉킨 줄기를 잘라 단순한 모양으로 만든다. 아치나 울타리처럼 지지대에 붙여 기르는 식물이라면, 줄기가 골고루 뻗어나갈 수 있도록 모양을 잡아준다. 특히 작은 화분 속에서 자라는 식물은 매년 식물의 크기를 줄여주지 않으면 해마다 화분의 크기를 크게 바꿔야 하는 일이 생긴다. 위로 뻗는 가지와 잎은 물론이고 뿌리도 꺼내서 크기를 줄여주는 작업이 필요하다.

실내 정원을 만들기 전 생각해야 할 것들

내가 살고 있는 실내 환경을 잘 파악하고, 환경에 맞는 식물을 골라내는 것이 무엇보다 중요하다.

실내 환경 파악하기

· 겨울철에 얼마나 추운가?
· 여름철에 얼마나 더운가?
· 적절한 빛이 들어오는가?
· 집 안의 벽 색깔, 벽지의 패턴은 어떠한가? (이는 식물의 특정 색깔과 형태를 정하는 데 중요한 잣대가 된다.)
· 특정 가구나 예술품이 있는가? (식물과 함께 두는 디자인이 가능하기 때문이다.)
· 바닥의 재질은 무엇인가? (카펫, 장판, 시멘트 등의 재질에 따라 식물의 느낌이 달라진다.)

취향에 맞게 식물 고르기

다음과 같이 식물을 그 형태에 따라 분류하여 고르면 디자인의 통일감을 이룰 수 있다.

· 키가 크고 뾰족한 식물군
· 키가 크고 넓게 퍼지는 식물군
· 크면서도 드라마틱한 형태를 지닌 식물군
· 작지만 화려한 꽃을 피우는 식물군
· 부드러운 질감의 식물군
· 가늘고 길게 늘어지는 식물군

버리는 백과사전으로 만든 미니 화분

· 책은 두꺼울수록 좋다. 가장자리를 풀로 발라 종이가 흩날리지 않게 붙인다.
· 책의 가운데를 파서 식물을 담을 수 있도록 공간을 만든다.
· 물을 많이 주지 않아도 되는 다육식물이나 흙 없이도 잘 자라는 틸란드시아 *Tilandsia* 같은 에어플랜트를 심는다.

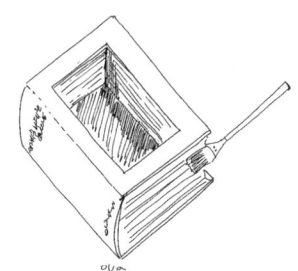

물 빠짐이 없는 실내 화단 만들기

배수가 되는 화단을 만든다면 더할 나위 없겠지만 실내에서는 부득이하게 물 빠짐이 안 되는 화단을 만들기도 한다.

· 화단을 전체 방수가 되도록 펠트나 방수액으로 처리한다.
· 바닥에 배수판(플라스틱으로 만들어진 구멍이 뚫린 판)을 설치하여 물을 저장할 수 있는 공간을 마련한다.
· 그 위에 자갈을 얹는다. 흙이 물에 장시간 담겨 썩는 현상을 막기 위해서다.
· 물주기는 가능하면 흠뻑 주지 않고 흙을 촉촉하게 만드는 정도로 그친다.
· 가뭄에 강한 실내식물을 심어주는 것이 좋다.
· 이런 조치에도 불구하고 배수구가 없는 화단은 수년이 지나면 어쩔 수 없이 흙이 썩는 현상이 생기므로 3~4년에 한 번씩은 흙을 거둬내고 새롭게 바꿔주는 작업이 필요하다.

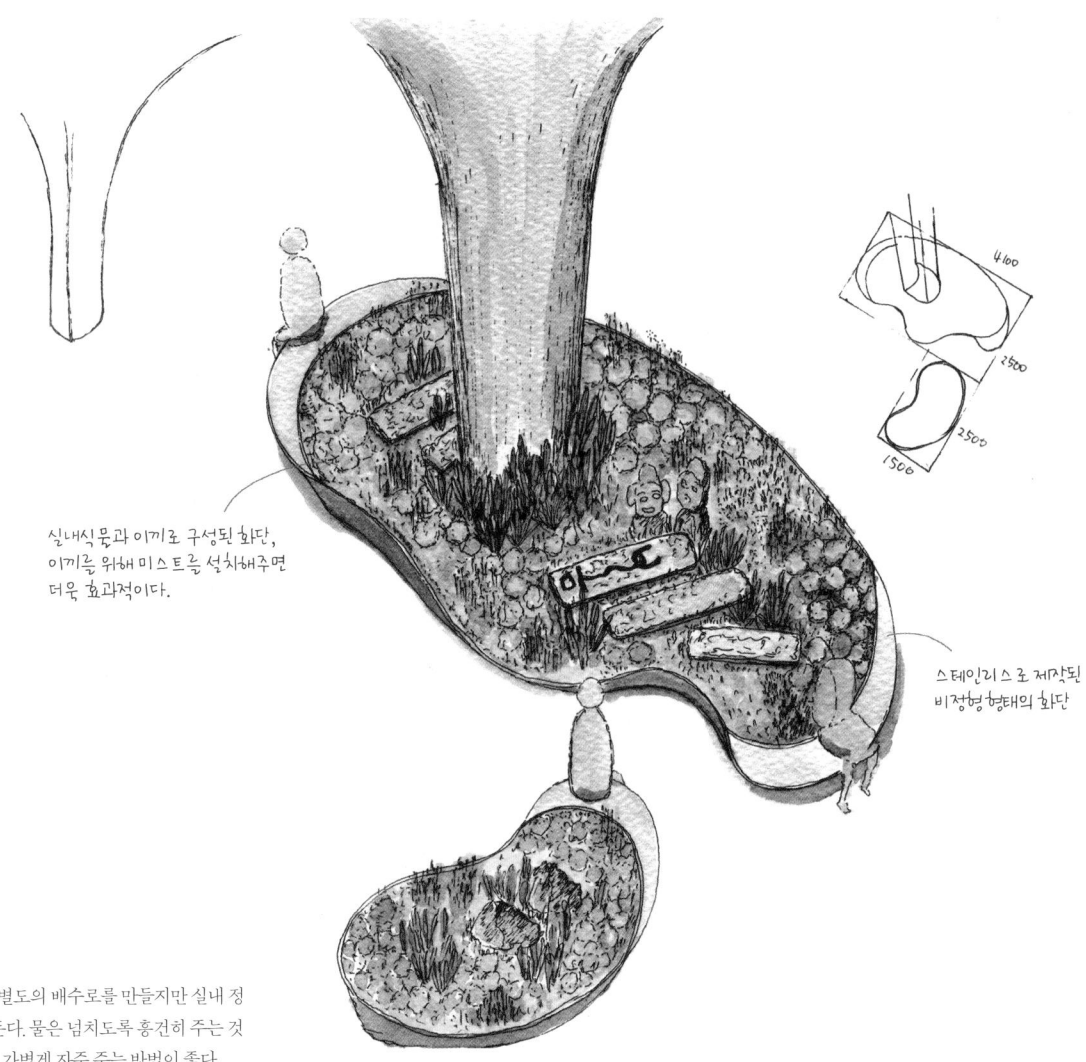

실내식물과 이끼로 구성된 화단,
이끼를 위해 미스트를 설치해주면
더욱 효과적이다.

스테인리스로 제작된
비정형 형태의 화단

4100

2500

2500

1500

대형 화분의 경우 물 빠짐을 위해 별도의 배수로를 만들지만 실내 정원은 대부분 배수구멍이 없이 만든다. 물은 넘치도록 흥건히 주는 것보다는 미스트나 흩뿌리기식으로 가볍게 자주 주는 방법이 좋다.

늦은 가을
Late Autumn

11월

월동 준비의 시간이다!

설악산에 얼음이 얼었다는 소식이 들려올 즈음이다. 아직은 겨울 추위가 본격적이진 않지만 어느 날 불쑥 매서운 추위가 정원 깊숙이 찾아 들어온다. 11월의 정원은 숨 가빴던 한 해를 정리하는 때다. 하지만 정원사의 손길은 여전히 분주하다. 식물들의 월동을 도와야 할 시기다. 따뜻함을 필요로 하는 식물들을 옮기거나 감싸줘야 한다. 또 한 해를 보낸 식물들의 가지를 신중히 살펴보는 시간도 필요하다. 잎이 지고 나면 그간 보이지 않았던 가지들의 민낯이 속속 들어나 여름을 힘들게 보낸 나무의 속앓이가 제대로 보인다. 병들고 다친 가지는 얼음이 어는 추위가 오기 전에 잘라내어 상처가 더 깊어지지 않도록 해주는 것이 좋다.

· 11월 절기 ·

입동: 겨울의 시작이다. 양력 11월 7일(8일)
소설: 얼음이 얼기 시작하고 식물들도 동면을 시작한다. 양력 11월 22일(23일)

11월 정원 노트
Outdoor gardening notes

겨울바람에 비벼대는 가지치기

덩굴식물을 포함해 장미와 같이 줄기가 부드러워 서로 엉킬 수 있는 식물은 겨울바람의 피해를 줄여주는 것이 필요하다. 상식적으로 생각하면 여름이 오히려 겨울보다 바람이 더 세고 많이 불지만 무성한 잎이 있어서 나뭇가지끼리 비벼댐이 적은 편이다. 하지만 겨울의 경우 앙상한 가지만이 남겨져 바람이 불면 가지와 가지가 부딪치고 이 과정에서 마찰이 생겨 껍질이 벗겨지는 손상을 입게 된다. 자칫 이 상처 부위에 물이 들어가 얼게 되면 가지가 동상을 입어 봄이 되어도 회복이 불가능해질 수 있다. 때문에 이 시기 부드러운 가지를 지닌 관목들의 가지를 잘 살펴 서로 부딪치는 부분이 있다면 가지 중 하나를 잘라 한 가지만이라도 잘 살 수 있도록 예방해주는 일이 필요하다.

온실 유리 청소

정원에 온실이 있다면 이제 얼음이 얼기 전 대청소를 해주자. 온실의 생명은 햇볕을 가능한 많이 받아들이는 데 있다. 그러나 겨울은 해가 짧아 그만큼 햇볕이 귀해지는 시기다. 가능한 한 햇볕의 온기를 온실 안으로 끌어들이기 위해서는 유리나 투명 플라스틱 소재의 온실 창을 맑고 깨끗하게 만들어야 한다. 온실 중에는 별도로 난방을 하지 않고 비바람을 막는 정도의 추위만 막는 온실도 있다. 이 경우는 특히 햇볕의 투과율이 중요하기 때문에 낮 동안 충분히 햇볕을 받을 수 있도록 유리창 관리에 신경 써야 한다.

야생동물을 부르는 정원

겨울이 되면 산 주변에 위치한 정원은 뜻밖의 불청객을 맞기도 한
다. 멧돼지나 오소리가 둥글레나 구근식물의 알뿌리를 먹기 위해
정원까지 내려오기 때문이다. 큰 포유류의 경우는 정원의 먹을거
리만 골라먹는 것이 아니라 정원 전체를 짓밟아 완전히 망쳐놓기
때문에 전기 철책 등을 설치해 출입을 방지해놓는 작업도 필요하
다. 또한 튤립 구근은 작은 포유류의 주요 먹잇감이 되기 때문에
추가적인 조치가 필요하다. 알뿌리를 심은 뒤, 철망을 덮어주고 그
위를 다시 흙으로 덮어주는 것이 좋다. 그러나 산새들의 경우는 겨
울 정원의 또 다른 묘미가 되기도 한다. 산새를 불러 모으려면 씨
앗이나 곡물 등을 정기적으로 뿌려주거나 매달아두면 된다. 또 이
런 적극적인 방법이 아니라면 열매가 열리는 나무를 많이 심어 겨
울철 산새의 먹이를 정원에 남겨두는 것도 좋다.

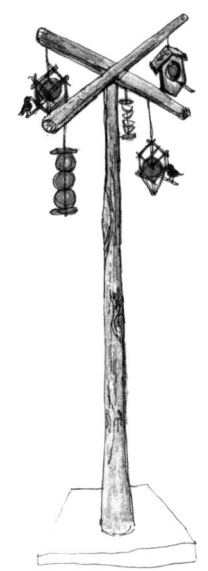

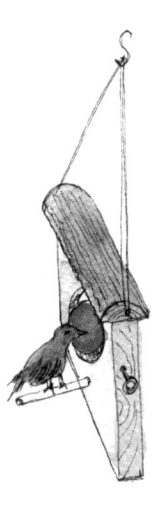

사과를 매달아 새들에게 먹이를 제공하는
애플피더 틀 만들기 예

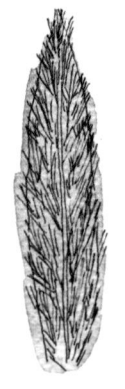

주니퍼 비르기니아나 스카이로켓
Juniper Virginiana 'Skyrocket'

· 상록 교목식물
· '스카이로켓 향나무'로도 불린다.
· 상록침엽수로 향나무에서 재배
 된 정원용 나무다.
· 키가 크지만 폭이 좁아 작은 정
 원에서도 활용도가 높다.
· 6미터까지 키가 자란다.
· 잎이 푸른빛을 띠고 있어 특별
 한 정원 연출이 가능하다.

회양목
Boxus koreana

· 상록 관목식물
· 정기적으로 잎과 줄기를 잘라
 주면 잘린 자리에서 더 촘촘한
 잎이 나온다.
· 5미터까지 키가 자란다.
· 햇볕과 그늘을 가리지 않고 잘
 자란다.
· 종에 따라 겨울 추위에도 초록
 으로 여전히 상록인 회양목과
 누렇게 잎이 변색되는 회양목
 이 있다. 하지만 누렇게 변색되
 었다 해도 봄이 되면 다시 잎이
 파릇해진다.

탁수스
Taxus spp.

· 상록 교목식물
· 우리나라에서는 '주목나무'로 불
 린다. 그러나 탁수스 종의 여러
 식물이 더 있다.
· 주목나무*Taxus cuspidata*: 해발이 높
 은 산속에서 자란다.
· 회솔나무*Taxus baccata*: 주로 서유럽에
 서 생울타리용으로 많이 쓰인다.
· 눈주목*Taxus cuspidata var. nana*: 지면을
 넓게 덮어주는 용도와 암석을 이
 용한 관상정원에 많이 쓰인다.
· 설악눈주목*Taxus caespitosa*: 눈주목과
 비슷한 종이지만 눈주목보다 좀
 더 땅에 바짝 붙어서 잘 자란다.

구상나무
Abies koreana

· 상록 교목식물
· 최근 '크리스마스트리'로 전 세
 계적으로 사랑을 받고 있다.
· 한국에서만 자생하지만, 미국
 의 식물 재배가 윌슨에 의해 정
 원용 식물로 재배되어 *'wilson
 Fir'*라고 불리기도 한다.
· 솔방울 색깔에 따라 4~5종이
 다시 구별된다.

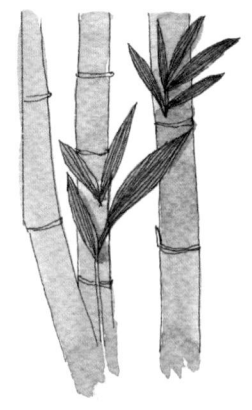

대나무
Bamboo

· 다년생 초본식물
· 지구 전체의 아열대기후 지역에서 자생한다.
· '대나무'는 마디를 빠르게 성장시켜 자라는 식물군 전체를 지칭하는 말이다.
· 최근 추위를 잘 견디는 재배종이 판매되고 있기는 하지만 추위에 약해 우리나라에서는 남부 지방의 정원에서만 활용 가능하다.
· 뿌리를 통해 빠르게 번식하기 때문에 번짐을 막으려면 죽순이 올라오는 시기에 정기적으로 뿌리를 잘라주는 것이 좋다.

일렉스
Ilex spp.

· 상록 관목식물
· 우리나라에서는 '호랑가시나무 *Ilex cornuta*'로 불리는 자생종이 있다. 이는 해변에서 잘 자라는 상록수다. 중북부 지방의 추위에는 약하기 때문에 남부 지방에서만 상록의 효과를 볼 수 있다.
· 서유럽에 자생하는 종과 원예적으로 변형된 재배종이 많아 정원에 상록의 아름다움을 주는 좋은 재료가 된다.
· 겨울이면 빨간 열매를 맺어 야생 새들의 먹이가 되어준다.

에우오니무스 자포니카
Euonymus japonica

· 낙엽 관목식물
· 우리나라에서는 '사철나무'로 불린다.
· 해안가에서 잘 자라고 강한 바람도 잘 견뎌 울타리용으로 사용된다.
· 에우오니무스 종에 속하는 식물 중에는 낙엽이 지는 종도 많다. 붉은 단풍이 든 뒤 잎이 떨어지는 화살나무 *E. alatus*, 회잎나무 *Euonymus alatus f. ciliatodentatus*, 잎의 뒷면에 털이 있는 털화살나무 *Euonymus alatus f. pilosus*, 당회잎나무 *Euonymus alatus f. apterus* 등이 있다.

난디나 도메스티카
Nandina domestica

· 상록 활엽 관목식물
· 가지에 마디가 있어 '남천죽'으로도 불린다.
· 사계절 푸르게 잎이 남아 있고 빨간 베리 타입의 열매를 맺어 겨울 정원에 활기를 준다.
· 키가 1.5미터까지 자란다.
· 햇볕을 좋아하지만 그늘에서도 잘 자란다.

우리나라에 최적화된 가을 정원 만들기

유럽의 경우 봄에 꽃을 피우는 재배종 식물이 많다. 그 이유는 봄이 정원생활을 하기에 적합하게 온화하고 기온이 서서히 오르는 기후를 지녔기 때문이다. 그러나 우리나라의 봄은 황사와 가뭄, 거센 바람 등으로 상대적으로 척박한 계절이어서 봄에 꽃을 피우는 식물 구성이 생각보다 어렵다. 대신 우리에게는 유럽인들에게는 없는 맑고 청량한 가을이 있다. 단풍이 세계 어느 나라보다 아름다운 이유도 이 때문이다. 우리나라에 최적화된 정원은 오히려 봄보다는 가을에서 답을 찾을 있을 것이다. 가을에 단풍이 잘 드는 식물, 갈대처럼 이삭이 풍성하게 연출되는 정원, 감을 주렁주렁 매달아 처마 밑에 말리는 풍경 등을 활용한 우리만의 가을 정원 디자인이 얼마든지 가능하다. 쓸쓸하고 앙상한 가을이 아니라 풍요롭고 아름다운 가을 정원에 한번 도전해보자!

흙의 보호

추위에 강한 식물이라도 갑작스러운 혹한이 찾아오면 냉해를 입는 경우가 종종 발생한다. 이미 추위로 인한 피해를 입은 식물을 회복시킬 방법은 없다. 때문에 월동이 가능하다고 생각되는 초본식물의 경우도 두껍게 퇴비로 멀칭해주거나 부직포와 같은 옷감이나 지푸라기 등으로 보온해주는 작업이 필요하다. 이런 월동 작업은 식물 보호에 초점이 맞춰져 있지만 실은 흙을 보호하는 역할이 매우 크다. 흙이 가볍게 얼었다 녹았다는 반복하면 그 안에 습기와

공기층이 형성되어 봄철 양질의 흙이 된다. 그러나 완전히 얼어버린 채 긴 겨울을 나면 이런 공기층 형성이 부족해져 식물의 뿌리가 제대로 침투할 수 없는 딱딱한 땅이 되고 만다. 때문에 겨울 추위가 매서운 곳에서는 흙을 보호해주는 여러 장치가 필요하다.

내년을 위한 화단 만들기

식물을 심는 시기는 봄이 좋지만 화단을 조성하는 일은 가을부터 시작되어 봄이 오기 전 끝이 나야 한다. 추가로 만들어야 할 화단이 있다면 땅이 얼기 전 자리를 잡고 조성을 끝낸 후 흙 관리까지 마치고 봄을 기다리자.

꽃꽂이를 위한 화단 만들기

정원에서 키운 꽃을 집 안으로 가져와 꽃병에 꽂아줄 수 있다면 정원 일의 즐거움이 배가 된다. 게다가 상업 공간이라면 더욱이 매일 아침 신선한 꽃을 꽃병에 꽂아놓는 일이 필요해진다. 이럴 때는 정원에 꽃꽂이용으로 이용할 수 있는 전문 화단을 조성해두면 더 할 나위 없이 좋다.

꽃꽂이에 적합한 식물은 꽃의 생김이 화려하면서도 특별한 색을 띠고 있는 것이 좋다. 해마나 올라오는 다년생 초본식물을 활용해도 되지만, 꽃의 화려함이나 양을 생각할 때는 1년생식물이 더 편리할 수 있다. 매년 씨를 뿌려 화단에서 직접 발아시켜보자.

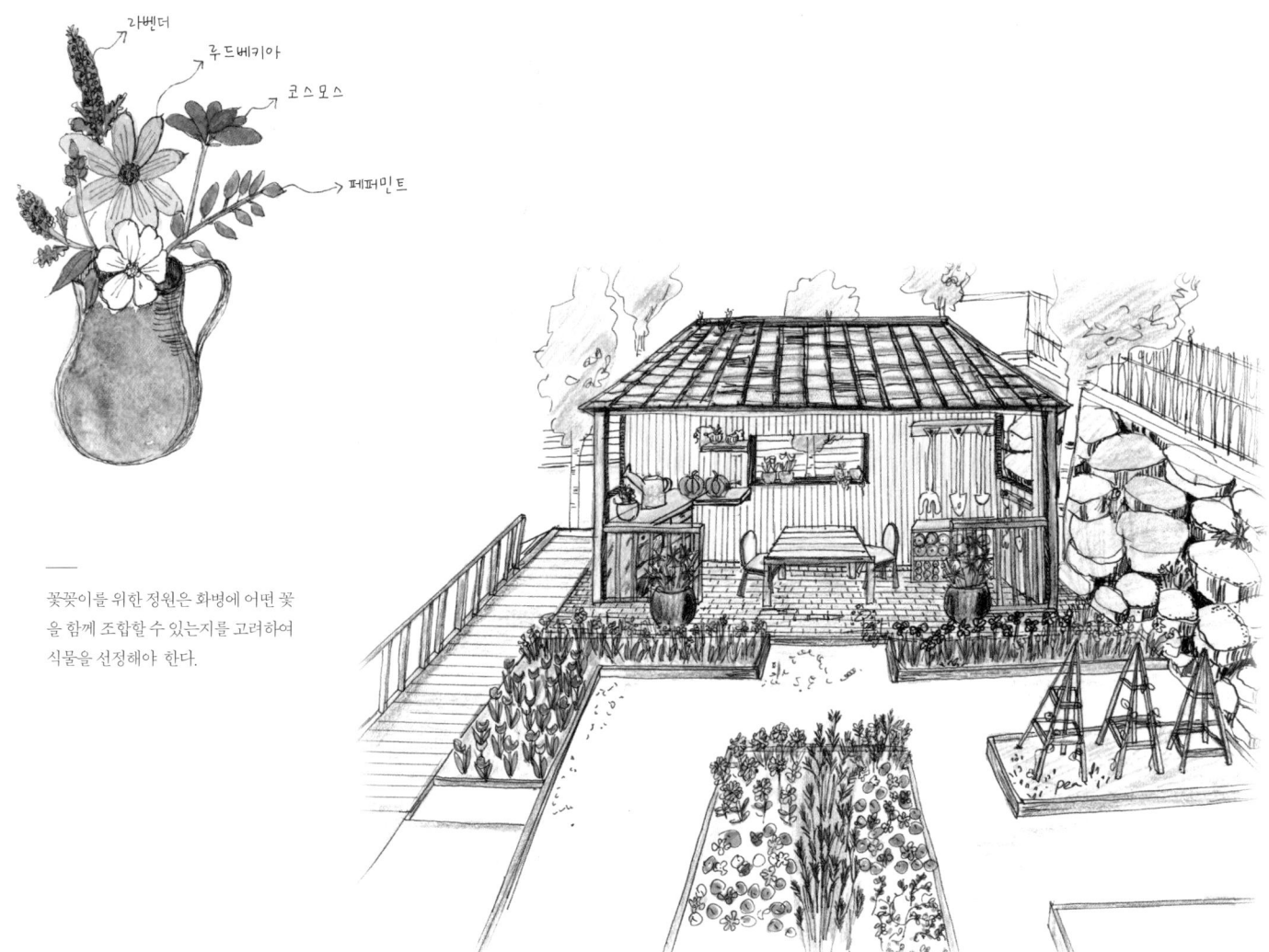

라벤더
루드베키아
코스모스
페퍼민트

꽃꽂이를 위한 정원은 화병에 어떤 꽃
을 함께 조합할 수 있는지를 고려하여
식물을 선정해야 한다.

11월의
정원을 빛내는
식물들
Plants of November

모과나무_Chaenomeles sinensis_

· 낙엽 교목식물
· 중국이 자생지다.
· 5월에 꽃이 피고, 가을에 노란 모과
  열매가 열린다.
· 표면이 매끄러운 나무줄기에 얼룩
  무늬가 특색 있다.
· 잎과 꽃 열매 없이도 줄기의 독특함
  으로 관상 효과가 뛰어나다.

마호니아_Mahonia fortunei_

· 상록 활엽 관목식물
· 중국이 자생지다.
· 우리나라에서는 '중국 남천'으로 불
  린다.
· 남천과 잎 모양이 비슷하지만 꽃을
  피우는 모습이 매우 다르다.
· 겨울이나 초봄에 노란색 꽃을 피워
  겨울 정원을 장식하는 식물로 유명
  하다.

감나무_Diospyros kaki_

· 낙엽 교목식물
· 한국, 중국, 일본에서 자생한다.
· 수천 년 전부터 재배종이 만들어져
  우리나라에도 다양한 재배종의 감나
  무가 자라고 있다.
· 6월에 꽃을 피우고 가을이면 주황색
  의 단맛이 강한 열매를 맺는다.

포도나무_Vitis spp._

· 덩굴 관목식물
· 공식 학명은 '비티스'다.
· 전 세계적으로 79종의 재배종이 있다.
· 열매인 포도는 식용으로 쓰이고, 와인의 재료가 되기도 한다.
· 정원에서는 잎의 단풍이 아름답게 들고, 열매가 초록에서 보라색으로 변화되면서 사계절 흥미로운 볼거리를 제공한다.

석류나무_Punica granatum_

· 낙엽 교목식물
· 이란, 아프카니스탄 등이 자생지다.
· 5~6월에 붉은 꽃을 피우고 늦여름부터 다시 빨간색 열매를 맺는다.
· 열매가 크면서도 그 안에 포도알처럼 씨를 품고 있는 과육이 있어 꽃만큼이나 관상 효과가 크다.

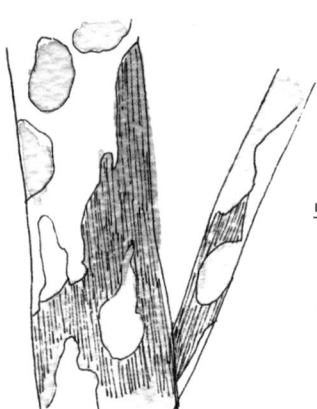

노각나무_Stewartia koreana_

· 낙엽 교목식물
· 6월에 꽃을 피운다.
· 배롱나무와 비슷하게 매끈한 줄기와 함께 특유의 문양을 지니고 있어 겨울철에도 관상 효과를 준다.

동서양 정원사들에게
전해 내려오는
오래된 정원 지혜

가지치기용 가위는 병원균을 옮기는 원흉?

식물에게는 치명적인 질병의 원인 중 하나가 바이러스다. 식물이 바이러스에 감염되면 마치 곰팡이에 덮이는 증상을 보이다 죽게 된다. 바이러스는 주로 땅속에 숨어 있다 식물을 공격하기 때문에 퇴치가 쉽지 않다. 그런데 이 전염은 가지치기 작업을 통해 잘 번진다. 정원사가 쓰는 가위에 바이러스가 묻어 다른 식물로 옮겨가는 것이다. 때문에 가지치기용 가위를 알코올로 깨끗이 소독하는 것이 중요하다. 만약 바이러스에 감염된 식물을 발견했다면 증상을 보이는 가지 전체를 잘라 태워버리는 것이 가장 좋다.

견과류식물은 옮겨 심을 수 없다?

일정 크기로 자란 나무는 뿌리를 뒤집어 옮기는 행위를 대부분은 싫어한다. 그러나 어느 정도는 뿌리를 잘 감싸주고 마르지 않게 수분을 유지해주는 등의 조치로 식물의 이동이 가능하다. 하지만 견과류식물(호두, 아몬드, 밤 등)은 유난히 그 뿌리가 땅속 깊게 자리 잡는다. 때문에 옮기게 될 경우 뿌리에 손상이 심해져 생존율이 급격히 떨어진다. 견과류식물의 경우는 가능하면 자리를 옮기지 않을 수 있도록 처음부터 움직이지 않을 고정된 자리를 잘 찾아내 심어주는 것이 좋다.

식물을 심을 흙구덩이의 크기

식물을 심을 때 땅을 얼마나 파야 할까? 이는 뿌리의 크기와 비례한다. 판매용 식물의 경우는 보통 뿌리를 동그랗게 부직포 등으로 감싸놓는다. 이런 식물을 사 올 경우에는 감싸진 뿌리 크기의 2배 정도로 흙을 파준다. 그리고 그 구멍에 식물의 뿌리를 넣고,

파낸 흙과 함께 공기와 수분이 들어갈 수 있는 원예상토와 모래를 섞어 다시 메워준다. 식물을 심고 난 후에는 흙 전체가 완전히 흠뻑 적셔질 정도로 충분히 물을 주는 것이 필요하다.

자연스럽게 화단 형태를 잡고 싶다면?

화단을 만들 때 벽돌, 목재 등을 이용하면 직선의 화단을 잘 만들 수 있다. 그러나 자연스럽게 구불거리는 화단을 만들고 싶다면 다른 방법이 필요하다. 정원사들은 이럴 때 빨랫줄이나 호스파이프를 이용한다. 이 줄들을 이용해 정원에 구불거리는 모양을 잡은 후 거기에 맞춰 흙을 파준다. 또 쌀을 이용하는 방법도 있다. 쌀을 모양에 맞춰 땅에 뿌려주면서 자연스럽게 구불거리는 형태를 잡는다. 물론 이 쌀을 언제 치우나 걱정할 필요는 없다. 쌀의 선을 따라 화단을 만들고 나면 새들이 찾아와 모두 먹어줄 테니.

자연 냉장고 만들기

텃밭의 한쪽에 채소 보관 둔덕을 만든다.
· 지면보다 살짝 낮게 땅을 판다.
· 저장해야 할 채소를 그 안에 모아 쌓는다.
· 그 위를 30센티미터 두께의 지푸라기로 덮어준다.
· 그 위를 다시 흙으로 30센티미터 정도 두께로 덮어준다.
채소가 필요한 시점에 흙과 지푸라기 둔덕을 허물고 채소를 꺼내 요리에 사용한다. 물론 이 둔덕을 하나가 아니라 한 번에 쓸 수 있을 만큼의 양으로 여러 군데 만들어두면 겨울 내내 저장고 역할을 충분히 대신할 수 있다.

튤립 뿌리를 불에 태워라?

땅이 얼기 전 늦가을은 튤립을 심어주는 때다. 그러나 튤립을 심을 수 없는 조건이라면 영상 5도 정도의 온도가 유지되는 창고에서 튤립을 보관한 뒤 봄철 땅에 심어주는 방법을 택하면 된다. 그런데 이때 자칫 창고 안이 따뜻해지거나 습도가 적당하게 생길 경우 때를 맞추지 못하고 잎이 먼저 틔워질 수

있다. 이를 막기 위해서는 민간요법으로 튤립의 뿌리를 살짝 불에 그을려주는 방법을 쓰기도 한다. 물론 뿌리가 그을렸다고 튤립 자체에 손상을 주지는 않는다. 이 방법은 양파를 보관하는 데도 똑같이 적용된다.

꽃은 우리를 미소 짓게 한다?

우리는 흔히 여자들이 식물을 좋아하고, 성별을 떠나서는 나이가 들어야만 정원이 좋아진다고 생각한다. 그런데 정말 그럴까? 정원에 식물을 키우다 보면 자신도 모르게 식물과 대화를 하게 된다. 그 대화 내용이 무엇인지가 중요한 것은 아니다. 잘 자라고 있는지 안부를 묻기도 하고, 뭔가 대답을 들을 듯 대꾸하기도 한다. 꽃을 피우게 되면 애썼다는 인사도 건네고 예쁘다는 칭찬도 한다. 무엇보다 신기한 것은 식물과 함께하는 동안 자신도 모르게 미소를 짓게 된다는 사실이다. 자신의 모습을 볼 기회가 없다면 다른 이의 모습을 살펴보는 것도 좋다. 꽃이 가득한 정원에서 사람들이 어떤 표정을 짓고 있는지를.

손바닥 가드닝 노트

Indoor gardening notes

실내 정원의 조건

· 채광이 적어도 500럭스 이상 확보되어야 가능하다(일반적으로 신문의 작은 글씨를 조명 없이 읽을 수 있는 정도의 밝기다).

· 밖에서 키우던 식물(모든 식물이 아니라 실내에서 생존 가능한 식물로 한정)을 안으로 데려올 경우에도 적어도 1개월 정도의 몸살 기간이 있다.

· 실내식물의 경우는 대부분 음지식물이기 때문에 직사광선이 들어오는 실내공간이라면 여름철에는 블라인드 등으로 빛을 차단해야 한다.

· 낮과 밤의 온도 차이는 10도 내외가 적당하다.

· 실내온도는 보편적으로 영상 13~25도가 좋다.

· 습도는 30~70퍼센트로 유지한다.

· 물 빠짐이 없는 실내화단을 만들게 되면 물을 흠뻑 줄 수 없기 때문에 흙 표면을 잘 덮을 수 있도록 자주 주는 것이 좋다.

· 실내식물에게 주는 물은 상온 정도로 너무 차거나 뜨겁지 않아야 한다.

건조한 실내에서 실내식물을 지키는 분무기

대표적인 실내식물인 스킨답서스Scindapsus, 고사리Fern, 칼라데아Calathea, 아이비 등은 뿌리 물주기는 줄여야 하지만 잎이 마르는 증상을 막기 위해 분무기를 사용해 안개를 지속적으로 잎에 공급해 주는 것이 좋다. 난방이 시작되면 실내공기가 급속히 건조해지는데 선인장류의 사막기후에 적합한 식물은 괜찮지만 넓은 잎을 가진 관엽식물은 잎이 누렇게 타들어가는 현상을 겪는다. 건조한 곳이라면 매일, 공기가 비교적 선선하게 유지되는 거실과 같은 곳이라면 일주일에 두세 번 정도로도 충분하다.

실내식물에게 인공조명 쐬주기

겨울로 접어들면 난방으로 실내온도는 따뜻해지지만 햇볕의 양은
현격하게 줄어든다. 해가 짧아지기 때문인데 이럴 때는 인공조명
을 이용하는 것도 식물에게는 큰 도움이 된다. 식물의 경우 다행히
태양 빛과 인공조명 빛을 구별하지 않기 때문에 햇볕이 부족한 곳
에 있는 식물에게는 램프를 이용해 빛을 조금 더 쐬어주는 것이 좋
다. 최근 식물의 성장을 촉진시킨다는 전문 LED제품도 나오고 있
기는 한데 아직까지는 어떤 빛이, 어떻게 식물의 성장에 관여하고
있는지에 대한 과학적 데이터가 부족하다. 그러나 환한 빛이 식물
에게 도움이 된다는 것에는 대부분의 과학자들이 동의하고 있어서
보조적으로 인공조명을 쐬어주는 것은 분명 좋은 효과가 있다.

열이 발생하지 않는
등을 사용하는 것이 좋다.

인공조명으로 식물 키우기

실내에서 생존 가능한 우리 식물

· 관중_Dryopteris crassirhizoma_(단정하게 배열되는 잎이 보기 좋다.)
· 넉줄고사리_Davallia mariessi_(작은 돌이나 이끼와 함께 심으면 좋다. 습도가 높은 것을 좋아한다.)
· 대사초_Carex siderosticta_(대나무 잎과 닮았다.)
· 도깨비쇠고비_Cyrtomium falcatum_(햇볕이 잘 드는 곳을 좋아한다.)
· 돈나무_Pittosporum tobira_(흰색 꽃이 향기롭게 핀다. 잎이 촘촘하여 생울타리용으로도 적합하다.)
· 만병초_Rhododendron brachycarpum_(꽃과 잎이 모두 관상용으로 적합하다.)
· 맥문동_Liriope platyphylla_(겨울에도 푸른 잎을 지닌다.)
· 모람_Ficus oxyphylla_(두껍고 빳빳한 잎을 지닌 덩굴식물로 지지대가 필요하다.)
· 백화등_Trachelospermum asiaticum var. majus_(상록 활엽 덩굴식물로 지지대가 필요하다. 흰 꽃이 핀다.)
· 봉의꼬리_Pteris multifida_(상록성 여러해살이풀, 환기가 중요하다. 물을 좋아하고 습기를 많이 필요로 한다.)
· 부처손_Selaginella involvens_(상록성 여러해살이풀, 배수가 잘되는 땅을 좋아한다.)
· 산호수_Ardisia pusilla_(습도가 높은 것을 싫어한다. 물 빠짐이 좋은 흙이 필요하다.)
· 송악_Hedera rhombea_(상록 활엽 덩굴식물로 지지대가 필요하다. 특별한 관리 없이도 잘 자란다.)
· 일월비비추_Hosta capitata_(여러해살이풀, 직사광선을 피하고 통풍이 잘 되는 곳을 좋아한다.)
· 자금우_Ardisia japonica_(상록 활엽 관목식물, 여름 직사광선을 맞으면 잎이 타들어간다. 그늘이 필요하다.)
· 줄사철나무_Euonymus fortune var. radicans_(상록 활엽 덩굴식물로 지지대가 필요하다. 반그늘, 양지, 음지에서도 잘 자란다.)
· 콩짜개덩굴_Lemmaphyllum microphyllum_(상록성 여러해살이풀, 습도가 높은 것을 좋아한다.)
· 큰애기나리_Disporum viridescens_(여러해살이풀, 반그늘을 좋아한다.)
· 털머위_Farfugium japonicum_(여러해살이풀, 습도가 높은 것을 좋아한다.)
· 흰괭이눈_Chrysospenium pilosum var. fulvum_(여러해살이풀, 여름철 고온 다습한 상황에서 많이 죽는다. 서늘한 온도를 유지해주는 것이 중요하다.)

실내에서 키울 수 있는 다육식물들

선인장을 포함한 다육식물들은 이제 창문을 닫고 본격적인 난방을 시작하면 꽃을 피울 준비에 들어간다. 선인장이 꽃망울을 머금고 있다면 이때부터 물주기에 신경 써야 한다. 꽃을 피우기 위해서는 다른 식물들과 마찬가지로 선인장도 물과 영양분의 공급이 충분해야 한다.

에케베리아

Echeveria spp.

· 150여 가지 재배종이 있다.
· 색깔과 형태가 다양하기 때문에 선택의 폭이 넓다.
· 미국 텍사스 인근의 중앙아메리카가 자생지로 겨울 추위를 잘 견디지 못한다.
· 사막기후를 좋아하기 때문에 물을 많이 주는 것은 치명적이다. 완전히 흙이 말랐을 때 다시 물주기를 해주면 된다.
· 장미꽃잎처럼 잎이 겹겹으로 꽃처럼 피어난다. 잎이 뭉뚝하고 둥글고 끝에 달린 가시가 날카롭지 않다.

하월티아

Haworthiopsis fasciata

· 식물학명은 '하월티옵시스 파스시아타', 그리고 초록의 잎에 흰 줄무늬가 있어 '제브라 식물'로도 불린다.
· 남아프리카 케이프타운 인근이 자생지다.
· 천천히 자라는 식물로 햇볕을 좋아하지만 지나친 직사광선은 잎을 타게 한다.
· 물주기는 화분의 흙이 완전히 마르면 한 번씩 주는 정도가 적당하다.

카랑코에 토멘토사

Kalanchoe tomentosa

· 실내식물로 유통되는 카랑코에는 10종이 넘는다.
· 그중 토멘토사는 은색이 들어간 초록의 잎을 지녔고, 잎 끝이 구릿빛이라 특히 아름답다.
· 꽃을 보기 위해서가 아니라 잎을 관상하기 위해 심는다.
· 겨울철이 되면 물을 주지 않아도 된다.
· 뿌리에 물이 흥건한 상태가 되면 뿌리가 썩어 죽게 된다.

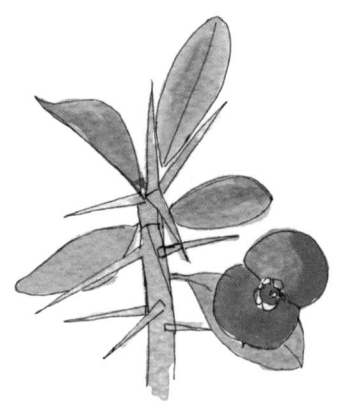

에우포르비아 밀리

Euphorbia milii

· 우리나라에서는 '크리스마스 선인장'으로
  불린다.
· 마다가스카 섬이 자생지다.
· 줄기에 가시가 많다.
· 조건만 갖춰진다면 연중 내내 꽃을 피울
  수 있다.
· 햇볕을 좋아하고, 다른 다육식물과 다르게
  흙에 물이 마르지 않도록 물주기를 잘해줘
  야 한다.

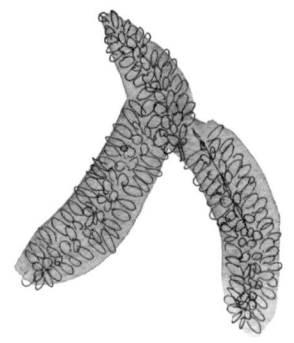

세둠 모르가니아눔

Sedum morganianum

· 멕시코 자생의 식물로 가뭄에 강하지만 겨
  울 추위를 견디지 못한다.
· 건들기만 해도 주렁주렁 달려 있는 잎이
  떨어진다. 때문에 손으로 만지거나 건드리
  는 것을 주의해야 한다.
· 여름철에는 밖으로 내보내 햇빛을 쐬주는
  것이 좋은데, 직사광선은 잎을 태우기 때
  문에 그늘 밑에 놔주는 것이 좋다.

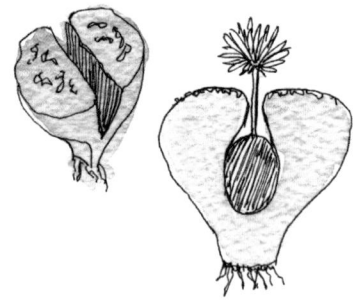

리돕스

Lithops spp.

· '리돕스'는 그리스어로 '살아 있는 돌'이라
  는 뜻이다.
· 잎이 거의 사라져 줄기만 남아 있는 진화된 형
  태의 식물이다.
· 이름처럼 위에서 내려다봤을 때 조약돌처
  럼 보인다. 단면을 보면 가운데 갈라진 틈
  안으로 꽃을 피울 수 있는 씨방이 보인다.
· 갈라진 틈에서 꽃대가 올라와 꽃을 피운다.
· 남아프리카 자생식물로 추위에는 어느 정
  도 강하지만 물을 많이 주면 줄기가 썩는다.
· 겨울철에는 물을 주지 않아도 되는데 이때
  동면기를 보내고 꽃을 피운다.

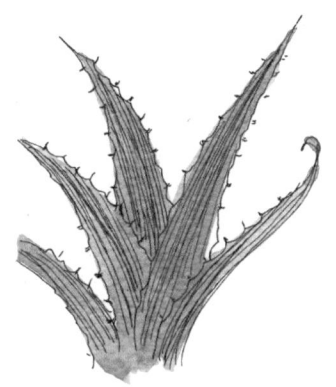

알로에 베라

Aloe vera

· 줄기를 자르면 나오는 투명한 수액이 화상 치료 효과가 뛰어난 것으로 알려져 있다.
· 강렬한 햇볕을 좋아하고, 뿌리가 물에 축축 해지는 것을 싫어한다.
· 생존력이 강해 초보자도 충분히 키우는 것 이 가능한 식물이다.

쉬룸베르게라 버클레이

Schlumbergera x buckleyi

· 유럽에 다육식물을 소개한 프랑스의 식물 학자 프레데릭 슐럼베르제에서 이름을 따 왔다.
· 자연 상태에서는 브라질의 북동쪽 산악 지 대에만 서식하는 6종에 불과한 식물이다.
· 최근 실내식물로 재배종이 소개되어 일부 에서는 '크리스마스 식물'로 불리기도 한다.
· 자생지의 특징에서 알 수 있듯이 다른 다 육식물과는 달리 그늘을 좋아하고, 습기가 있는 상태를 좋아한다. 특히 꽃 피는 시기 에 흙이 마르면 꽃이 떨어지는 증상이 생 긴다.

크라슐라 오바타

Crassula ovata

· 가장 많이 판매되고 있는 다육식물 종 가 운데 하나다.
· 남아프리카 인근이 자생지로 가뭄에 강하다.
· 줄기가 매우 두꺼워 마치 큰 나무가 축소 된 분재 형태로 보이기도 한다.
· 초보자도 쉽게 키울 수 있는 실내식물이다.

아글라오네마
Aglaonema spp.

· 잎에 점을 흩어놓은 듯한 무늬
  가 있다.
· 아열대기후에서는 1년 내내 상
  록으로 자란다.
· 직사광선을 받으면 타기 때문
  에 실내 환경에서 키우기 적합
  하다.

아글라오네마 로메오
Aglaonema Romeo

· 아글라오네마 속에 속한다.
· 로메오 종은 잎에 좀 더 뚜렷
  한 초록의 무늬가 들어 있다.
· 다른 아글라오네마와 비슷한
  특징을 지니고 있어 그늘에 강
  하고 실내에서 잘 자란다.

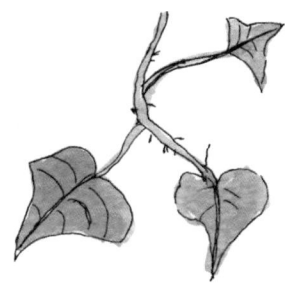

아이비
Hedera helix

· 일반적으로 '잉글리시 아이비'
  로 부르고, 식물학명 '헤데라
  헬릭스'로도 불린다.
· 상록으로 넝쿨식물의 특징을
  지니고 있다.
· 꽃을 피우고 까만 열매를 맺는다.

디에펜바치아
Dieffenbachia spp.

· 열대식물로 남아메리카 지역,
  아르헨티나 등지에서 자란다.
· 큰 잎에 점, 줄무늬 등의 독특
  한 문양을 지니고 있다.
· 그늘에서 잘 자라고, 실내 환
  경에 잘 적응해 살아준다.

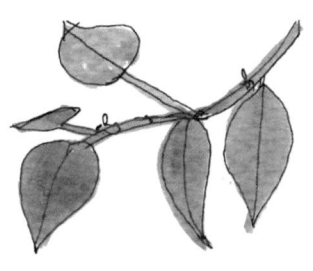

필로덴드론
Philodendron

· 아열대기후 식물로 매우 많은 종이 있다.
· 잎의 모양이 화살처럼 독특하게 생긴 종이 많다.
· 그늘에서도 잘 자란다.
· 실내 환경에 잘 적응한다.

에피프렘넘 아우레움
Epipremnum aureum

· '스킨답서스'로 불리기도 한다.
· 동남아시아, 인도양에서 자생한다.
· 실내식물에 적합한 이 종은 한때 포토스*Pothos* 속으로 분리되었다가, 최근 에피프렘넘으로 분류 기준이 바뀌었다.

싱고니움
Syngonium spp.

· 열대우림 지역에서 자생한다.
· 실내식물로 개발되어 전 세계적으로 많이 공급되어 있다.
· 습기를 좋아한다.
· 겨울에도 영상 16~18도의 기온을 유지해야 한다.

트라데스칸티아
Tradescantia Zebrina

· 달개비 속의 식물이다.
· 멕시코, 미국, 콜롬비아 등의 열대기후에서 자생한다.
· 15센티미터까지 늘어진다.
· 그늘에서도 잘 자라고 습기를 좋아한다.

실내 물 정원 만들기 요령

 1. 하루 4~5시간 햇빛이 들어오는 창문가

 2. 백열등보다는 형광등이나 LED등으로 인공광을 쐬어준다.
(백열등은 식물을 뜨겁게 한다)

 3. 물통은 세제로 닦지 않는다.

 4. 물에서 자라는 잡초를 제거하기 위해
작은 물고기를 키우는 것도 좋다.

 5. 물속 식물에게 주는 영양제를 넣어준다.
(1년에 3~4번)

 6. 물을 정화시키기 위해 숯을 넣어주는 것도 효과적이다.

 7. 실내에서 물은 지속적으로 증발된다.
증발된 물의 양만큼 물 공급을 꾸준히 해준다.

히아신스   수선화   부레옥잠

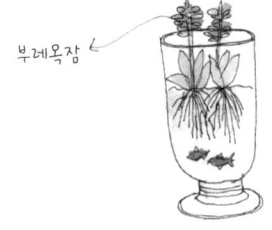

부레옥잠

컵 안의 작은 연못

유리컵, 유리병으로 재배 가능한 수생식물들

작은 화단에 꾸미는 실내 정원 아이디어

실내식물은 개별적으로 화분에 넣어 키우는 것도
좋지만 화단의 크기를 넓혀서 여러 종의 식물은 혼
합하여 심어주면 작지만 열대우림 숲을 연상시키
는 화단 구성이 가능하다.

이른 겨울
Early Winter

12월

헛간에서 보내는 시간들

12월은 춥다. 지역마다 추위의 강도가 다를 수는 있어도 전국이 영하로 내려가는 날이 점점 많아지고 바깥 활동이 힘들어진다. 다행히 겨울의 정원에서는 할 일이 아주 많지는 않다. 그러나 연장을 보관하는 오두막집과 온실은 여전히 분주하다. 1년간 사용한 가지치기용 가위, 생울타리용 가위, 삽, 포크, 호미, 잔디 기계, 풀 깎는 기계 등은 이미 피로가 누적되어 있다. 12월은 마음먹고 연장을 잘 다듬고 보수하여 다음해에도 잘 쓸 수 있도록 준비하기에 좋은 시기다. 또 헛간 청소를 해야 할 때이기도 하다. 한 해 동안 분주했던 헛간은 버려도 될 것들과 정리할 것들이 쌓여 있다. 잘 정리된 헛간 속에서 좀 더 아름다운 다음해 정원의 밑그림이 나오기 마련이다.

· 12월 절기 ·

대설: 큰 눈이 내려 땅을 덮어주어 오히려 월동을 돕는다. 양력 12월 7일(8일)
동지: 밤이 연중 가장 길지만 이제 겨울의 정점을 찍는다. 양력 12월 21일(22일)

12월 정원 노트
Outdoor gardening notes

겨울 정원 조성하기

겨울 정원이라고 식물이 흔적도 없이 사라지는 것은 아니다. 낙엽수는 잎을 떨구지만 상록수는 여전히 초록의 잎을 달고 있고, 잎이 떨어진 나무도 줄기로 아름다운 색상을 보여주고, 겨울에 꽃을 피우는 많지는 않지만 소중한 식물도 있다. 이렇게 겨울에 오히려 눈길을 끌 수 있는 식물을 모아 만든 정원을 '겨울 정원winter garden'이라고 한다. 겨울 정원이 처음으로 선을 보인 것은 1970년대 말 영국으로 지금은 전 세계적으로 겨울 정원의 주제가 많이 퍼져 있다. 우리나라에서도 말채나무와 자작나무를 이용한 겨울 정원을 일부 수목원에서 찾아볼 수 있다.

연장을 다듬고 보수하는 시간

12월은 마음먹고 연장을 잘 다듬고 보수해 다음해에도 잘 쓸 수 있도록 준비하기에 좋은 시기다. 1년간 사용한 가지치기용 가위, 생울타리용 가위, 삽, 포크, 호미, 잔디 기계, 풀 깎는 기계 등은 이미 피로가 누적되어 있다. 특히 정원에서 가장 많이 쓰이는 가지치기용 가위 날은 어느 정도 사용하면 울퉁불퉁해진다. 이런 가위로 식물을 자르면 상처를 내기 쉽고, 이 상처 속으로 빗물이나 병충해가 찾아든다. 가지치기용 가위 청소는 우선 분해한 뒤, 날을 갈고, 기름칠을 해 다시 조립한다. 이 작업은 생각보다 시간이 오래 걸리고 집중력을 필요로 하기 때문에 다른 일 없이 이 작업만 하는 것이 좋다. 가위뿐만 아니라 잔디 깎는 기계를 포함한 모든 기계들도 반드시 해체해서 먼지나 나뭇가지가 엔진에 걸려 있지는 않은지 등의 점검이 필요하다.

가든 디자인, 포컬 포인트의 가치

가든 디자인에 있어 포컬 포인트는 우리의 눈이 머물게 되는 특별한 조형물이나 자연물을 말한다. 정원에서 이 포컬 포인트는 단순히 값 비싸고 현란한 것을 세워두는 것이 아니다. 아름다움의 가치를 지녀야 하고, 그걸 보는 동안 우리의 뇌가 무엇인가를 상상하고, 특별한 감정을 느끼게 할 수 있어야 한다.

정원의 포컬 포인트가 되는 소재들

· 식물 지지대를 겸한 구조물: 아치, 퍼고라

· 조형물: 돌, 쇠, 나무 등의 재질로 구성된 예술적 조각물, 특별한 조명 설치물

· 특징적인 나무: 나무 자체가 아름다워서 조형물의 역할을 해주는 수종

· 건축물: 정자, 온실, 담장

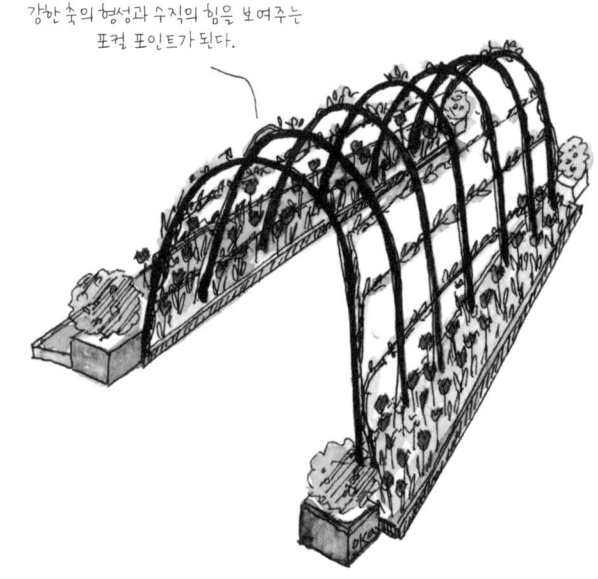

연속되는 아치의 이어짐은 강한 숲의 형성과 수직의 힘을 보여주는 포컬 포인트가 된다.

수직으로 표현된 포컬 포인트 디자인 아이디어

목화

Gossypium spp.

· 1년생 초본식물
· 멕시코, 페루 등에서 자생한다.
· 충분한 햇볕과 따뜻한 온도를 좋아한다.
· 전 세계 50여 종의 목화가 있다.
· 열매를 감싸고 있는 솜은 의류 등을 만드는 재료로 쓴다.

루드베키아

Rudbeckia spp.

· 1년생 혹은 다년생 초본식물
· 스웨덴의 식물학자 루드베키 우스_{Rudbeckius}의 이름을 땄다.
· 50센티미터에서 3미터까지 키가 자란다.
· 많은 종과 재배종이 있어 형태와 색상으로 선택이 가능하다.

수국

Hydrangea spp.

· 다년생 관목식물
· 동북, 동남아시아가 자생지다.
· 1~3미터의 크기로 자란다.
· 물을 좋아해서 촉촉하게 땅을 적셔주는 것이 좋다.
· 그늘에서도 잘 자란다.
· 페하농도에 따라 꽃의 색상이 변하기도 한다.

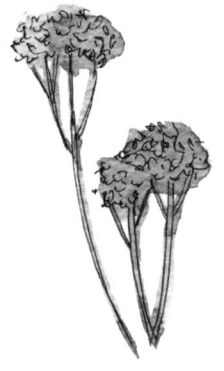

세둠

Sedum spp.

· 상록관목, 다년생 초본식물
· 북반구는 물론 남반구에 이르기까지 지구 전체에 걸쳐 자생하는 많은 종의 식물을 거느리고 있는 큰 속의 식물군이다.
· 세둠 속의 식물들 가운데는 관목형과 초본식물형까지 그 형태도 다양하다.
· 잎의 경우 다육식물의 특징을 지니고 있어 보통은 다육식물로 분류한다.

에린기움

Eryngium spp.

· 다년생 초본식물
· 전 세계 250여 종의 에린기움
  이 자생한다.
· 'Sea Holly'라는 이름으로 서양
  에서 불린다.
· 건조한 기후에서도 잘 자란다.
· 춥고 습도가 높은 곳에서는 성
  장이 힘들다.

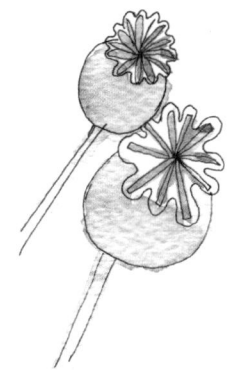

꽃양귀비

Papaver spp.

· 다년생 혹은 1년생 초본식물
· 온대기후 지역에서 다양하게
  자생한다.
· 꽃양귀비와 같은 속의 솜니페
  룸*P. somniferum*은 아편을 만드는
  재료가 되기도 한다.
· 햇볕을 좋아하고 척박한 땅에
  서도 잘 자란다.

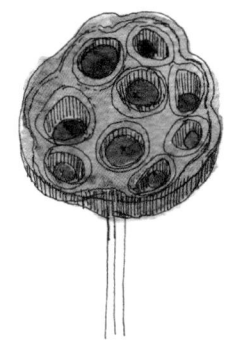

연꽃

Nelumbonucifera

· 다년생 수생 초본식물
· 식물학명은 '네룸보누시페라'
  이다.
· 2.5미터까지 키가 자란다.
· 수생식물로 뿌리는 물속 바닥
  에 두고 잎과 꽃대를 지상으
  로 올려 자란다.

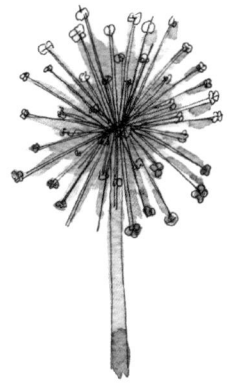

알리움

Allium spp.

· 다년생 초본 알뿌리식물
· 전 세계 1,000여 종이 넘는 알
  리움 식물이 자생한다.
· 마늘도 이 군에 속하는 식물로 비
  슷한 생태 특징을 지니고 있다.
· 가을에 알뿌리를 잘 묻어두고
  겨울을 나게 해야 다음해 봄
  에 꽃을 피운다.

크리스마스 정원 만들기

만약 정원에 구상나무나 주목나무를 키우고 있다면 크리스마스 정원을 연출하기에 제격이다. 북유럽에서부터 시작된 크리스마스트리 장식은 실은 기독교의 문화가 아니라 북유럽 국가들이 아주 오래전부터 해온 동지 축제의 모습이다. 동지 즈음에 상록의 나무에 과일이나 곡물을 매달아 다음해에도 풍년이 오기를 기원했다. 요즘은 장식의 효과를 더 내기 위해 리본, 공, 별 등을 활용하거나 전구를 매달기도 한다. 겨울 정원은 추위만이 아니라 밤의 길이가 길어지면서 어둡다. 이 정원에 가득한 어둠을 트리 장식으로 좀 더 온화하고 밝게 바꿔놓을 수 있다.

비닐, 부직포로 화분 감싸주기

월동 대책 중 하나 더 잊지 말아야 할 것은 화분이다. 화분 속의 물이 얼게 되면 팽창하면서 화분을 깰 수 있기 때문에 화분 자체를 비닐이나 부직포로 감싸두는 작업이 필요하다.

연못에 공 빠뜨리기

연못의 경우도 물이 얼어서 방수층에 균열을 일으키는 문제가 생길 수 있다. 연못 물을 완전히 빼주는 것도 방법이고, 물을 그대로 두었다면 농구공이나 축구공을 물속에 빠뜨려놓는 것도 좋다. 물이 얼면서 팽창해도 공 속에 들어 있는 공기 때문에 완전히 물이 얼지 못해 방수막을 깨뜨리는 현상을 어느 정도 막을 수 있다.

나무 심기, 옮기기, 재배하기

땅이 아직 얼지 않았고, 영하의 날씨가 아니라면 여전히 12월도 낙엽수를 옮기거나 심을 수 있다. 특히 덩치 큰 나무는 옮기는 과정에서 생존율이 급격하게 떨어지기 때문에 낙엽이 다 지고 가지만 남겨졌을 때가 가장 좋은 시기다. 그럼에도 불구하고 큰 나무는 옮기는 과정에서 많은 주의가 필요하다. 뿌리를 캐고 난 후에는 부직포 등으로 전체를 감싸주고, 잔뿌리가 마르지 않도록 물을 뿌려주는 것이 좋다.

내 손으로 나무 재배해보기

초본식물과 마찬가지로 교목, 관목의 나무도 직접 재배가 가능하다. 나무의 잔가지를 10센티미터 정도로 자른다. 재배 전용 흙에 준비해둔 가지를 꽂아주고 겨울 동안 마르지 않게 물 공급을 해주면 뿌리가 생기면서 작은 묘목으로 자란다. 다음해 봄, 밖으로 옮겨 심어주면 왕성한 성장을 시작한다. 재배는 주로 전문적인 일이라 초보자는 엄두를 내지 못하지만 생각보다는 쉽게 나무의 재배가 가능하다. 집 안에 추억해야 할 소중한 나무가 있다면 이런 재배를 통해 같은 종을 지속적으로 만들어낼 수 있다. 식물원에서는 주로 희귀식물의 멸종을 막기 위해서 같은 방법을 이용한다.

지지대와 나무를 연결하는 소재는 반드시 천이나 고무 등을 이용해 식물에 손상을 주지 않도록 해야한다.

큰 나무(5m 이상의 키)
와이어를 이용한 고정 방법

중간 크기 나무(2~5m 키)
두 개의 지지대를 세워 고정하는 방법

작은 나무(2m 미만)
한개의 지지대를 세워 고정하는 방법

* 지지대 설치 방법은 나무의 크기에 따라 다양하다.
* 지지대 설치는 1~2년 사이로 나무의 뿌리가 정착되면 제거한다.

담장, 울타리, 바닥 손질

· 나무 구조물 손질: 식물의 잎이 사라져 정원의 윤곽이 들어나는 겨울은 구조물을 점검하기에 좋은 시기다. 나무울타리는 1~2년에 한 번 정도는 오일 스테인 등으로 막을 형성해주면 빗물이나 자외선으로부터 나무가 급격하게 손상되는 것을 막을 수 있다.

· 블록, 벽돌, 시멘트 구조물 손질: 담장은 세월이 흐르면 기울기가 달라지거나 오래된 경우는 쓰러지는 일도 종종 발생한다. 맑은 날 담장을 확인해보고 위험한 곳은 반드시 봄이 오기 전에 수리해두자. 바닥에 깐 블록이나 벽돌도 깨져 있는 경우가 종종 있는데, 이럴 때 깨진 부분만 빼내 새롭게 깔아주면 된다.

· 배수구 점검: 노출된 배수로에는 낙엽이나 쓰레기가 쌓이기 십상이다. 겨울철에 깔끔하게 손질을 해두고 망으로 덮어두면 봄과 여름에 내리는 큰 비를 대비할 수 있다.

정원에 길 만들기 요령

정원에도 사람이 다니는 길이 필요하다. 이 동선에 주로 블록이나 벽돌, 돌, 나무 등을 이용해 딱딱한 바닥을 만들어주는 것이 좋다. 미관상으로도 좋지만 진흙을 묻히고 다니는 일을 방지할 수 있어 반드시 필요한 작업 중에 하나다.

· 소재 선택: 블록, 벽돌, 돌, 나무판 등 다양한 소재가 가능하다.

· 디자인 선택: 바닥도 중요한 정원 디자인의 요소여서 소재, 색, 패턴이 정원의 전반적인 분위기와 잘 맞도록 고려해야 한다.

한 가지 더 주의할 점은 바닥을 딱딱한 소재로 덮을 때에는 반드시 물길이 어디로 흘러가야 할지, 별도의 물길을 잡아주거나 경사를 만들어 물의 방향을 잡아주는 것을 잊지 말자.

다양한 바닥 깔기용 재료

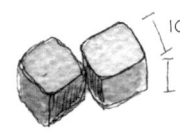

100mm
100mm

큐빅 화강석(사괴석)

벽돌 혹은 블럭
(패턴으로 깔기)

비정형 판석

목재(방부처리된)

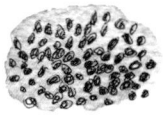

자갈, 나무껍질 등
이동성이 있는 재료

나무를 통으로 자른 목재

야생동물의 습격 대비

겨울철 헛간은 쥐와 같은 작은 들짐승들이 먹을거리를 노리고 습격하기 가장 좋은 장소다. 쥐들은 감자, 고구마 등의 곡물을 집중적으로 공격하지만 튤립, 백합 등의 알뿌리도 아주 좋아한다. 하나를 온전히 다 먹는 것도 아니고 전체를 조금씩 흠집 내는 식으로 먹어치우기 때문에 헛간에 일단 쥐가 드나들게 되면 다음해 정원 일에 막대한 지장을 준다. 작은 빈틈이라도 꼼꼼히 점검해서 철망을 씌워 작은 포유류 동물들이 들어오지 않도록 대비하고, 수시로 헛간을 드나들며 야생동물이 드나든 흔적이 있는지 살펴봐야 한다.

더불어 헛간이라는 곳은 봄을 준비해야 하는 중요한 곳인데 급한 마음에 여기저기 쌓아두다 보면 물건을 찾기도 힘든 쓰레기장이 된다. 헛간의 선반마다 화분, 연장, 알뿌리 보관, 기타 물품 보관 등으로 명찰을 달아두고 박스 등을 이용해 정갈하게 정리해두는 것이 좋다. 헛간만 들여다봐도 다음해 정원을 점칠 수 있다는 말이 있을 정도로 겨울철 미리미리 정돈하고 준비하는 마음이 앞으로의 정원 모습을 달라지게 한다.

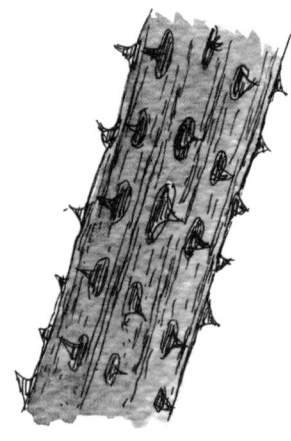

엄나무(옴나무)

Kalopanax septemlobus

· 낙엽 교목식물
· 'Kalopanax pictus'으로 분류되기
  도 한다.
· 우리나라 자생의 아랄리아(드룹나무)
  속에 속하는 식물로 가장 커서, 20미
  터까지 자란다.
· 우리나라에서는 가시가 많은 줄기를
  잘라 약재나 식용으로 사용하기 때
  문에 보통은 나무의 원래 크기까지
  다 키우지는 않는다.
· 단풍잎을 닮은 잎이 단정하고, 가을
  에는 노랗게 단풍이 들어 관상용으
  로도 좋다.
· 단, 줄기에 가시가 많기 때문에 사람
  들이 지나다는 곳은 피해서 심어준다.

12월의
정원을 빛내는
식물들
Plants of December

자작나무 *Betula spp.*

· 낙엽 교목식물
· 지구의 북반구에 자생하는 식물로
  북극 바로 아래의 추운 기후에서 잘
  자란다.
· 20미터까지 키가 자라지만 가지의
  폭이 넓지 않다.
· 줄기의 껍질이 흰색으로 아름다워
  정원수로도 많이 활용된다.
· 우리나라 자생지의 'B. platyphylla
  var. japonica'도 흰색 줄기의 껍질
  을 지니고 있어 무리지어 심으면 뛰
  어난 디자인 효과가 연출된다.

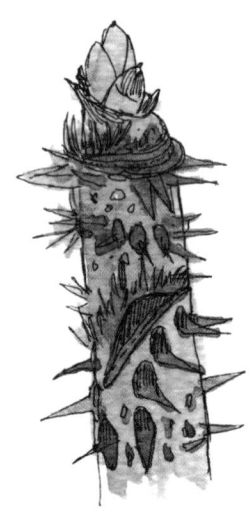

두릅나무 *Aralia elata*

· 낙엽 관목식물
· 엄나무와 같은 아랄리아 속 식물로
  우리나라 전역에서 자생한다.
· 꽃은 포도송이가 열리듯 무리지어
  7월쯤에 피어난다.
· 우리나라에서는 새순을 따서 먹는데
  정원용 식물로도 손색이 없다.
· 상부의 줄기를 자르면 옆가지가 빠
  르게 나오면서 나무의 모양이 좀 더
  풍성해진다.
· 빠르게 자라지만 수명은 15년 정도
  로 짧다.

오가피나무

Eleutherococcus sessiliflorus

· 낙엽 관목식물
· 전 세계 38종의 식물 중 18종이 중국에 자생하고 우리나라, 시베리아, 일본, 필리핀, 베트남에서도 자생한다.
· 오가피나무 외에 가시오가피E. senti-cosus도 있다.
· 7~8월에 꽃이 피고 산삼잎을 닮은 잎을 지니고 있어 관상식물로도 좋다.
· 남부 지방에서는 생울타리용으로 이용하기도 한다.

흰말채나무

Cornus alba

· 낙엽 관목식물
· 코르누스 속은 전 세계 60여 종이 있고, 그 가운데 산딸나무, 산수유 등의 교목식물도 있다.
· 관목형으로 보통은 매년 가지를 바짝 잘라주며 키운다.
· 새로운 가지는 껍질에 빨간색, 연두색, 주황색 등의 색감을 지니고 있어 겨울 정원의 관상 효과를 위해 최근 많이 심는다.

에리카(히스, 헤더)

Erica spp.

· 상록 관목식물
· 전 세계 860여 종 가운데 690종이 남아프리카에 자생하고 나머지는 마다가스카, 지중해 지역, 유럽 전역에서 자란다.
· 겨울에 꽃을 피우는 상록식물이다.
· 7미터에 이르는 키 큰 종도 있지만, 대부분 20센티미터에서 1.5미터 내외로 자라고 촘촘한 잎과 작지만 수많은 꽃을 피운다.
· 영하 10도 이하로 떨어지는 우리나라 겨울 추위에서는 월동 대책이 필요하다.

동서양 정원사들에게
전해 내려오는
오래된 정원 지혜

천연 방향제 포푸리 만들기

창문을 늘 닫아두는 겨울철은 집 안 공기가 텁텁하고 불쾌해진다. 서양에서는 겨울철 집 안 공기를 향기롭게 하기 위해 포푸리를 만들곤 한다. 포푸리는 냄비 같은 용기에 향기가 나는 식물의 잎, 꽃잎, 줄기, 열매 등을 담아주는 것을 말한다. 그런데 이런 포푸리의 경우 개방된 냄비를 사용할 수도 있지만 뚜껑이 있는 큰 유리병에 담아둔 뒤, 방 안에 향기가 필요할 때 열어두는 방식으로 사용하면 향기가 날아가지 않아 좀 더 오랫동안 방향제로 사용할 수 있다.

새 모이통 만들기

겨울 정원에 꽃이 피지는 않지만 대신 야생 동물들이 찾아와 활력을 준다. 새가 좋아하는 모이를 놔두면 새장에서 새를 키우지 않아도 겨울 내내 정원을 오가며 볼거리를 제공한다. 특히 직박구리, 산까치 등은 사과와 같은 과일을 좋아하고 참새, 딱새, 곤줄박이처럼 작은 크기의 텃새는 곡물을 좋아한다. 정원에 간단하게 모이통을 만들어 나무에 매달아두면 겨울 정원은 새의 날갯짓과 지저귐 소리로 가득 찬다.

때려야 잘 크는 나무?

듣고 나면 웃음이 나올 수도 있지만 때로는 과학 원리가 숨어 있는 격언들도 많다. 꽃과 열매를 잘 맺지 않는 식물의 경우, 이른 봄에 버드나무 회초리나 신문지를 말아서 나무를 때려주면 그해 성장이 좋아지고 열매를 잘 맺는다는 속설이 있다. 우스갯소리로 들릴 수도 있지만 어느 정도 과학적 이론도 담겨 있다. 사람과 마찬가지로 나무도 우리의 혈관에 해당하는 물관과 채관이 있다. 그런데 시간이 흐르면서 마치 동맥경화와 비슷한 현상이 생겨 식물들도 순환이 원활하지 않게 되는 경우가 종종 있다고 한다. 봄이면 물관과 채관이 활발하게 문을 열고 물기를 빨아올리는 시기다. 이럴 때 나무를 때려주면 막혔던 관이 뚫리는 일도 일어난다. 이런 효과가 나무의 성장을 도와 훗날 꽃과 열매를 맺는 데 도움을 줄 수 있다. 수천 년 동안 쌓인 경험은 그것이 과학적으로 증명이 되었든 아니든 신중히 생각해볼 여지가 있다.

이쑤시개의 활용

정원에서 과실수를 키운다면 이쑤시개를 필수품으로 지니고 있어야 한다. 나무들은 360도 회전하며 가지를 뻗어내지만 일부 가지들은 같은 방향으로 겹치기도 한다. 이렇게 될 경우, 겹쳐진 뒤편의 가지는 햇볕을 제대로 받지 못해 성장이 둔화된다. 이를 극복하기 위해 각각의 가지가 최대한 햇볕을 골고루 받게 하려면 나무가 어릴 때 가지를 뻗는 방향을 이쑤시개를 이용해 고정시켜주면 된다. 이쑤시개는 나뭇가지의 방향을 틀어주기도 하지만 나무가 위로 뻗는 각을 좀 더 직각으로 만들어 수평으로 자라게 하는 효과도 가져온다. 나뭇가지가 수평으로 뻗게 되면 그만큼 햇볕을 전체 가지가 골고루 받아 열매가 편차 없이 맺히는 효과를 볼 수 있다.

식물의 접목 시기와 달의 관계

다른 수종의 식물을 잘라서 서로 맞대주는 '접목'이라는 기법은 신품종을 만들어내는 원예 기술 중 하나다. 그런데 이 접목 역시도 어떤 기후 조건에서 하는가에 따라 그 성과가 달라진다. 일반적으로는 접목의 경우 달이 차오르는 시기, 점점 보름달이 되는 상현에 할 경우 보름 이후 그믐으로 가는 시점에 비해 접목 후 식물의 성장이 훨씬 좋아지는 것으로 나타나고 있다.

재와 톱밥의 사용법

나무를 태우고 남은 재와 목공일을 한 뒤 남겨지는 톱밥은 흙을 영양가 있고 건강하게 만드는 아주 좋은 재료다. 그러나 이 재료를 그대로 화단에 쓰기는 어렵다. 바람이 불면 날아가는 데다 화단 자체를 어지럽히고 재와 톱밥의 분해 작용이 화단에서 일어나면 식물에게 치명적인 박테리아, 바이러스의 서식지가 될 수 있기 때문이다. 재와 톱밥 모두 비료가 되는 다른 재료들과 섞어서 1년 정도 삭히고 분해되는 과정을 거쳐야 한다. 이 과정을 거친 후 화단에 뿌려야 흙을 향상시키고 식물에게 영양분을 공급할 수 있는 상태가 된다.

오븐에 흙 구워주기?

화분갈이용 흙이라고 판매되는 상토는 대부분 살충제를 사용해 소독을 거친 원예용 유기물이다. 그러나 가끔 정원에서 직접 퇴비를 만드는 경우도 있다. 이렇게 만들어진 퇴비는 바깥 정원에서는 사용하는 데 문제가 없지만 집 안의 화분에 넣을 때에는 약간의 주의가 필요하다. 가정에서 쉽게 할 수

있는 소독법으로 오븐을 이용한 가열이 있다. 흙을 알루미늄 호일로 쌓은 뒤 오븐을 감자 익히는 정도로 맞춘 후 구워준다. 감자가 완전히 익는 온도에 이르렀을 때 인체에 해로울 수도 있는 균과 박테리아가 어느 정도 죽게 된다.

돌이 많은 땅을 가졌다면?

우리나라는 다른 어떤 나라보다 땅을 파면 돌이 나오는 지형을 갖고 있다. 이런 경우 정원을 조성할 때 돌을 골라내는 일이 여간 고역이 아니다. 하지만 생각을 바꿔 이 돌을 골라내거나 치우지 않고, 잘 정리한 뒤 그 틈에 산악 지대에서 자라는 알파인식물을 심는 것도 요령이다. 최근 유럽에서는 일부러 돌과 자갈로 층을 만들어 '암석 정원', '돌틈 정원'을 꾸미는 것이 큰 유행이다. 우리나라의 경우는 이런 조건이 이미 자연적으로 갖춰져 있기 때문에 훨씬 더 자연스러운 돌 정원의 연출이 가능하다.

손바닥 가드닝 노트
Indoor gardening notes

겨울철, 실내에서 채소 키우기

햇빛이 하루 6~8시간 정도 들어오는 창가에 빈 공간이 있다면 각종 채소 재배가 충분히 가능하다. 상추, 양파, 완두콩의 씨를 뿌리면 싹을 틔우고 성장을 계속한다. 물주기를 잊지 않으면 상추는 60일이 지난 이후부터 수확이 가능해지고, 토마토도 열매를 맺는다. 한겨울 내 손으로 직접 길러먹는 채소는 여름철과는 비교할 수 없는 즐거움을 선사한다. 한 가지 요령을 덧붙이자면, 햇살이 충분하지 않다면 LED, 백열등 등을 이용해 빛을 좀 더 보강해주면 도움이 된다. 다행히 식물은 인공광과 자연광을 구별하지 않기 때문에 좀 더 많은 밝기를 확보해주는 것이 중요하다.

난에 물주기

난과 식물은 한 해에도 새롭게 재배되는 새로운 종이 등장하기 때문에 군이 동양, 서양이라는 구별을 둘 필요 없이 어떤 난인지에 대한 정보를 잘 알아두는 것이 좋다(1월, 〈다양한 난의 종류〉 참고). 보통의 경우 난은 뿌리에 물이 닿는 것을 좋아하지 않기 때문 나무껍질을 화분 속에 넣어주곤 한다. 만약 공중에 매다는 형태로 난을 키우고 싶다면 너무 건조해져 뿌리가 마르는 증상을 막을 정도로만 가볍게 이끼로 뿌리를 감싸 매달아두면 된다. 물주기는 일주일에 한 번 정도로도 충분하다.

실내에서 귤나무 키우기

레몬, 귤을 포함한 이른바 시트러스*Citrus* 종의 식물은 실내에서 잘 자라주고 특히 꽃을 피우면 달콤한 벌꿀 향이 온 집 안에 방향제를 뿌린 듯 가득해진다. 귤나무를 실내에서 키우려면 충분한 햇살은 물론이고 배수가 잘되는 거름, 그리고 물이 마르지 않도록 잘 챙겨 주는 것이 핵심 요소다. 그러나 시트러스를 꼭 실내 공간에만 키워야 할 필요는 없다. 영상 4도 이하로 떨어지지 않고, 햇살에 잘 들어오는 베란다도 적합한 장소가 된다. 꽃이 피고 넉 달에서 여섯 달 사이에 주황빛 열매가 맺히는데 12월의 크리스마스 장식을 굳이 상록 침엽수로 하지 않아도 좋을 만큼 예쁘다.

금귤과 같이 키가 작은 종은 실내 정원에
더욱 적합하다.

나무판에 묶어 난 키우기

· 난을 묶을 수 있는 널빤지를 준비한다.

· 난의 뿌리를 이끼로 가볍게 감싼 뒤 낚싯줄로 보이지 않게 묶어
  준다.

· 고무줄이나 끈을 이용해 난을 널빤지에 고정해서 벽에 걸어두면
  훌륭한 액자형 화분이 만들어진다.

부록

알아두면 도움이 되는 식물 관련 용어 정리

주제별 찾아보기

알아두면 도움이 되는 식물 관련 용어 정리

식물의 생명주기에 따른 분류

- **1년생식물**Annual plants: 식물의 발아에서 씨앗을 맺고 생명을 끝내는 주기가 1년 안에 끝나는 식물들. 대부분의 채소가 여기에 속한다.
- **2년생식물**Biannual plants: 늦은 여름에 싹을 틔워 겨울을 보낸 후 다음 해 씨앗을 맺고 생명주기를 끝내는 식물로 시금치, 냉이 등이 있다.
- **다년생식물** Perennial plants: 해를 거듭해서 나오는 식물을 말한다.

> ### 식물 이름 뒤에 붙어 있는 *sp.*와 *spp.*의 차이점
>
> - ***sp.*** : 정확한 식물의 이름이 밝히기 어렵거나 밝힐 필요가 없을 때 통칭하는 용어.
> - ***spp.*** : *sp.*의 복수형으로 다양한 종명(재배종명)을 통칭할 때 쓰는 용어.

식물 형태에 따른 원예적 분류

- **목본식물**Wood plants: 겨울에도 사라지지 않는 딱딱한 줄기를 지니고 있는 식물들로 흔히 '나무'라고 불린다. 부드러운 줄기를 지닌 초본식물(풀)과 구별된다.
- **교목식물**Tree plants: 목본식물 가운데 비교적 키가 큰 식물들을 말한다. 지상에서 하나의 중심 줄기가 나와 1미터 위로 솟은 뒤에 가지가 펼쳐지는 형태를 지닌 식물군을 말한다.
- **관목식물**Shrubs plants: 목본식물 가운데 작은 크기의 식물들을 말한다. 지상에서 여러 개의 줄기가 나온다. 대부분 교목식물에 비해 키가 작고, 잎이 촘촘한 특징을 지니고 있다.
- **초본식물**Herbaceous plants: 부드러운 줄기를 지닌 풀 식물을 말한다. 대부분 1미터 미만의 키로 꽃으로 가득한 화단을 조성하는 데 주로 쓰이는 식물이다. 딱딱한 가지를 지닌 목본식물과 구별된다.
- **알뿌리식물**Bulbs plants: 양파와 같은 알뿌리를 지닌 초본식물을 말한다. 대부분은 해를 거듭해 살아주는 다년생이다. 진정한 알뿌리는 아니지만 달리아나 붓꽃처럼 튜브 형태의 뿌리를 지닌 식물을 여기에 포함시키기도 한다.

식물 진화에 따른 과학적 분류 ————————

- **겉씨식물**Gymnosperms: 꽃과 열매가 맺히는 종자식물로 밑씨가 씨방에 속해 있지 않고 겉으로 들어나는 식물을 말한다. 소나무, 향나무 등이 여기에 속한다.

- **속씨식물**Angiosperms: 꽃과 열매가 맺히는 종자식물로 밑씨가 씨방 안에 들어 있는 식물을 말한다. 떡잎 수에 따라서 쌍떡잎식물, 외떡잎식물로 다시 구별된다.

- **쌍떡잎식물**Dicotyledoneae: 속씨식물 가운데 싹이 나올 때 두 장의 잎이 나오는 식물을 말한다. 잎은 둥근 형태로 그물맥으로 되어 있다. 꽃잎이 4~5배수로 이뤄져 있다. 물관과 체관의 구별이 뚜렷하고, 줄기와 뿌리가 커지면서 땅과 단단히 지탱시켜 식물의 키가 크게 자랄 수 있다.

- **외떡잎식물**Monocotyledoneae: 속씨식물 가운데 싹이 나올 때 하나의 잎이 나오는 식물을 말한다. 잔디, 갈대, 부들, 억새풀, 붓꽃, 튤립 등이 여기에 속한다. 잎이 가늘고 길쭉하고, 꽃잎이 3배수로 나온다.

- **암수가 따로 있는 식물**Dioecious plant: 자웅이체 혹은 자웅별주식물이라고도 불린다. 암꽃이 피는 식물을 암나무, 수꽃이 피는 식물을 수나무라고 부른다. 소나무, 은행나무, 아스파라거스, 시금치 등이 여기에 속한다.

- **단성화**unisexual flower: 암꽃, 수꽃이 따로 있는 식물을 말한다. 단성화는 전체 식물 중에 30퍼센트 정도를 차지하는데 이 단성화는 다시 두 가지로 구별된다.

  - 한 나무에 암꽃, 수꽃이 따로 피는 식물(자웅동체monoecious / 무화과, 밤나무, 자작나무 등)
  - 나무 자체가 암꽃을 피우는 암나무, 수꽃을 피우는 수나무로 구별되는 식물(자웅이주dioecious / 은행나무, 버드나무, 뽕나무, 옻나무, 물푸레나무 등)

- **양성화**bisexual flower: 하나의 꽃 안에 암꽃(암술), 수꽃(수술)이 함께 있는 식물. 전체 식물의 60퍼센트가 양성화식물이다. 곤충이 다른 식물에게서 묻혀 오는 수술가루를 통해 쉽게 수분을 맺을 수 있도록 진화된 형태다. 이 양성화의 경우는 한꽃에서 암술, 수술이 만나 자가수분을 하는 경우도 많이 발생한다.

7월
열심히 살아가고 있음에 박수를!

8월
절정 끝에 찾아오는 변화!

11월
월동 준비의 시간이다!

12월
헛간에서 보내는 시간들

가든 디자이너 오경아가 안내하는 정원의 모든 것!

품고 있으면 '정원이 되는' 책!
〈오경아의 정원학교 시리즈〉

· 가든 디자인의 A to Z

정원을 어떻게 디자인할 수
있는가? 정원에 관심이 있
는 일반인은 물론 전문적으
로 가든 디자인에 입문하려
는 이들에게 꼭 필요한 가든
디자인 노하우를 알기 쉽게
배울 수 있다.

정원의 발견 식물 원예의 기초부터 정원 만들기까지
올컬러(양장) | 185·245mm | 324쪽 | 23,000원

가든 디자인의 발견 거트루드 지킬부터 모네까지
유럽 최고의 정원을 만든 가든 디자이너들의 세계
올컬러(양장) | 185·245mm | 356쪽 | 27,500원

식물 디자인의 발견 가든디자이너 오경아의 형태, 질감, 색,
계절별 정원식물 스타일링 | 초본식물편 |
올컬러(양장) | 135·200mm | 344쪽 | 20,000원

· 정원의 속삭임

작가 오경아가 들려주는 생
각보다 가까이 있는 정원 이
야기로 읽는 것만으로도 힐
링이 되는 초록 이야기를 들
려준다.

정원의 기억 가든디자이너 오경아가 들려주는 정원인문기행
올컬러(반양장) | 145·210mm | 332쪽 | 20,000원

시골의 발견 가든 디자이너 오경아가 안내하는
도시보다 세련되고 질 높은 시골생활 배우기
올컬러(반양장) | 165·230mm | 332쪽 | 18,000원

정원생활자 크리에이티브한 일상을 위한 178가지 정원 이야기
올컬러(반양장) | 135·198mm | 388쪽 | 18,000원

정원생활자의 열두 달 그림으로 배우는 실내외 가드닝 수업
올컬러(양장) | 220·180mm | 264쪽 | 20,000원

소박한 정원 꿈꾸는 정원사의 사계
145·215mm | 280쪽 | 15,000원

강원도 속초시 중도문길 24
오경아의 정원학교에서 만나요!

가든디자이너 오경아는 현재 설악산이 보이는 아름다운 중도문 마을에서 가든디자인연구소와 정원학교를 운영 중입니다. 가든디자인연구소에서는 식물 디자인을 포함해 한국에서는 다소 생소한 정원의 예술적 표현을 연구하고, 정원학교에서는 기본, 전문가 과정을 통해 정원문화와 정원생활의 확산을 위해 노력하고 있습니다. 이곳에서 단순한 전문 지식의 습득 차원을 넘어 정원의 진정한 의미와 삶의 여유를 만끽하는 소중한 시간을 발견해보시길 바랍니다.

· 홈페이지 : http://blog.naver.com/oka0513
· 강좌문의 : ohgardendesign@gmail.com